宴会菜单设计

YANHUI CAIDAN SHEJI

主　编　刘　丹
副主编　马　琼　曾　丹
王　晔

大连理工大学出版社

图书在版编目(CIP)数据

宴会菜单设计 / 刘丹主编. -- 大连 : 大连理工大学出版社，2019.7(2025.1 重印)

ISBN 978-7-5685-1931-1

Ⅰ. ①宴… Ⅱ. ①刘… Ⅲ. ①宴会－菜单－设计－教材 Ⅳ. ①TS972.32

中国版本图书馆 CIP 数据核字(2019)第 040274 号

大连理工大学出版社出版

地址:大连市软件园路 80 号　邮政编码:116023

营销中心:0411-84708842　84707410　邮购及零售:0411-84706041

E-mail:dutp@dutp.cn　URL: https://www.dutp.cn

大连雪莲彩印有限公司印刷　大连理工大学出版社发行

幅面尺寸:185mm×260mm　印张:17.5　字数:421 千字

2019 年 7 月第 1 版　2025 年 1 月第 2 次印刷

责任编辑:欧阳碧蕾　责任校对:刘俊如

封面设计:张　莹

ISBN 978-7-5685-1931-1　定　价:42.80 元

前 言

当前高等职业教育酒店管理类教材可谓种类繁多，各具特色。遵循符合高职教学特点、切合酒店行业实际的宗旨，成为此次教材编写的基本出发点。

《宴会菜单设计》，既兼顾必要的理论知识，又注重能力训练。诸多关键的训练步骤通过任务导向等丰富的形式出现，既便于理解掌握，又便于训练模仿。适当的案例和必要的知识拓展增强了教材的可读性及趣味性，保证了教材较广的适用面。

编写组成员以丰富的餐饮行业实践案例、一线教学知识积累和全国职业院校技能大赛参赛资源等组织素材，参照餐饮行业及相关的国家、行业标准，将实践操作与当前餐饮行业发展前沿技术有机结合，对接餐饮市场的人才需求等方面选择内容。首先将读者引领到宴会菜单常识，从知识性、实践性以及趣味性等角度激发读者兴趣；增加酒店行业前沿以及创新的内容，启发读者在当前创新创业的大背景下寻求思路，为就业或创业打下伏笔，使其能够带着极大的兴致接触酒店宴会菜单设计领域。进而以基本能力为基础，结合全国职业院校技能大赛"中餐主题宴会设计""西餐宴会服务"等赛项的理念及宗旨，通过企业基本的运营模块，将理论与实践加以整合，逐步提升宴会菜单设计技能的层次，为培养职业酒店人奠定坚实基础。

为使本教材与时俱进，贯彻"校企开发、课程共建"的指导思想，特邀资深的酒店行业人士参与教材的审阅指导，如杭州洲际酒店人力资源部总监吴青艳，唐山香格里拉大酒店餐饮部总监方军，大连棒棰岛宾馆餐饮总监、中国烹饪大师庄欣文，在此深表感谢。本教材编写由大连职业技术学院酒店管理专业教研室完成，具体分工：第三部分菜品知识、第七部分技巧应用、第八部分中经典宴会菜单赏析由刘丹编写；第一部分筹划制作、第二部分饮食文化、第八部分

新世纪

中2013—2014年全国职业院校技能大赛高职组中餐主题宴会设计赛项精选由马琼编写；第五部分饮品搭配、第六部分消费心理由曾丹编写；第四部分营养配伍、第八部分中2015—2016年全国职业院校技能大赛高职组中餐主题宴会设计赛项精选由王晔编写。刘丹负责全书的总撰和定稿工作。

本教材既可以作为高职高专酒店管理相关学科的专业教材，也可以作为酒店以及餐饮企业技术人员，如餐饮部、宴会部、销售部的培训教材，也是饮食爱好者及工作人员常备的业务指导书籍，对酒店从业者、餐饮经营者和餐饮管理人员等均能提供最直接的参考与借鉴。

在编写本教材的过程中，编者参考、引用和改编了国内外出版物中的相关资料以及网络资源，在此表示深深的谢意！相关著作权人看到本教材后，请与出版社联系，出版社将按照相关法律的规定支付稿酬。

由于水平所限，书中难免存在错误，敬请广大读者批评指正，并将意见及时反馈给我们，以便更好地完善本教材。

编者

2019年7月

所有意见和建议请发往：dutpgz@163.com
欢迎访问教材服务网站：https://www.dutp.cn/sve/
联系电话：0411-84706672　84706581

目　录

第一部分　筹划制作

第二部分　饮食文化

第三部分　菜品知识

第四部分 营养配伍

第五部分　饮品搭配

第六部分　消费心理

第七部分 技巧应用

第八部分 经典赏析

第一部分

筹划制作

引导案例

点菜难，难点菜

常有朋友抱怨：兴冲冲去了饭馆，一到点菜就犯了难。一本菜谱翻过来翻过去看好几遍，也没找出几个合适的菜，结果还是点了常吃的那几个，一顿美食就这样变成了“工作餐”。

大多数人认为到饭馆就是吃一顿饭，吃得不顺心顶多下次不来了。这其实是一种误解。

雅一点说，您用餐的过程可以说是一个审美的过程、艺术创造的过程。从想象、期待，到品尝、回味，您就是“艺术家”。用这种心态去品尝、去欣赏，您就可以得到菜品味道之外的享受。

俗一点说，您到餐厅是吃饭来的。您花了时间、花了钱，要值得。

好，点对了菜，您的美食之旅就有了一半保证。那另一半就看厨师的手艺了。

辩证性思考：

对于餐厅来说，菜单的制定是非常重要的。菜单决定了餐厅服务设施的品质、食品原料品种和数量的采购、菜肴烹制技艺及餐厅服务的特色。它是餐饮经营活动的重要依据和环节。

实训项目一

菜单认知与设计

实训目标

1.了解菜单的概念、作用、种类、定价原则与目标、成功菜单应包含的内容。

2.掌握菜单制作的程序。

工作任务一　菜单设计

一、菜单的概念

"菜单"一词来自拉丁语,原意为"指示的备忘录",是厨师用于备忘而记录的菜肴清单。现代餐厅的菜单,不仅要给厨师看,还要给用餐客人看。可以用一句话概括:菜单是餐厅作为经营者向用餐者展示其各类餐饮产品的书面形式的总称。因此,菜单是餐饮场所的商品目录和介绍书,是餐饮场所的消费指南,也是餐饮场所最重要的"名片"。

菜单有以下两种含义。

其一,是指餐厅中使用的可供顾客选择的所有菜目的一览表。也就是说,菜单是餐厅提供商品的目录。餐厅将自己提供的具有各种不同口味的食品、饮料按一定的各式组合排列于专门的纸上,供顾客从中进行选择。其主要内容包括食品、饮料的品种和价格。

其二,指餐厅的菜品。例如,我们常说的"宴会菜单的设计",并不是如何设计印刷精美的菜品一览表,而是指宴会应为顾客准备哪些菜品和饮品。

知识拓展

菜单的历史

菜单原指餐馆提供的列有各种菜肴的单子,现指电子计算机程序进行中出现在显示屏上的选项列表,也指各种服务项目的清单。

最初菜单并不是为了向客人说明菜肴内容和价格而制作的,而是厨师为了备忘而写的单子,英文为 menu。

据说在16世纪初期,法国菜肴是很一般的。1533年,法国国王亨利二世的王后凯瑟琳从意大利带来了厨师作为陪嫁,法国宫廷菜肴才逐步得到改善。法国的厨师为了记住这些意大利菜肴的烹制方法及原材料,将它们记录下来,这就是菜单的雏形。

而这些记录真正成为向客人提供的菜单,已是16世纪中叶的事情了。

1554年,布伦斯维克侯爵在自己的宅第举行晚宴,每上一道菜,侯爵都要看看桌上的单子,当客人知道他看的是今天的菜单时,十分欣赏这种方法。大家争相仿效,在举行宴会时,都预先制作了菜单,菜单便真正出现了。

发展到现在的社会,基本上每一家餐厅都有自己的一份菜单。

(资料来源:刘秀珍,陈的非.餐饮服务与管理[M].北京:中国轻工业出版社,2011.)

二、菜单的作用

(一)体现了餐厅的经营方针

原材料的采购加工、烹调制作及餐厅服务都要以菜单为依据。菜单制作人员依据餐厅的经营方针,经过认真分析客源和市场需求,制定出合适的菜单。餐饮管理人员要按照菜单市场定位的方向组织客源,开展生产经营活动。

(二)是餐厅促销的手段

一份设计独特、装饰精美的菜单,无疑能够起到广告宣传的作用。菜单不仅能够提供信息向顾客进行促销,而且还可以通过其艺术设计来烘托餐厅的形象。菜单上不仅配有文字,往往还有图片展示。菜单美观的艺术设计,会给人以感性的认识和对味觉的刺激。

菜单还可以做成各种精美的宣传品,陈列在潜在顾客易见之处,或向顾客散发,或刊登在报纸杂志上,或直接邮寄给顾客,进行各种有效的推销。另外,制作精美的菜单可作为纪念品,提示和吸引顾客再次光临。

(三)是消费者与接待者之间进行沟通的桥梁

由于餐饮产品的生产、销售、消费、贮存等具有的独特性,餐饮企业很难像其他企业那样把所有的食物样品展示给顾客。餐厅主要通过菜单向消费者推销自己的菜肴和酒水,消费者根据菜单选购所需食品和饮料。消费者和接待者通过菜单沟通信息,使买卖行为得以实现。

(四)是餐饮企业一切业务的总纲,是餐饮生产和销售活动的依据,是一项重要的管理工具

1.菜单影响餐饮设备的选择购置

餐饮企业选择、购买设备或餐具时,无论是种类、规格,还是质量、数量,都取决于菜单的菜式品种、水平和特色。菜式品种越丰富,所需设备的种类就越多。菜式水平越高、越珍奇,所需设备、餐具也就越专业。菜单在一定程度上影响了餐饮企业的成本。

2.菜单决定了员工的配备

餐饮企业在配备餐厅员工时,应根据菜肴的制作和服务要求,招聘具有相应技术水平的人员并对其进行培训,菜单也在一定程度上决定了员工的人数和工种。

3.菜单影响厨房布局和餐厅装饰

厨房是加工制作餐饮产品的场所，厨房内各业务操作中心的设备布局，器械、工具的定位，应以适合既定菜单内容的加工制作需要为准则。餐厅装饰的主题、风格以及饰物陈设、色彩灯光等，都应根据菜单内容的特点来设计，体现餐厅的风格。

4.菜单决定了餐饮成本

菜单上原料珍稀、价格昂贵的菜式过多，会导致较高的食品成本，一些技术水平较高、需精雕细刻的菜式也会相应提高企业的劳动力成本，菜单的制定会直接影响餐饮企业的盈利能力。

(五)为企业经营提供参考

菜单所列出的各种菜肴，受到顾客欢迎的程度是不同的。有些菜肴受到多数顾客的欢迎，销量较多；有些菜肴只受到某些顾客的欢迎，销量一般；还有的菜肴不太受顾客欢迎，销量很少。此外，根据菜单所列菜肴的盈利能力不同，对菜单上所列的各种菜品进行销售分析，能对企业经营的产品进行调整，同时进一步确定产品营销策略。

三、菜单的种类

(一)根据用餐时间区分

根据顾客进餐时间的不同，可以分为早餐菜单、早午餐菜单、午餐菜单、晚餐菜单和宵夜菜单。

1.早餐菜单

早餐包括中式早餐与西式早餐，其中西式早餐又包括美式早餐及欧式早餐两种。

2.早午餐菜单

用餐时间约在上午10点，介于早餐与午餐之间，在欧美各国较为流行。

3.午餐菜单

一般商业午餐多以简餐、客饭、定食、便当为主，其特点是快速、简便。

4.晚餐菜单

晚餐用餐时间一般较长，也较正式，所以餐饮内容较为丰富。

5.宵夜菜单

供应时间多在晚餐后，菜色及口味有多种变化，以点心、小食及粥类为主。

(二)根据供餐性质区分

根据餐饮的供应性质，可分为套餐菜单、零点菜单和混合菜单。

1.套餐菜单

套餐菜单又称为订餐菜单，其特色是仅提供数量有限的菜肴，如西餐套餐菜单内容包括开胃菜、沙拉、汤、主菜、主食、甜品、饮品等。

2.零点菜单

零点指顾客根据自己的喜好选择偏爱的单个产品。零点菜单主要适用于一般的中、西餐厅的零餐点菜及旅客的客房服务等。

3.混合菜单

混合菜单是套餐菜单与零点菜单的综合，特点是某些菜品可以进行组合，但某些菜品则是固定不变的，价格也根据主菜的不同而有所变化。

(三)根据用餐场地区分

受用餐场地的限制，食物的烹调方式和服务流程会有变化，因此，设计菜单应考虑到场地因素。常见的特殊场地菜单有宴会菜单、客房菜单和外卖菜单。

1.宴会菜单

宴会是餐饮营业收入的主要来源，宴会种类多样，如会议、培训、聚餐、婚宴、寿宴等。

2.客房菜单

客房用餐是酒店经营的一大特色，这类菜单安排的菜品以烹调容易、快速且运送方便为原则，菜品内容有限。

3.外卖菜单

顾客到餐厅点餐或打电话、网络订购，菜品制作好后，顾客自己带走或由餐厅专人负责送到指定位置。

(四)根据用餐对象区分

由于用餐者年龄、身份的差异，一些餐厅设计出特别菜单，如儿童菜单、老人菜单、情侣菜单等。

1.儿童菜单

以简单、营养为原则，分量不必太多。其主要目的是吸引儿童，促成全家一起前来用餐。

2.老人菜单

随着人口老龄化的到来，社会人口结构的变化势必带来餐饮市场的变化。面对高龄顾客时，应设计营养丰富、低脂高纤、少盐低糖的菜单，以满足他们的需要。

3.情侣菜单

相对一般的消费者，情侣用餐需求具有特殊性。他们讲究情调，对价格不太敏感。因此，在设计菜单时要注重浪漫气息和美感，菜品组合要有特殊的意义。

(五)根据餐饮周期区分

根据餐饮周期性，可以分为季节菜单、固定菜单和循环菜单。

1. 季节菜单

季节菜单主要是为了迎合不同季节顾客的需求，菜单内容符合时令，季节性很强。

2. 固定菜单

固定菜单指一份菜单内容使用一年或以上，不发生较大变化的菜单。常见于中高档酒楼或连锁餐厅。

3. 循环菜单

循环菜单指将备用的几个菜单轮流使用，多用于学校、单位食堂和员工餐厅等，既可以节省制作菜单的费用，又能使餐厅菜品有一定变化。

（六）根据经营范围区分

根据经营范围的不同，可以分为咖啡厅菜单、中餐厅菜单和西餐厅菜单。

1. 咖啡厅菜单

一般咖啡厅餐厅菜单以快速、简单、方便为特色，菜品品种有限。

2. 中餐厅菜单

中餐厅种类繁多，菜单各具特色。中国的“四大菜系”或“八大菜系”都是根据区域对菜品及口味进行区分的。

3. 西餐厅菜单

西餐厅提供的菜肴种类大同小异，如汤、开胃菜、主菜、沙拉、饮料等。不同类型的西餐厅也特色各异。

四、菜单的内容

一份成功的菜单，内容应体现餐饮产品的特色、成本、品质、服务等优势和特点。

（一）菜品的名称、规格和价格

1.菜品的名称

菜品的名称是餐饮产品的品牌标识。对于客人来说，菜品的名称会形成对餐饮产品的总体认识，并引发对餐饮产品色、香、味、形等特质的联想，进而产生购买欲望。

2.菜品的规格和价格

菜单上常见的菜式单位和菜品规格有例盘、中盘、大盘、打、位、份、两、只、克等。菜品的价格必须与规格相对应，必须体现饭店餐饮的毛利水平，符合国家和地区的物价政策。

（二）菜品的描述

菜品描述常见的方式有文字表述和图片展示。其作用在于发挥菜单的推销功能，提高点菜效率。菜品描述内容主要包括：

（1）主料、辅料、配料。

(2)味型及主要作料、配料。

(3)营养功效。

(4)烹调方法及服务方法。

(5)实物图片。

(6)与菜品有关的饮食文化。

(三)餐厅识别系统信息

随着形象设计在餐饮业中的导入,越来越多的餐厅意识到了形象设计的重要性,将这种意识体现在菜单设计过程中,并转化为识别容易、协调一致的信息传递给客人。餐厅识别系统信息主要有:

(1)餐厅名称与标识。

(2)餐饮产品的主体风格。

(3)菜单封底,主要包括:餐厅的名称、标识、营业时间、订餐电话、网址和电子邮箱、餐厅地址等信息。

(四)餐厅所属集团、公司等机构性信息

(1)发展历程及文化背景资料。

(2)经营理念、宣传口号等。

(3)经理、厨师长的致辞及签名。

(4)主打餐饮产品的特色。

(5)具有纪念意义、代表性强的图片和文字。

(五)特色菜系统介绍和推荐

(1)具有优良传统,广受社会好评的本店名菜。

(2)菜品开发和创新信息。

(3)时令季节菜和每日特价菜。

(4)时尚流行菜式。

(5)美食节菜品荟萃集锦。

(6)名厨推荐等。

五、菜单内容的安排与设计

(1)菜单的内容一般按就餐顺序排列。因为顾客通常按就餐顺序点菜,这样编排能方便客人很快找到菜品的类别,不致漏点。

(2)中餐菜单的排列顺序一般是冷菜、热菜、汤菜、主食、饮品。

(3)西餐菜单的排列顺序一般是开胃菜、沙拉、汤、主菜、主食、甜品、饮品。

(4)主菜应该尽量列在醒目的位置:单页菜单应列在单页的中间;双页菜单应列在右页,三页菜单应列在中页;四页菜单应列在第二页和第三页上。

(5)菜单的编列也要注意目光集中点的推销效应,要将重点推销的菜列在醒目之处。

(6)菜品在菜单上的位置对于菜单的推销有很大的影响。要使推销效果显著,必须遵循最早和最晚原则,即列在第一项和最后一项的菜品最能吸引客人的注意。

(7)菜单上有些重点推销的菜、品牌菜、高价菜、特色菜可以单独进行推销。这些菜品不要列在各类菜品通常的位置,而应该放在菜单显眼的位置。

(8)如果是临时推销,可用小卡片的形式附在菜单上引起客人的注意。

知识拓展

设计菜谱的学问

我们把顾客消费的过程分为餐前、用餐和餐后。不难发现,贯穿其中并且作为餐厅与顾客交流的重要道具就是餐厅的菜谱,可以说,菜谱是除了门面装潢之外餐厅的第二个"脸面"。而设计菜谱主要需要注意这几点:

第一,菜单要尽量丰富,经常更换,但不要赘述。菜单是餐厅与顾客交流的纽带,可以体现出餐厅的人文关怀,诸如固定式菜单、循环式菜单、特选菜单、今日特选、厨师特选、每周特选、本月新菜、儿童菜单、中老年人菜单、情侣菜单、双休日菜单、美食节菜单等,根据季节、节日也可以设计不同的菜单,让顾客感到宾至如归。同时要注意,顾客不关心的东西不要放在菜单里,如家常菜的用料、烹饪手法等,避免画蛇添足。

第二,菜单不必拘泥于一种形式。菜单一定是"一本"吗?未必。桌卡、展板、桌贴等都可以成为菜单,只有想不到,没有做不到。让餐厅在和谐中处处是广告,是餐饮老板的必修课。

第三,菜单设计应注意颜色问题。这涉及视觉营销的理论,如红色、橙色、粉红色等暖色可以促进食欲,而蓝色、紫色等冷色却可以抑制食欲,绿色作为蔬菜或者水果的配色会给人以食材很新鲜的感觉……

六、菜单设计的程序

(一)准备所需材料

(1)各种旧菜单,包括餐饮企业目前在用菜单。

(2)标准菜谱档案。

(3)库存原料信息。

(4)菜肴销售结构分析。

(5)菜肴的成本。

(6)客史档案。

(7)烹饪技术书籍。

(8)菜单词典等。

(二)制定标准菜谱

标准菜谱一般由餐饮部制定,其内容有:

(1)菜肴名称(一菜一谱)。

(2)该菜肴所需原料(主料、配料和调料)的名称、数量和成本。

(3)该菜肴的制作方法及步骤。

(4)每盘分量。

(5)该菜肴的盛器、造型及装饰(装盘图示)。

(6)其他必要信息,如服务要求、烹制注意事项等。

知识拓展

如何设计年夜饭菜单

现在,年夜饭一年比一年火。很多人都想省下时间和精力,到餐厅或者酒店吃年夜饭。因此,不光是餐厅,连酒店都放低了身价加入到年夜饭的抢食大军中来。但酒店有酒店的自身特点,年夜饭通常是套餐制,在制定年夜饭套餐菜单时会有一些讲究和技巧。

酒店平时的菜单分为中厨、西厨和贵价菜。在一年一度的年夜饭中,当然也有这一餐饮特色,所以中厨、西厨、贵价菜三种特色在设计年夜饭菜单中,都要一一考虑在内,目的是既要让顾客吃好这顿年夜饭,也有意向客人宣传本店的招牌菜,以吸引更多的客人在平时就餐时也会考虑本店。在制定年夜饭菜单时,要动脑筋给菜品取个好名字,喜庆节日当然要吃个好彩头,比如平时的清水鸡,设计年夜饭时可能就会取名“展翅高飞”“步步高升”,客人一听觉得很不错,吃起饭来也会心情愉快。此外,年夜饭菜单应多从人群口味上考虑。传统的鸡、鸭、鱼、肉不能少,但口味可以变化。开胃的辣菜少不了,青菜也不能少,还应该有一两道女士喜欢的菜,一两道适合老人、孩子吃的菜,再加上自己酒楼的一两道特色菜就差不多了。在年夜饭档次上也要注重拉出区别,价格贵的一定要搭上高档菜,中档的就突出大众菜。

年夜饭菜单也应注重绿色健康因素,在挑选原材料时,尽量挑选原生态、无污染的,选择烹饪方法时也尽量选少油少盐、能突出原材料原味的做法。总之,给客人一个无油腻、健康绿色的春节。

(资料来源:何丽萍.餐饮服务与管理[M].北京:北京理工大学出版社,2017.)

七、菜单的定价原则与目标

(一)菜单的定价原则

(1)菜肴品种的价格应反映菜肴产品的价值。

(2)价格必须符合市场定位,适应市场需求。

(3)制定价格既要相对灵活,又要相对稳定。

(4)制定价格要服从国家政策,接受物价部门的检查和监督。

(二)菜单的定价目标

1.以保本生存作为定价目标

当餐饮企业的营业收入与固定成本、变动成本和相关税费之和相等时,企业即可保本。

2.以经营利润作为定价目标

以经营利润作为定价目标是指餐饮企业定价时主要以企业应实现的利润为出发点。

3.以营业额作为定价目标

采取这一定价目标的餐饮企业通常强调实现某一营业额目标,但一般不明确规定本企业应实现的利润数额。

4.以竞争作为定价目标

在市场经济条件下,竞争是不可避免的,故有些餐饮企业采用竞争导向的定价目标。

5.以刺激其他消费为定价目标

有些餐厅为实现企业的总体经营目标,以增加客房销售或其他产品的客源作为餐饮定价的目标。

八、菜单制作

(一)纸张的选择

一份精美菜单的说明、印刷效果等都要通过纸张来体现。由于纸张成本占印刷菜单成本的三分之一,餐饮经营管理人员和菜单设计人员应重视纸张的选择。

选择纸张时主要需考虑菜单的使用期限,是最大限度地长期使用,还是一次性使用。一次就报废的菜单可印在轻型、无涂层的纸上;长期使用的菜单可印在防水纸上,脏了可用湿布擦净。

实际上,菜单封面一般用重磅涂膜纸,内页用价格较低的轻磅纸。在同一份菜单上使用不同类别的纸张可起到强化其功能的作用,纸张厚薄和颜色的不同可以突出显示出菜单的哪部分是餐厅推销的重点。

(二)菜单的尺寸

菜单的式样和尺寸有一定的规律可循:一般单页菜单以 30 cm×40 cm 大小为宜;对折式的双页菜单,合上时,以 25 cm×35cm 为宜;三折式的菜单,合上时,以 20 cm×35 cm

为宜。当然，其他规格和式样的菜单也非罕见，重要的是菜单的式样与餐厅风格相协调，菜单的大小与餐厅的面积、餐桌的大小和座位空间相协调。

菜单上应有一定的空白，这样会使字体突出、易读。如果文字所占篇幅多于50%，会使菜单看上去又挤又乱，影响客人阅读和挑选菜肴。菜单四边的空白应宽度相等，给人以均匀感。字首应排齐。

(三)菜单的字体

菜单的字体要为餐厅营造气氛，反映餐厅的环境。它与餐厅的标识一样，是餐厅形象的重要组成部分。菜单的字体可以同餐厅所用的标识、颜色一样，作为鉴别餐厅的重要特征。菜单上的字体一经确定，就和餐厅标识、颜色一起用在菜单上，同时还可用在火柴盒、餐巾纸、餐垫、餐桌广告牌及其他推销品上。使用令人容易辨认的字体，能使顾客感到餐厅的餐饮产品和服务质量具有一定的标准而留下深刻的印象。仿宋体、黑体较多地被用于菜单的正文，隶书常被用于菜肴类别的题头说明。在引用外文时，应尽量避免使用圆体字母，宜用一般常见的印刷体。

(四)菜单的封面

封面是菜单的门面，一份设计精良、色彩丰富的封面是经营有方的餐厅的醒目标识。菜单封面要恰如其分地列出餐厅名称、营业时间、电话号码，支付信息可列于封底，有的菜单封面上还传递外卖服务信息。菜单封面可使用塑料薄膜压膜厚纸，可防水、油，也不易留下痕迹，四周不易卷曲。

(五)菜单的颜色与图片

菜单的颜色能起到推销菜肴的作用。菜单颜色的作用是：具有装饰作用，使菜单更具吸引力，令人产生兴趣；通过色彩的安排、组合，能更好地介绍重点菜肴。颜色能显示餐厅的风格和气氛，因此菜单的颜色要与餐厅的餐桌、桌布和餐具的颜色相协调。快餐餐厅较适合使用色彩鲜艳的菜单，有一定档次的餐厅则较适合以淡雅优美的色彩为基调。

菜单中的插图也能起到推销菜肴的作用。彩色照片能直接展示餐厅所提供的食品、饮料。一张令人垂涎三尺的菜肴彩照胜于大段文字说明，它是真实菜肴的缩影。许多菜肴、点心、饮品唯有用照片才能显示其质量，如描绘新鲜牛排、虾的质量最好使用彩色照片。彩色照片能使顾客加快点菜速度，它是菜肴有效的推销工具，还能加快餐厅座位周转率。

彩色照片要注意印刷质量。如果印刷质量差，反使顾客倒胃口。照片边上要印上菜名，注明配料和价格，以便于顾客点菜。

工作任务二　技能训练

在学生分组的前提下，各小组组长以实训任务书（表 1-1）为参照，对每个组员的菜单策划与设计实训进行督导，注意小组实训中的可取以及改进之处，分别发言总结。教师在此基础之上有针对性地进行指导。

表 1-1　　菜单策划与设计实训任务书

<table>
<tr><td>班级</td><td></td><td>学号</td><td></td><td>姓名</td><td></td></tr>
<tr><td>实训项目</td><td colspan="2">菜单策划与设计</td><td colspan="2">实训时间</td><td>4 学时</td></tr>
<tr><td>实训目的</td><td colspan="5">通过对菜单的概念、内容等基础知识的讲解和制作流程的操作训练，学生了解菜单在餐饮中的重要作用，掌握制作程序，达到灵活运用的训练要求</td></tr>
<tr><td>实训方法</td><td colspan="5">首先教师讲解，然后学生分组讨论，最后教师进行指导点评。要求学生按季节不同，进行时令菜单的编制</td></tr>
<tr><td colspan="6">实训过程</td></tr>
<tr><td colspan="6">1.操作要领
(1)搜集相关资料包括各种旧菜单、时令菜单、畅销菜单、烹饪技术书籍、食品饮料一览表。对资料进行分析、讨论
(2)利用标准菜谱，不仅有利于计划菜肴成本，同时经营人员能够了解菜品的生产和服务要求，利于产品质量标准化的实施
(3)先将提供给顾客的菜品、饮品等填入表格，再综合考虑各种因素后，确定菜单最终内容
(4)对菜单的封面设计、样式选择、图案文字说明等进一步讨论
2.操作程序
(1)资料搜集与分析
(2)执行标准菜谱
(3)初步设计构思
(4)菜单的装潢设计
3.模拟情景
按不同季节，制作出时令菜单</td></tr>
<tr><td>要点提示</td><td colspan="5">(1)菜名应该好听，但不能太离奇
(2)特色菜肴放在菜单引人注目的位置
(3)告知性信息应是便于餐厅推销的信息</td></tr>
<tr><td colspan="6">能力测试</td></tr>
<tr><td>考核项目</td><td colspan="3">操作要求</td><td>配分</td><td>得分</td></tr>
<tr><td>资料搜集与分析</td><td colspan="3">材料准备充足；小组讨论热烈</td><td>15</td><td></td></tr>
<tr><td>执行标准菜谱</td><td colspan="3">菜品执行标准统一</td><td>20</td><td></td></tr>
<tr><td>初步设计构思</td><td colspan="3">设计因素考虑全面；想法有创意</td><td>40</td><td></td></tr>
<tr><td>菜单的装潢设计</td><td colspan="3">注意艺术性；尺寸、字体合适</td><td>25</td><td></td></tr>
<tr><td>合计</td><td colspan="3"></td><td>100</td><td></td></tr>
</table>

实训项目二

助客点菜与点菜单操作

实训目标

1.了解点酒水和西餐点菜的要点。

2.掌握助客点菜服务技巧与点菜服务的基本操作流程。

工作任务一　助客点菜的技巧与程序

一、助客点菜服务技巧

(一)了解客人饮食需求

了解客人的饮食需求、风味习惯和喜好。从饮食消费心理分析,每次就餐如果有一两个菜能给客人留下美好的印象,客人就会有满足感。

1.突出本店风味

最易突出风味的方法就是选择本酒店菜系中最擅长烹调手法的菜肴。例如粤菜中的卤、清蒸、小炒、煲、烧烤;川菜中的干烧、麻辣、干煸;淮扬菜中的烩、大煮、清炖;鲁菜中的芫爆、黄焖;湘菜中的剁椒;闽菜中的红糟;上海菜的红烧等。

2.突出主厨拿手菜

现今的厨师多数是能够料理多种菜系菜肴,但从保证出品质量考虑,多数厨师学徒时期所学的东西,对他有着根深蒂固的影响,往往最拿手的就是入行时所学菜系的菜肴。

3.突出主要菜系

由于客人要求的多样性,单一菜系不能满足全部客人的需求,适当配些其他菜系的菜肴以迎合客人的喜好,但数量不能超过主要菜系的菜肴,不然就会喧宾夺主,无法突出主题。而其他菜系面要广。如果有的酒店提供的菜系比较单一,其他菜系少,可用流行菜系来替代。

4.口味搭配不能重复太多

一桌菜全是辣的,甚至每人都摆一碟辣椒酱,口味太重,味觉会被麻痹。从健康角度来分析,辣味会使喉咙和胃的功能降低,再好的食物都没办法品尝。糖醋、红烧、清炒、椒盐等几种选择组合,可以让一餐饭吃得更美味。

（二）满足价格心理预期

1.用餐目的

日常用餐经济实惠，休闲消费可高可低，宴请客人档次较高。设计菜单时要了解客人的预算，如预算较紧，选择经济实惠的菜肴。

2.费用性质

公费宴客有预算，超过预算会给客人报销带来麻烦；私人宴请有心理价位，买单时超过20％就会产生价格高的感受。

3.菜肴搭配

冷菜少、热菜多，给人价格低的感受。

4.档次搭配

(1)宴请外地客人采用高、低价格搭配。高价原料体现档次，低价原料选用当地特色食材，如山野菜、地方土产，也能让客人感受到高档菜的感受。

(2)休闲娱乐型用餐采用高、中、低价格搭配，能全面体现酒店的特色，给客人留下深刻的印象。

(3)中等价格搭配适合日常用餐客人，给人以实在的感受。

（三）合理搭配原料，恰当组合菜肴

注意菜肴数量及搭配。菜肴数量恰当，如四人吃饭，一般可点三四个冷碟、三四个热炒菜、一个大菜、一道汤就足够了。如六人吃饭，一般可点三四个冷碟、三四个炒菜、一个大菜、一道汤、一两份点心就足够了。菜肴原料尽量不重复。一桌宴席由汤、热菜、凉菜、主食点心四大块组成，而原料是肉类（畜、禽）、海产品（鱼、虾、蟹）和蔬菜三类，这些要素缺一不可。比如，汤选择了老鸭煲，热菜和凉菜就可以鱼或者蔬菜为主要原料；选了一款鱼汤，就不必再点鱼类或海产品；点了糖醋鱼，就别再选菠萝咕咾肉。

配菜时因人而异，要注意客人的宗教信仰、口味、禁忌。不同体质类型的客人，要选择不同性味的食物。

（四）烹调方法多样

菜肴应强调荤素、浓淡、干湿、多种烹调方法搭配。厨师有分工，掌管炒菜、油炸或清蒸，各司其职。如果点的都是油炸、清蒸、炖煮的菜，烹煮时间比较长，点菜师就应向客人说明，减少误会的发生。

（五）推销技巧要点

(1)职业点菜师必须从维护酒店利益的角度出发，树立高度的责任感，具备推销意识，主动向顾客有建议性地推销，而不是被动接受顾客的指令。

(2)不要让员工本身对食物的喜恶与偏见影响客人的选择，不可对任何客人所点的菜品表示厌恶。

(3)点菜前要通过听、看、问等方式了解客人的身份、宴请的类型、口味以及消费水平。根据客人的具体情况,提供个性化的点菜服务,也就是在推荐菜式的色香味形及菜品的数量、价格,目标是既能达到酒店效益的要求,又能使客户满意。

(4)熟悉菜单及酒水单,了解推销菜肴酒水的品质、原料、口味、烹饪方式、产地等,以便能向顾客做专业知识介绍。牢记菜牌价和时价,宣传特价菜和特色菜,强调新菜和利润较高的特点。掌握海鲜的急推程度,对急推的菜品,要掌握多种做法和不同的口味。对于当天急推菜品,应灵活机动地优先推荐,争取客人的认同。

(5)当客人自己点菜时,要耐心、热情地予以帮助,注意菜品的适当搭配,照顾不同年龄客户的口味,判断菜品数量是否不足或超量、价位是否适宜,适当推荐当天特色菜。如果某种菜品已售完,应表示歉意,并及时推荐近似的菜品。当客人自己不能决定时,可提供建议,最好是先建议中等价位的菜肴,再建议高价的菜肴,由客人自己选择。

(6)要多做主动推销,客人不一定想饮酒或吃甜品,经你殷勤介绍,一般都会接受服务员的推荐。

(7)不可做硬性推销。在任何场合,顾客的满意都比销售量更重要,否则很难提高回头客率。

(8)生动的描述,有时会令客人在不饿的时候也能引起食欲。

(9)推销时需注意"主随客便",对不同的客人应做不同的推销。例如,向急着离开的客人推荐准备时间短的速食;向重要人物、美食家推介品位最佳菜品;向独自一人就餐的客人提供准备时间短且分量适中的食品;情侣就餐时要注意女士的选择;向素食者推荐素食,并注意低热量。

(10)注意语言艺术和表情的运用。

知识拓展

中国菜的上菜习惯

依照中国人的饮食习惯,基本的原则是先上冷菜,后上热菜,最后上甜品和水果。宴会桌数再多,各桌也要同时上菜。上菜的方式大体上有以下几种:一是把大盘菜端上,由各人自取;二是由服务人员托着菜盘逐一往每个人的盘中平均分配;三是用小碟盛饭,每人一份。上菜顺序归纳如下:

(1)先冷后热。

(2)先菜肴后甜品。

(3)先炒后烧。

(4)先咸后甜。

(5)先清淡再浓烈。

(6)好的菜肴先上,普通的后上。

(7)先多的后少的。

(8)先油腻的后清淡的。

(资料来源:刘念慈,董希文.菜单设计与成本分析[M].北京:经济管理出版社,2012.)

二、点菜服务的基本操作程序

客人在迎宾员的引领下进入餐厅落座,看台服务员应立即上前招呼并提供上茶等服务,这就进入餐厅服务的另一个重要环节——为客人点菜及酒水。操作程序如下。

(一)递送菜单,请顾客点菜

点菜师应规范地站在客人左侧或右侧方便的地方,身体略微前倾,双手将菜单递送给客人,请客人阅读菜单。当客人示意点菜后,点菜师立即上前热情服务,向客人介绍菜品并接受客人点菜,交谈时音量适中、语气亲切。这是大部分餐厅普遍采用的点菜方法。

除此之外,点菜方式还有两种:一是点菜师把点菜单与笔提供给客人,由客人自己填写所选菜品,然后点菜师将客人填写好的点菜单送往厨房叫菜。小型餐饮企业常用此法。二是点菜师将印有所有菜品的菜单与笔交给客人,由客人自行圈选他们喜欢吃的菜肴,然后再送往厨房叫菜。这是火锅和简餐餐厅常用的点菜方法。

(二)主动推荐酒菜或提出建议

点菜师充当着双重角色,既是服务的提供者,又是餐饮产品的推销者。在餐厅营业前,点菜师必须向厨房了解当日菜品的情况,如缺货或是欲促销的菜品;必须熟记菜单的全部内容,尤其是当天特别菜的名称、材料与烹调的方法、烹调时间的长短。

推荐酒菜时,应根据客人需求,尽力向客人推销本餐厅的时令菜、特色菜、名菜、畅销菜和各种酒水;应调配菜品内容与烹调方式以适合客人的口味,可机敏地告知客人各种菜、汤的烹调时间、口味特点和营养知识。

(三)灵活处理各种情况

当客人点了相同类型的菜品,应主动提示客人另点其他菜品。如客人表示要赶时间,应建议点些制作较快的菜品,不要点蒸、炸及酿等方法制作的菜品。如客人点鱼、虾等海鲜菜品时,应征求客人对鱼、虾的质量要求或主动建议适当的质量。如客人点菜过多,要及时提醒客人。如客人点了菜单以外或已售完的菜品时,要积极与厨房联系,尽量满足客人需求,或向客人介绍其他相近的菜品。用同一点菜单的客人要求分开账单时,需要通知厨房和收银。客人点错菜时,千万不要与客人争吵,应以足够的宽容和耐心来灵活处理。

(四)认真记录客人点的菜品与酒水

1.记录要求

准确地将日期、台号、桌面人数、菜单名称、客人所点的菜品、烹饪要求、分量及负责开单人员的名字,详细填入点菜单内。如有疑问应再度询问清楚,以免遗漏或错记。注意记清每位客人点的菜、每道菜要求烹制的程序、用何种原料等。开菜单时,字迹要清楚端正。

可用一些特殊的记号缩写来标明，会使手续快捷，但这种缩写大家应熟悉。酒水、冷菜和面点要分别开菜单。

如果客人所点的菜品是菜单上没有的，应在点菜单上注明，以便制作和定价。客人对菜品的要求都应写在菜单上，客人分开两桌点同样的菜，应在点菜单上注明“双上”。点菜师填单时不可将点菜单放在餐桌上填写。

2.记录形式

(1)采取点菜三联单形式记录。第一联，让收款员盖过章后，由传菜员交厨房或酒吧作为取菜肴和酒水的划单用凭据，此联可留存，作为查阅资料；第二联交收银台为出纳入账之用；第三联置于客人的餐桌上或服务台旁，作为上菜服务核对之用。有时客人点菜后会改变主意，这时必须将原来所点的菜名划掉，再重新为客人点菜。

(2)使用点菜备忘单记录。餐厅将所有经营的菜品和酒水印在点菜单上，点菜师只需根据客人的点菜在相应的菜名前做出标记即可。一式两份，一份留给客人，一份送到厨房。若客人改变主意时，点菜师应在备忘的点菜单上划掉对应的项目，防止混乱。

(3)采用计算机记录。将客人的点菜，包括菜的分量、价值、总金额等所有项目输入计算机，打印后交给客人并通过荧屏显示通知厨房。

3.编号方法

为了正确记录桌上客人点菜顺序的位置，编排方法有：

(1)站在餐桌左角，记录点菜时从右边的客人开始。

(2)以某人作为参照，如从穿红色外衣的女士开始。

(3)以东南西北方向为参照，按顺时针方向进行；或利用窗户、大门或其他明显的目标作为基准点，将每一桌的第一个椅子编为第一号。

这些方式可以预防点菜的混乱，避免差错。

4.复述并确认客人所点菜肴和酒水

点菜完毕，一定要向客人复述一遍所记录的菜肴和酒水，请客人确认。如有疑问，应再问清楚，以免遗漏或出错。最后向客人道谢。

5.送达各联点菜单，务求沟通确认

将点菜单分别送入厨房、收银台和客人的餐桌或服务台，作为制作、结账、上菜服务核对的依据。

写完点菜单后立刻送到厨房，放在点菜单的呈放架上。要特别注意双页的点菜单，防止在匆忙中被忽略。点菜单要按次序或按桌号放置。新的点菜单放在右边，以保证厨师按客人点菜的先后次序，从排在左边的点菜单上的菜开始准备。厨房指定一人唱读每份点菜单。收接点菜单的人，必须重复一遍所点菜，以便准确无误。当一份点菜单上的菜准备好后，厨师应把点菜单和账单放在上面，检查菜品是否准备齐全。

如采用计算机系统，则把点菜记录准确输入计算机系统，通过自动传递，厨房就能从荧屏上看到客人所点菜品。

案例

鱼有多大?

王先生带着客户到某星级酒店的中餐厅去吃烤鸭。这里的北京烤鸭很有名气,客人坐满了餐厅。由于没有预订,引领人员先将王先生一行引到休息室等了一会儿,才安排他们到一张客人预订而未到的餐桌前。大家入座后,王先生一下子就为八个人点了很多菜,除烤鸭外还有十几道菜,其中有一道是“清蒸鲟鱼”。由于餐厅近日推出了推销海鲜提成的方法,服务员小张高兴得没问客人要多大的鱼,就通知厨师去加工了。

不一会儿,一道道菜就陆续上桌了。客人们喝着酒水,品尝着鲜美的菜肴,颇为惬意。吃到最后,桌上仍有不少菜,但大家却已酒足饭饱。突然,同桌的小谢想起还有一道“清蒸鲟鱼”没有上桌,就催服务员快点上。鱼端上来了,大家都愣住了!“好大的一条鱼啊!有三斤多吧,这怎么吃得下呢?”“小姐,谁让你做这么大一条鱼啊!我们根本吃不下。”王先生用手推了推眼镜,说道。“可您也没说要多大的鱼呀?”服务员小张反问道。“你们在点菜时应该问清客人要多大的鱼,加工前还应该让我们看一看呀。这条鱼太大,我们不要了,请退掉!”王先生毫不退让。“先生,实在对不起,如果这条鱼您不要的话,餐厅就要扣我的钱了,请您包涵一下吧!”小张的语气软下来。“这个菜的钱我们不能付,不行的话就请找你们经理来。”双方僵持不下。

三、点酒水服务和西餐点菜服务的要点

(一)酒的分类

酒是含淀粉或糖分的谷物、水果等经过发酵、蒸馏等方法生产出来的,含乙醇、带刺激性气味的饮料。酒水是酒精饮料和非酒精饮料的总称。

1.按制造方法分类

酒有发酵、蒸馏、配制三种制造方法,用这三种方法生产出来的酒分别称为发酵酒、蒸馏酒、配制酒。

(1)发酵酒:常用的发酵酒有葡萄酒、啤酒、水果酒、黄酒、米酒等。

(2)蒸馏酒:常用的蒸馏酒有金酒、威士忌、白兰地、朗姆酒、伏特加酒和中国的白酒。

(3)配制酒:主要有中国配制酒(药酒)和外国配制酒(开胃酒、甜食酒、餐后甜酒)。

2.按配餐饮用方式分类

(1)餐前酒:也称为开胃酒,是餐前饮用的。

(2)佐餐酒:在用餐时与食物一起享用,是西餐配餐的主要酒类。

(3)甜食酒:一般是佐助甜食时饮用的酒品。

(4)餐后甜酒:也称利口酒,是餐后饮用的。

(5)混合饮料:通常在餐前饮用或在酒吧饮用。

3.按酒的特点分类

(1)白酒:以谷物为原料的蒸馏酒,因酒度较高也被称为烧酒。

(2)黄酒:以糯米、大米、粟米等为原料的酿造酒。黄酒因酒液黄亮而得名。

(3)果酒:以水果等为原料的酿造酒,大都以果实名称命名。常见的果酒主要是葡萄酒。

(4)药酒:以白酒为原料加入各种中草药材浸泡而成的一种配制酒,是具有较高滋补、营养和药用价值的酒精饮料。

(5)啤酒:以大麦为原料,加以香料经发酵配制而成的一种含有大量二氧化碳气体的低度酒,被称为"液体面包"。

知识拓展

中国节日酒俗

中国是酒的"故乡",酒是从祭祀深化而来的。酒礼酒俗,在民间饮食文化中是最为丰富多彩的。俗话说:"无节没有酒,无酒不成礼。"岁时节令、祭祖酬神、嫁娶寿诞、祝捷庆功等场合都离不开添乐增趣的酒,如除夕以酒祭祖,家人饮酒联欢;端午节饮雄黄酒、菖蒲酒;中秋节饮"团圆酒";重阳节登高饮菊花酒。在以家庭、宗族为基础的农耕社会,对生命的繁衍、家庭的亲和十分重视。每当妇女"有喜",一朝分娩,就隆重庆贺,喝"报生酒",以后又有"三朝酒""满月酒""百日酒""周岁酒"。订婚要喝"订婚酒",婚宴上要办"结婚酒",新婚夫妇必须喝"交杯酒"。为老人祝寿时更要喝"寿酒"。当人生走到尽头时,也应置办酒席,一是答谢前来吊唁者的辛劳,二是表示对逝者的怀念。社交往来中,如贺喜、饯行、洗尘及宴宾飨客、亲朋聚会等,酒更是示诚示敬的必备饮料。

(资料来源:邓英,马丽涛.餐饮服务实训——项目课程教材[M].北京:电子工业出版社,2009.)

案例

啤酒多少度

小王请小张去一家餐厅吃饭,服务人员很热情地接待了他们。小王对小张说:"今天工作完成得很好,我们喝点酒庆祝一下吧?"小张摇摇头说:"我不会喝酒,很容易醉的。"小王说："那我们喝点度数低的酒怎么样?"小张问："啤酒多少度?"小王说："很低吧,我们问问服务人员。"于是就问服务人员,服务人员想了想,回答说："十几二十度吧。"小张一听,连忙摇头说："那酒度数太高了,我不能喝。"

（资料来源：何丽萍.餐饮服务与管理[M].北京：北京理工大学出版社,2017.）

(二)酒水的作用

(1)酒对人体有较好的滋补作用。

(2)酒对人体具有药用价值。

(3)酒可以促进食欲、帮助消化。

(4)酒可以强心提神、舒筋活血、消除疲劳。

(5)酒可以去腥解腻,增加菜肴美味。

(6)酒可以助兴。

(三)点酒水的程序

点酒水与点菜的程序相同。此外,如客人点了威士忌或白兰地等烈性酒,应询问客人是纯饮还是需要加冰块。填写酒水单要写清楚酒水品牌、产地、酒的年限、分量、价格、填单时间和填单人姓名等信息。

(四)西餐点菜的要点

西餐主要包括西欧国家的饮食菜肴,还包括东欧、地中海沿岸等国和一些拉丁美洲国家如墨西哥等国的菜肴。西餐的主要特点是主料突出、形色美观、口味鲜美、营养丰富、供应方便等。西餐大致可分为法式、英式、意式、俄式、美式、地中海式等不同风格的菜肴。

西餐讲究菜肴火候和调味汁,采取分餐制就餐。如果客人点了煮鸡蛋,应问清煮几分钟;点了牛排,应询问需要几成熟,配哪种调味汁和哪种配菜;点了沙拉,应问清客人喜欢哪种沙拉酱;等等。

工作任务二　技能训练

在学生分组的前提下,各小组组长以实训任务书(表1-2)为参照,对每个组员的助客点菜与点菜单操作实训进行督导,注意小组实训中的可取以及改进之处,分别发言总结。教师在此基础之上有针对性地进行指导。

表 1-2　　助客点菜与点菜单操作实训任务书

<table>
<tr><td>班级</td><td></td><td>学号</td><td></td><td>姓名</td><td></td></tr>
<tr><td>实训项目</td><td colspan="2">助客点菜与点菜单操作</td><td>实训时间</td><td colspan="2">4 学时</td></tr>
<tr><td>实训目的</td><td colspan="5">通过对点菜服务基础知识的讲解和操作技能的训练，学生了解点菜的服务技巧，掌握点菜的操作程序与操作要领，达到运用自如的训练要求</td></tr>
<tr><td>实训方法</td><td colspan="5">首先教师讲解、示范，然后学生实际操作，最后教师再指导。按照操作要领与程序完成点菜方法的情景训练</td></tr>
<tr><td colspan="6">实训过程</td></tr>
<tr><td colspan="6">1.操作要领
(1)在餐桌旁点菜，要端正地站在客人的左后侧，左手持点菜单，右手执笔
(2)站立姿势要美观大方，注意不要影响客人视线
(3)在记录客人点菜时，要先询问客人是否可以点菜，得到明确答复后再依次进行
(4)填写点菜单时要清楚、规范
(5)注明上主食的时间，便于厨师备菜和服务员上菜
(6)记清客人的特殊要求
(7)填写完点菜单后，应再次核对一下，以防出现差错
2.操作程序
(1)问候客人
(2)介绍、推销菜肴
(3)填写点菜单
(4)特殊服务
(5)确认
(6)下单
3.模拟情景
按照操作要领与程序完成点菜方法的情景训练</td></tr>
<tr><td>要点提示</td><td colspan="5">(1)根据客人的心理需求尽力向客人介绍时令菜、特色菜、招牌菜、畅销菜
(2)客人点菜过多或有在原料、口味上相似的菜肴时，记得及时提醒客人
(3)点完菜以后应向客人复述一遍
(4)台号、桌数写清楚，名字也一并写上
(5)客人到齐时，点菜单上应注明“走菜”；赶时间的客人的点菜单上应注明“加快”，有特殊要求的客人的点菜单上应注明如“不吃糖”“不吃辣”等</td></tr>
</table>

能力测试

考核项目	操作要求	配分	得分
问候客人	礼貌问候客人；征询客人是否可以点菜	10	
介绍、推销菜肴	主动为客人推荐菜肴；介绍时给予适当的描述和解释	20	
填写点菜单	站位适宜，姿势端庄；填写点菜单准确	30	
特殊服务	对客人的特殊要求进行确认	20	
确认	能够重复客人所点菜肴	10	
下单	感谢客人；告知客人大约等待的时间	10	
合计		100	

第二部分

饮食文化

引导案例

了解宗教饮食风俗

某饭店中餐宴会厅，总经理宴请一位高僧。两名服务员上前迎接，引领客人入席，菜单是预订好的，服务在紧张有序地进行。食之过半，宾客要求上主食，三鲜水饺很快端上了桌面。高僧夹起一个水饺品尝，很快就吐了出来，温和地问："这是什么馅的？"服务员一听马上意识到问题的严重性，事先忘了确认是否素食，忙向高僧道歉："实在对不起，这是我们工作的失误，马上给您换一盘素食水饺。"部门经理也赶来道歉。高僧说："没关系，不知者不为怪。"这次失误虽然很严重，但由于高僧的宽容大度，才得以顺利解决，也留给服务员一个深刻的教训。

辩证性思考：

饭店由于疏忽，为高僧上了有荤腥原料的食品，触犯了客人的禁忌，是严重的失礼。

实训项目一

饮食结构与惯制

实训目标

1.了解人类饮食的历史。
2.掌握饮食结构与惯例。

工作任务一 饮食文化与饮食惯制原则

在长期的历史传承过程中,各个国家、各个民族形成了各具特色的饮食民俗。

一、饮食民俗的形成

饮食民俗是指有关饮品和食物在加工、制作和食用的过程中所形成的习俗。饮食民俗源于以下三个方面:

(一)经济

饮食民俗的孕育和变异受到社会生产力发展程度和农业生产力布局的制约。有什么样的物质生产基础,便会产生什么样的膳食结构和肴馔风格。而农业生产的多样性又为各地饮食民俗提供了基础。在自然条件和社会经济条件的共同影响下,我国的农业生产布局、耕作制度、农副产品种类等都有很大差异。如东部以种植业为主,西部以牧业为主。

(二)自然

我国地域辽阔,自然环境复杂,各地的地形、气候、水文、土壤、生物等因素都有较大的差别。气候和地域不同,农副产品的种类不同,人们的食性和食趣自然也不同。不同的自然环境导致了不同的饮食习俗。如南方以米饭为主食,而北方以面食为主食。从地域来看,“南甜北咸东辣西酸”“南甜北咸东淡西浓”的嗜好分野,大体表明了各地的口味特点。东南待客重水鲜,西北迎宾多羊馔,均与“就地取食”的生活习性相一致。

(三)民族

各民族在生产和生活实践中,经过世代的传承和变异,形成了区别于其他民族的所特有的传统饮食民俗。各民族间的文化交流大大丰富和影响了饮食民俗。如东汉张骞出使西域后，西域的黄瓜、葡萄酒、胡萝卜以及蚕豆等传入中原。南方人食用的苹果、面食等也是文化交流的结果。

二、人类的饮食历史

人类饮食民俗的形成经历了生食、熟食和烹调三个阶段。

（一）生食阶段

原始人采集任何果实以及捕到任何动物等，稍加处理便生吞活剥，直接食用。如今，在某些地方还有古老的生食习俗，如腌制生鱼、生肉等。

（二）熟食阶段

熟食分为烤食和煮食（炒食）两类。发现火之后，首先出现的是烤制食品，方法很多，如用烧红的石片、石块烤肉吃。有的地方是这样烤鸡的：先杀鸡，掏出内脏，后用泥封好埋入地下，再在地面上烧烤，挖出来就是喷香的烤鸡了。傣族人制作香竹饭时，先砍断香竹，从有节的地方断开，盛入米和水，封口，放在火里烧，隔一段时间后破竹取食。

（三）烹调阶段

随着人类食物来源的扩大与丰富，有了主食和副食的划分与不同配制，形成了不同的风味和民族特色。食物经过火的烹制和调味品的调味，味道不仅鲜美，而且丰富。

三、饮食结构和饮食惯制

（一）饮食结构

饮食结构是指日常生活中一日三餐的主食、菜肴和饮料的配制方式。

1.主食

中国传统的饮食结构以植物性食物如五谷为主食，以蔬菜及少量鱼、肉、蛋、奶、果品为副食。主食俗称为饭，一是米制品，有米饭及米糕、米粉等。二是面食，种类很多。蒸制的有馒头、包子等；煮制的有面条、水饺等；烙烤的各种饼；炸制的有油条、油糕等。北京的打卤面、山西的刀削面、河南的烩面、四川的担担面、西北的臊子面、江南的阳春面等都是著名的面食。用米、米粉、面粉、豆粉等制成的糕点为正餐以外不定时食用的小食，称为点心、茶食等，其中有些如粽子、汤圆、月饼等，也是特定的节日食品。

2.菜肴

菜是蔬菜的总称；肴原指煮熟的鱼肉。菜肴现在指饮食结构中的素菜和荤菜。我国菜肴以独特精美的色、香、味闻名于世，常用的原料有水产品、畜禽（含肉、禽蛋、畜乳、油脂)、各种蔬菜、干鲜果和调味品等。不同的搭配和烹制,产生了我国风格各异的烹调艺术,烹调出成千上万种菜肴,形成了不同的菜系。

3.饮料

饮料有酒、茶、奶等,其中以酒和茶为主。

(二)饮食惯制

1.日常生活的饮食惯制

日常一般采用一日三餐制,即早晨、中午、晚上进餐。城市居民多将晚餐、农村居民多将午餐作为一日三餐中的重点,饭菜比其他两餐丰盛。三餐的配餐方式,南方的早餐多为粥与包子、馒头、油条等,午餐、晚餐为米饭和菜肴;北方一日三餐都有面食,早餐、晚餐另加小米稀饭或其他汤类饮食。农忙季节,农村则一日四餐,在下午加一次点心作为间食。一些城市居民还在晚餐之后加食宵夜。饮食方式是共餐制,这体现了中国传统伦理道德中的群体精神。西方的分餐制虽然在近代传入我国并得到一些人士的提倡,但至今尚未普遍流行起来。

2.节日的饮食惯制

中国众多的节日在饮食方面也有所区别,带有浓厚的地方性与民族性特色。节日食物有饺子、年糕、腊八粥、元宵(汤圆)、粽子、月饼、重阳糕等。

3.礼仪上的饮食惯制

人们在嫁娶、生育、寿筵、丧葬等礼仪活动中有一些饮食惯制。如过生日吃生日蛋糕;老年人庆寿,离不开长寿面;婚礼上新婚夫妇要饮"交杯酒";葬礼上要吃"豆腐饭"等。

4.信仰上的饮食惯制

信仰上的饮食惯制大多表现在供奉祭祀后为活人所享用的食品上。如在有的地区,人们初一、十五盛满一碗白米饭,供奉以后再倒进饭盆里由家人享用;过端午节时饮用雄黄酒;正月初二扫墓,作为祭牲的鸡在扫墓后,把它与萝卜混煮食用等。

5.宴席中的饮食惯制

宴席是人们为品尝风味、社交、联络感情,按照一定的规则举行的聚餐,融合了许多礼仪内容和社交惯例。在祝捷庆功及贺喜、接风、送别、聚会等社交活动中,一般都要大摆宴席,几乎是无宴不成礼。其中的私宴——结婚、儿女满月、接风、饯行、拜师、谢师等都有各民族的饮食民俗惯制。

工作任务二　技能训练

在学生分组的前提下，各小组组长以实训任务书（表 2-1）为参照，对每个组员的饮食结构与惯制实训进行督导，注意小组实训中的可取以及改进之处，分别发言总结。教师在此基础之上有针对性地进行指导。

表 2-1　　饮食结构与惯制实训任务书

<table>
<tr><td>班级</td><td colspan="2"></td><td colspan="2">学号</td><td colspan="2"></td><td>姓名</td><td></td></tr>
<tr><td>实训项目</td><td colspan="3">饮食结构与惯制</td><td colspan="3">实训时间</td><td colspan="2">4 学时</td></tr>
<tr><td>实训目的</td><td colspan="8">通过对人类饮食的历史以及饮食结构与惯例的内容讲解，学生在了解饮食文化的历史基础上，制定出符合不同地区饮食文化特点的菜单</td></tr>
<tr><td>实训方法</td><td colspan="8">首先教师讲解，然后学生分组讨论，最后教师进行指导点评。要求学生深入了解饮食文化的内涵，完成符合饮食惯制的菜单编制</td></tr>
<tr><td colspan="9">实训过程</td></tr>
<tr><td colspan="9">1.操作要领
(1)根据饮食结构的内涵进行深入的分析与讨论
(2)结合不同地区饮食结构与惯例，初步构思、设计菜单
(3)注意菜单的装潢设计要精美
2.操作程序
(1)分析与讨论
(2)初步设计构思
(3)菜单的装潢设计
3.模拟情景
结合不同地区的饮食结构特点，制作出合理菜单</td></tr>
<tr><td>要点提示</td><td colspan="8">(1)不同地区的饮食文化区别关键点
(2)菜品数量合理，搭配科学</td></tr>
<tr><td colspan="9">能力测试</td></tr>
<tr><td>考核项目</td><td colspan="5">操作要求</td><td colspan="2">配分</td><td>得分</td></tr>
<tr><td>分析与讨论</td><td colspan="5">对饮食文化的内涵深入理解；小组讨论热烈</td><td colspan="2">30</td><td></td></tr>
<tr><td>初步设计构思</td><td colspan="5">分析出不同地区的饮食结构特点；考虑全面，体现营养健康的理念</td><td colspan="2">50</td><td></td></tr>
<tr><td>菜单的装潢设计</td><td colspan="5">菜单设计精美；各要素合理</td><td colspan="2">20</td><td></td></tr>
<tr><td>合计</td><td colspan="5"></td><td colspan="2">100</td><td></td></tr>
</table>

实训项目二

中国饮食民俗与中餐宴会

实训目标

1.了解中国各地区饮食民俗与中国宗教饮食民俗。

2.掌握中国传统节日饮食民俗与少数民族饮食民俗。

3.中餐宴会菜单的搭配。

工作任务一　中国饮食民俗与中餐宴会菜单搭配

一、中国传统节日饮食民俗

中国传统节日很多，目前仍然盛行的主要传统节日的饮食民俗简述如下。

（一）春节饮食民俗

春节是中国最悠久、最隆重的传统节日之一。我们俗称“过年”。农历腊月二十三（有些地区是腊月二十四）就拉开过年的序幕，各家用麦芽糖等物祭送灶神，称为“祭灶”或“过小年”。此后各家打扫房屋、购买年货、准备节日新衣和食品等，“年三十”因旧岁至此夕而除，故又称为“除夕”。全家团聚，吃年夜饭。年夜饭中都会有鱼，意为年年有余。晚辈要向长辈行礼辞岁，长辈则给晚辈压岁钱。人们彻夜不眠，谈笑娱乐，欢度良宵，称为“守岁”。初一燃放鞭炮，北方人吃饺子，南方人吃汤圆。饺子和汤圆中有的包硬币、花生等物，寓意谁吃到谁就会有好运。

（二）元宵节饮食民俗

农历正月十五是一年中第一个月圆之夜，称为“元宵”，特定的食品南方是汤圆，北方是元宵，象征着家人团圆和睦、生活幸福美满。元宵节是一个以娱乐为主题的节日。

(三)清明节饮食民俗

清明节在农历三月、公历4月5日前后。这是一个融合古代寒食节民俗而发展起来的传统节日。寒食节在清明前一天或两天,民众禁火、吃冷食,并插柳于门。苏沪一带人们吃用糯米粉、豆沙馅做成的青团子,晋南万荣一带人们吃凉面、凉粉、凉糕,即寒食之意。

(四)端午节饮食民俗

农历五月初五为端午节,有纪念屈原之说。端午节人们吃粽子。南方滨水之处,例行龙舟竞渡。遍及南北各地的活动是驱邪避瘟。节日午时,人们多举行家宴,饮雄黄酒(雄黄旧为中药,但含对人体有害的砷,今人已不再饮雄黄酒),并以此酒洒墙壁、地面,涂儿童耳鼻面额。有些人还在室内焚烧白芷等,或以草药煮水浴身。

(五)中秋节饮食民俗

农历八月十五中秋节是团圆的节日,特定食品是象征团圆的月饼。月饼上的图案多与月相关,如嫦娥奔月、银河明月、犀牛斗月、吴刚伐桂、白兔捣药等。现在月饼品种很多,其中广式、京式、苏式、宁式、潮式月饼较为著名。人们多买来馈赠亲友和自食。节日之夜各家在月下陈列月饼、瓜果等物祭月、拜月。祭拜完毕,全家人团聚饮宴,按人数将月饼分切成块,各吃其一。当时不在家的人亦有一份,以祈祝团圆。大家一边饮食谈笑,一边观赏圆月。

知识拓展

月饼的故事

月饼最初是用来祭奉月神的祭品,后来人们逐渐把中秋赏月与品尝月饼作为家人团圆的象征,慢慢地,月饼也就成了节日的礼品。

南宋吴自牧的《梦粱录》一书中已有“月饼”一词,但对中秋赏月、吃月饼的描述直到明代的《西湖游览志会》中才有记载:“八月十五日谓之中秋,民间以月饼相遗,取团圆之意。”到了清代,关于月饼的记载就多起来了,而且月饼的制作越来越精细。

(资料来源:徐文苑.中国饮食文化[M].北京:清华大学出版社,2014.)

(六)重阳节饮食民俗

农历九月初九重阳节,人们有赏菊之举,多插茱萸或簪菊,饮茱萸酒或菊花酒,以辟恶气、御初寒、延年益寿。这天,人们常吃重阳糕,有些地方重阳糕十分精致,如山西多达九层,像个小宝塔,其上有两只小羊象征重阳,或插彩旗以图吉利。“糕”谐音“高”,吃糕寓意步步登高。

二、中国各地区饮食民俗

中国北方以面食为主食，如馒头、花卷、烙饼、面条、饺子等。其中，饺子是北方人最喜欢的一种面食。过年吃饺子，需在守岁时包，辞岁时吃。年糕也是春节普遍食用的食品，有大吉大利之意，"年糕"谐音"年高"，即预祝新的一年步步高。而南方以大米为主食。中国人一日三餐，早晨为早点，中午和晚上为正餐；菜有荤、素两类；以木筷、竹筷进食。各地区饮食口味的特点如《口味歌》所述："安徽甜，湖北咸，福建浙江咸又甜。宁夏、河南、陕甘青，又辣又甜外加咸。山西醋，山东盐，东北三省咸带酸。黔赣两湘辣子蒜，又辣又麻数四川。广东鲜、江苏淡，少数民族不一般。"四川、湖南喜辣，江浙喜甜，西北喜酸，华北喜咸。另外，全国各地一般都有饮茶的习惯。

（一）东北地区饮食民俗

东北三省气候寒冷，东北人以大米为主食，口味喜咸酸，并爱喝白酒，以祛风寒。夏秋季蔬菜较多，冬天基本上以大白菜、萝卜为主。白菜炖猪肉、松花江的鲤鱼是极受欢迎的菜肴。

（二）京津地区饮食民俗

京津地区盛产小麦，京津人以面食为主食。他们突出的饮食特点是"肥冬素夏"；冬天寒冷干燥，爱食味道浓厚的菜肴，起滋补身体的功效；夏天喜食清淡、素净的菜肴，凉菜、汤菜较受欢迎。京津人爱吃羊肉及鱼、虾等海味。

（三）鲁冀地区饮食民俗

山东、河北地区气候干燥、寒冷，盛产小麦、小米、赤豆、黄豆等杂粮，当地人饮食口味重、略辣、卤汁多，爱吃大蒜、大葱，主食是面食，其中饺子是爱吃的面食之一。

（四）陕甘宁晋地区饮食民俗

黄土高原粮食作物主要是小麦、谷子、玉米等。当地人以面食为主，特别是山西的面条、陕西的烙饼较为出名，有"一面百吃"之誉和"烙饼像锅盖"之称。该地区畜牧业较发达，养羊较多，故人们爱吃羊肉。山西老醋闻名全国，山西人爱吃带醋味的菜肴，"无酸不下饭"；还爱食带辣味的菜肴，把红辣椒用油炸成油辣子，几乎每日必食，形成了酸辣的口味特点。

（五）湘赣地区饮食民俗

湖南、江西位于长江中下游，那里的人们以大米、糯米为主食，偶尔也食面食，但有"吃面吃不饱"的心理。他们爱食辣椒，用以调味、开胃；爱在菜里放豆豉以助味，爱吃豆腐和熏腊肉类。

（六）苏锡沪地区饮食民俗

长江下游地区以米饭为主食。阳澄湖大闸蟹驰名全国，东海还有黄鱼、带鱼、鳗鱼、墨鱼等，四季鱼鲜不断；四季蔬菜常有。苏州、无锡人口味偏甜，烹制需烧熟煮透。上海人口味要求各有不同，适应性也较强，乐于接受一些各地不同口味、原料、烹饪方法的菜肴，但要求制作精细，质量上乘。

（七）浙江宁绍地区饮食民俗

浙东沿海人们以米饭为主食；爱吃鱼虾等海味，爱吃风干腌制的海味，形成了咸中带鲜的口味特色；同时爱吃新鲜的蔬菜，喜欢喝汤。

（八）闽粤地区饮食民俗

福建、广东人以米饭为主食。福建人有吃“线面”的爱好，其面细如棉线，颇为爽口，是当地的特色食品。闽粤地区人们喜爱河鱼、海鲜，广东人还爱吃野味。广东人有饮茶的习惯，早晨去茶楼喝茶是一种传统，饭前、饭后都要喝茶；口味喜爱清淡，要求生脆、爽口，一般不爱食油腻、辛辣、炖烂的菜肴。

（九）四川地区饮食民俗

四川有“天府之国”的美誉。四川人一般爱吃米饭，也食面条，如担担面；爱好鱼、肉等荤菜；泡菜是家常必备之物。四川人多喜食辣椒，有除湿排寒、促进血液循环的作用。

（十）安徽地区饮食民俗

安徽人米食、面食兼爱。皖南人普遍爱好食鱼，冬天爱吃牛、羊肉，春秋季节爱吃猪肉，夏天爱吃冷面，有饭前喝汤的习惯。安徽以酿酒而闻名，男子大都爱喝酒，特别是淮北地区。安徽人口味上习惯甜咸适中，并稍带辣味。

（十一）香港地区饮食民俗

“食在香港”绝非溢美之词。香港由于商业发达，饮食发展得很快，加上自由港之利，西菜、日菜、东南亚各式菜，纷纷立馆。香港厨师擅吸收各家之长，融会贯通，推陈出新，遂使粤菜为主的烹饪发扬光大。

饮茶是香港人富有特色的早餐方式。上班之前，不少人先到酒楼、茶楼饮茶，边喝茶边吃点心。香港食肆类型很多，名称也不尽相同，有酒楼、茶楼、餐厅、茶室、快餐店、冰室、粥面店、大排档、甜品店、凉茶铺等。

（十二）澳门地区饮食民俗

港澳饮食不分彼此。澳门的饮食民俗与香港的不同之处只在于，澳门因历史原因，饮食习俗受到了葡萄牙的影响。

（十三）台湾地区饮食民俗

台湾人以大米为主食；日常饮食简单，而节日喜庆时，多用鸡、鸭等丰盛的菜宴请客人。春夏之交、秋冬之际，台湾人多以中药炖煮动物性食品提神补身。祭祀神明、宴请客人，台湾人必备良酒。街头巷尾有各种各样的点心摊，多是乡土饭菜，酒楼饭店经营川、粤、京、津、苏、浙、湘、闽等地风味饭菜。高山族菜作为台湾本地菜系，食料多取自本岛所产的动、植物，技法有蒸、烤、煮、腌、拌等；口味偏好酸、香、肥、糯，饮食带有热带风情。名菜有三元及第、芥菜长年、香烤墨鱼、萝卜缨菜、干贝烘蛋、芋头肉羹、南瓜汤、发家鸡、蒜薹熬鱼、黄笋猪脚、金玉满堂、土豆烧肉等。

三、中国部分少数民族饮食民俗

（一）满族饮食民俗

以面食为主食，主要是蒸煮食品，喜吃小米、黄米干饭与黄米饽饽（豆包）。豆面卷子和萨其马是传统食品。满族人喜欢甜食，甜源主要是蜂蜜；过节喜吃饺子；除夕必吃手扒肉。满族人忌食狗肉。

满族菜流传于东北、华北，有四百余年的历史，在清代颇有名气。满族菜用料多为牲畜、家禽或野猪、野兔等野味；主要烹调方法有白煮和生烤，口味偏重鲜、咸、香，口感重嫩滑。菜品多为整只或大块，吃时用手撕或用刀切割。其名菜有白煮猪肉、白肉酸菜血肠、手扒肉，常食蔬菜有大白菜等。火锅颇为有名。民族风味宴席，如三套碗、茶席也很有特色。

（二）朝鲜族饮食民俗

以大米、小米为主食，喜食干饭、冷面和打糕，传统食品有五谷饭、松饼、药食等。荤菜喜欢牛肉、精猪肉、鸡肉和各种海味，特别是明太鱼。素菜喜欢吃黄豆芽、卷心菜、粉丝、萝卜、菠菜和洋葱等，特别是泡菜。朝鲜族人爱喝汤，一日三餐几乎顿顿离不开，冬季喝大酱汤，三伏天喝凉汤；口味喜酸辣，喜食有香、辣、蒜味道的菜肴；爱喝花茶，还爱喝豆浆。朝鲜族人一般不吃稀饭，不喜欢吃鸭肉、羊肉、肥猪肉和河鱼。他们对放糖和花椒的菜及油腻过多的菜不感兴趣；也不喜欢在热菜里放醋。

朝鲜族菜流传于东北和天津，名菜有生渍黄瓜、辣酱南沙参、苹果梨咸菜、头蹄冻、烧地羊、生烤鱼片、冷面等。

（三）赫哲族饮食民俗

赫哲族人旧以鱼肉为主食，今以小米、面粉为主食。其食鱼方法尤为多样：将鱼肉切成薄片，拌以食盐、姜葱生食，冬天仍生食冻鱼；将鱼肉串在烧叉上，放在火上熏烤，抹以食盐等调料烤食；将鱼加工成鱼条子、鱼披子等鱼干储藏起来平日食用；将鱼肉加工成“鱼毛”（鱼松）食用。

（四）鄂伦春族饮食民俗

鄂伦春族人旧以兽肉为主食，主要是狍子肉、野猪肉等；今以粮为主食或肉食、粮食掺半。鄂伦春族人早上多吃肉粥，午间与晚上多吃烤肉与煮肉；喜生吃兽肝和腰子，还喜食肉干。近年来，鄂伦春族人的日常膳食增添了许多米、面品种，以稠李子粥和黏饭最具特色。

(五)蒙古族饮食民俗

蒙古族人以牛羊肉和奶酪品为主食,饮料以奶茶为主。传统食品分为白食和红食两种。白食是牛、羊、马、骆驼的奶制品,主要包括白油、黄油、奶皮子、奶豆腐、奶酪、奶果子等。红食是牛、羊等牲畜的肉制品。红食中最多的是羊肉,花样甚多,如手扒羊肉、全羊席等。蒙古族人爱好饮酒,冬天喜喝泡子酒,夏天多为马奶酒,平时习惯喝各种白酒和烈性酒。

蒙古族菜流传于内蒙古、东北和西北地区,有 800 多年的历史,元代是其鼎盛时期。蒙古族菜仅用盐或香料调制;重酥烂,喜咸鲜,油多色深量足,带有塞北草原粗犷饮食文化的独特风味。名菜有扒羊肉、烤羊尾、炖羊肉、羊肉火锅、炒驼峰丝、烤田鼠、太极鳝鱼等。

(六)回族饮食民俗

回族人以面为主食,居住在南方的也食米饭;喜吃牛、羊、鸡、鸭、鹅肉等,其素食以清、净、香、甜、雅著称;喜欢喝茶。油炸馓子是民间的风味食品。正宗宴席十分考究。回族人忌讳猪、马、骡、驴、狗和一切凶猛禽兽的肉,忌食动物的血,也忌食无鳞的鱼、海参等水产品。

(七)哈萨克族饮食民俗

哈萨克族人主食主要是牛、羊、马肉,其次是用面粉制成的馕、面条以及抓饭等。哈萨克族人最喜欢的食物为“金特”(用奶油混合幼畜肉,装进马肠里,蒸熟后食用)和“那仁”(用碎肉、洋葱加香料,搅拌蒸熟);爱喝马奶酒,多喝砖茶。“米星茶”是一种特色饮品。

(八)维吾尔族饮食民俗

维吾尔族人以面粉、大米为主食,肉食以羊肉为主,常见的面食为馕,喜庆节日或待客时吃抓饭,烧烤羊肉是最普遍、最有特色的食用方式。各类小吃如羊肚、羊头、羊肝、羊心、面筋是饮食佳品。维吾尔族人喜喝奶茶或茶水,吃奶油。维吾尔族人饭前饭后必须洗手,以壶冲洗,下以盆接,且只限三下;吃抓饭前,要剪指甲,以便手抓食物;吃饭时,将“饭布”铺于炕上,然后家人围坐就餐。

(九)壮族饮食民俗

壮族人主食有大米、玉米、木薯、红薯等,木薯可直接煮熟吃或加工成糍粑吃。逢年过节,家家户户都要做糯米饭,还爱吃粽子、糍粑和米粉。古俗不吃牛肉,至元朝才食牛肉;但少数偏远山区仍存不食牛肉的古俗。壮族有一种特殊的饮酒方式叫“打甏”。客人来了,先在地上铺一张席子,把小瓮放在宾主之间,旁边放有一盆干净水,开瓮后,酌水入瓮,插一根竹管,宾主轮流用竹管吸吮,先宾后主,竹管中有一个像银鱼一样的机关,能开能合,吸得过急,机关就会关闭。

壮族菜流传于桂、粤、滇、湘等地,有三千年以上的历史,是岭南食味的本源。壮族菜以蛇、虫等为珍味,也吃禽畜与果蔬,擅长烤、炸、炖、煮、卤、腌,口味趋向麻辣酸香,酥脆爽口。壮族菜美食众多,调理精细,食礼隆重,在桂菜中占有重要的地位;名菜有辣白旺、火把肉、盐风肝、皮肝生、脆熘蜂儿、油炸沙蛆、洋瓜根夹腊肉、龙虎斗、彗星肉、烤辣子水鸡、酿炸麻仁蜂、龙卧金山、白炒三七鸡、酸水煮鲫鱼、马肉米粉等。

(十)布依族饮食民俗

布依族人以大米、玉米为主食,辅之以小麦、荞麦、薯类等。糯米、牛肉汤锅是最受欢迎的食物。布依族人喜食酸辣;喜欢饮水酒、吸叶子烟;节日常以糯米粑粑为主食。有的地方喜用鼎罐煮饭,其味极香。布依族人爱饮米酒,饮酒时有几个特点:一是用坛子装酒,将葫芦伸进坛里汲取;饮酒不用酒杯,而多用碗。二是对饮时要行令猜拳以助兴。三是要唱酒歌,你唱一首,我答一曲,对答不了的罚酒。唱完,敬每个客人喝口酒,人们也举起斟满米酒的碗来唱歌答谢。

(十一)侗族饮食民俗

侗族人以大米为主食,平坝地区多吃粳米,山区多吃糯米。侗族人喜食猪、牛、鸡、鸭和鱼、虾,有的还吃腌制田鼠;烹调很有特色,不善炒菜,最爱煮菜吃;喜欢酸辣和酸味。侗族成年男性普遍喜欢饮用自家酿制的米酒,米酒度数低而醇香。

侗族菜流传于黔、桂、鄂交界的山区,有近千年历史。侗族菜最大的特点是无料不腌,无菜不酸,腌制方法独特(有制浆、盐煮、拌糟、密封、深埋等十多道工序,保存时间少则两年,多则三十年);酸辣香鲜,甘口怡神。名菜有五味姜、龙肉、酷鱼、牛别、酸笋、酸鹅、腌龙虱、腌葱头、腌芋头、腌蚌等。

(十二)瑶族饮食民俗

瑶族人以大米、玉米为主食。木薯、芋头、马蹄、棕衣苞、棕心、芭蕉心、飞花菜等既做粮亦做菜。瑶族人一日三餐,一般为两饭一粥或两粥一饭。平时天亮前吃一顿,天黑后吃一顿,中午则以芭蕉叶包饭到田间食用;农忙时如住在田间,则在住地生火煮食。瑶族人喜欢喝自家用大米、玉米、红薯等原料酿制的酒,下地劳动时往往以竹筒瓦罐将白酒带至田间,兑上清水饮用。

(十三)白族饮食民俗

白族人以大米、小麦为主食,居住在山区的则以玉米、荞麦为主食。吃饭时,长辈坐上席(首席),晚辈依次围坐两旁,添饭泡汤。白族人喜吃酸冷、辣味;善腌火腿和制作弓鱼、螺蛳酱、油鸡棕等食品。特色小吃有海水煮海鱼、炖梅、乳扇,最负盛名的是砂锅弓鱼。白族人喜欢别具风味的“生肉”“生皮”;喜饮烤茶,常以“三道茶”待客,具有“一苦二甜三回味”的特点。

(十四)傣族饮食民俗

傣族人以大米为主食。德宏地区的傣族人主要吃粳米,西双版纳一带的傣族人爱吃糯米。傣族人爱吃竹筒饭;不食或少食羊肉,以猪肉为主,牛肉次之;喜油煎炸而食,不喜炒食。其独特食品是“虫虫菜”。民间习惯早、晚两餐。傣族人有嗜酸之癖好,各种蔬菜均要加入特制的酸汁,酸味十足。男子喜饮酒,甜米酒男女老少喜爱,流行别具风味的竹管酒。吃饭时全家人席地而坐,围一小篾桌。如吃糯米饭,则用手捏成团而食。

傣族菜有八百余年历史,用料广博,动、植物皆被采用;制菜精细,煎、熘无所不用;口味偏好酸香清淡,昆虫食品有名;肴馔奇异,自成系统,有热带风情和民族特色。名菜有苦汁牛肉、烤煎青苔、五香烤傣鲤、菠萝爆肉片、炒牛皮、鱼虾酱、香茅草烧鸡、炸什锦、刺猬酸肉、蚂蚁酱、蜂房子、生吃竹虫、清炸蜂蛹、烧烤花蜘蛛、凉拌白蚁蛋、油煎干蝉等。

(十五)纳西族饮食民俗

纳西族人以小麦、大米、玉米为主食,居住在山区的另掺些青稞、荞麦和洋芋,食酸辣。有的地区早午两餐吃粑粑、杂粮,晚上多吃米饭。蔬菜品种较多,"酿松茸"是纳西族传统的风味名菜。纳西族人的肉食以猪肉为主,大部分猪肉都做成腌肉,尤以丽江和永宁的"琵琶猪"最为有名。纳西族人吃饭时用木制餐具;一般喜爱饮酒,吸草烟。

(十六)羌族饮食民俗

羌族人以大米、青稞、洋芋和荞麦为主食,辅以小麦和玉米。青稞和小麦的吃法主要是做成炒面,供旅途或放牧时食用。玉米或磨成细颗粒,蒸成玉米饭,称为"面蒸蒸";或掺入大米混蒸,称为"金裹银"或"银裹金";或加蔬菜煮成玉米稀饭,称为"面汤";或磨成面,不经发酵,而加以麦面做成馍馍,先用锅炕而后再用火烧食,称为"锅塌子"。羌族人多食酸菜或腌菜,喜欢"咂酒",吸"兰花烟",吃熏干"猪膘"等。

遇有喜庆节日或招待贵宾时,羌族人会抬出一个大坛子,放在地面。人们围坐在坛子周围,每人手握一根竹管或是芦管,斜插入坛中,一边谈笑,一边从坛子里吸吮酒汁。由于管长达数尺,人们围坐的圈子较大,所以五六个人,甚至七八个人都可以同时吸吮,好不热闹。有时饮一会儿酒,又起身跳一会儿舞,再继续饮酒,这种饮酒方式被称作"饮咂酒"。

(十七)苗族饮食民俗

苗族人以大米为主食,有些地区以玉米、洋芋、燕麦等杂粮为主食。日常饮食多为素食,逢年过节或宴会待客才以猪肉、牛肉、鸡鸭等为珍品。苗族人常食野菜;喜欢酸味,以酸汤最为著名,喜欢用酸汤制作肉食;喜饮酒,几乎家家都自己酿酒,喜爱烧酒(玉米酒)、米酒和糯米甜酒;喜爱油麻糖、阴米糖。桂林龙胜苗族一日三餐前,都要饮油茶。

苗族菜流传于黔、滇、川、湘等地,有一千多年的历史。苗族菜食料广泛,嗜好麻、酸、糯,口味厚重。制菜常用甑蒸、锅焖、罐炖、腌渍诸法,酸菜宴独具特色。名菜有薏仁米焖猪脚、血肠粑、红烧竹鼠、油炸飞蚂蚁、炖金嘎嘎、辣骨汤、鱼酸、牛肉酸、芋头酸、蕨菜酸、豆酸、蒜苗酸、萝卜酸等。

(十八)藏族饮食民俗

藏族的饮食种类有茶食、粮食、奶食和肉食四类。农区藏族人以青稞、小麦为主食,其次为玉米和豌豆。最主要的食物是炒熟的青稞和豌豆粉制成的"糌粑"。牧民们以牛、羊肉和奶茶类为主要食物。藏族人每天必饮酥油茶。奶制品有酥油、酸奶子、奶渣子和奶酪。藏族人忌食鱼、虾、骡、马肉,不吃海味,不吃鸡、鸭、鹅等家禽。

餐具是一把小刀和一只木碗。吃糌粑、吃肉皆用手抓,没有使用筷子的习惯。

藏族菜流传于藏、滇和青等地,有一千四百多年的历史,其与高原雪山的独特风味一脉相承;原料多为牛羊、野禽、昆虫、菌菇等。藏族菜重视酥油入馔,习惯于生制、风干、腌食、火烤、油炸和略煮;调味重盐,也加些野生香料,使口感鲜嫩。名菜有手抓羊肉、生牛肉、火上烤肝、炸虫草、油松茸、煎奶渣等。

(十九)彝族饮食民俗

彝族人大多以荞麦、玉米、洋芋为主食，少数以大米为主食。肉类有牛、猪、羊、鸡、鸭。彝族人喜欢酸辣，喜饮酒，吸旱烟，喝烤茶。食具通用木碗、木盘、木盆、竹箩及木勺，分有漆、无漆两种。漆为彩漆，绘成近似雷电纹的图案，有黑、红、黄三种。有的用牛皮制碗。

彝族人最典型的食俗是“转转酒”和“杆杆酒”。“转转酒”就是饮酒时不分场合地点，也不分生人、熟人，席地而坐，围成一个圆圈，端起酒杯，依次饮酒。“杆杆酒”即每逢喜庆节日，彝族姑娘就抱着一坛酒，插上几支竹管或是麦管，在家门口的路边上，劝过往的行人喝上几口才让他们赶路。喝过的人越多，本家主人就越感到光彩。

彝族菜流传于川、滇、黔、桂等地，有八百多年的历史；取料多用鸡、鸭和猪、牛、羊，也用其他野味；多为大块烹煮，添加盐和辣椒佐味。名菜有坨坨肉、皮干生、麂子干巴、羊皮煮肉、肝胆参、油炸蚂蚱、生炸土海参、巍山焦肝等。

(二十)京族饮食民俗

京族人逢年过节喜欢吃糯米饭和糯米糖粥；以鱼虾为多，并喜以鱼汁做调味品下饭。“风吹禧”“一丝”是京族人喜爱的食品。“风吹禧”是用米粉蒸成直径约 70 厘米的很薄的圆形饼，撒上芝麻晒干后，放在炭火上烤制而成的。“一丝”是将干粉丝与海螺肉、蟹肉拌煮而成的肉汤。

京族菜流传在广西，有三百余年历史，与越南菜属同一个体系。京族菜食馔有鲜明的渔村特色；制菜多用海鲜，有主、副食合烹的习惯；爱用鱼汤调味下饭。名菜有螺蟹米粉汤、烤鱼汁芝麻糍粑、烧大虾、生鱼片、鱼露、蚌肉羹、烧石花鱼、烩海味全家福等。

(二十一)土家族饮食民俗

土家族人以大米为主食，居住在山区的主食玉米。玉米吃法一般是磨成粉，蒸熟，做成玉米粉子饭，拌和渣而食。土家族人喜食酸辣；善饮酒，有的地区喜喝油茶汤。

土家族菜流传于湘、鄂、川交界地区，有近两千年历史；菜料包括禽畜鱼鲜、粮豆蔬果及山珍野味；肴馔珍异而丰富，带有浓郁的南国原始山林情韵；烹调技法全面，嗜好酸辣，有“辣椒当盐”之说。名菜有小米年肉、煨白猬肉、红烧螃蟹等。

(二十二)黎族饮食民俗

黎族人以大米为主食，辅以木薯、红白薯，有民族特色的是“竹筒饭”。黎族人喜欢将蔬菜煮着吃，很少炒；肉食以火去毛，或火烤抑或拌以米粉、野菜腌渍成酸。黎族人一般一日三餐，习惯舂一次米吃一次饭；以石为灶，用陶锅煮食；用好酒，如自己酿造并封存很长时间的酒招待贵宾。喝酒时，常常几个人围在一起用细竹管吸或用陶缸盛酒喝。

(二十三)畲族饮食民俗

畲族人以大米、红薯、面粉、豆类为主食。把大米和番薯丝放在锅中煮涨后，捞出来放甑中蒸熟，称为番薯丝饭。传统民间食品是“黄金糍”。畲族人以茶相待客人，一般要喝两碗，“喝一碗是无情茶”，“一碗苦，二碗补，三碗洗洗嘴”。畲族人喜欢喝酒，以有酒喝为生活好的标志。畲族“豆腐儿”略带甜味，调上辣椒，放在锅中边煮边吃，又热又辣，吃得满头大汗，极为舒服。

四、中餐宴会菜单搭配

(一)中式宴会菜品的构成

中式宴会食品的结构有“龙头、象肚、凤尾”之说。它既像古代军阵中的前锋、中军与后卫，又像现代交响乐中的序曲、高潮及尾声。冷菜通常以造型美丽、小巧玲珑的单碟为开场菜，它就像乐章的前奏曲，将食者吸引入宴，可起到先声夺人的作用；热炒大菜用丰富多彩的美馔佳肴显示宴会的最精彩部分，就像乐章的主题曲，引人入胜，使人感到喜悦和回味无穷；饭菜、甜品则锦上添花，如凤尾般绚丽多姿。其中统率整组食品的是头菜。不论何种宴会菜品，其内部结构大致相同，至于差异，主要在于食品原材料和加工工艺的不同。如高档宴会，菜肴质量好，刀工精细；地方风味宴会，突出地方名菜；国宴与专宴，更为重视社交礼仪。中式宴会菜品的结构必须把握“二突出”原则和组配要求，即在宴会菜品中突出热菜，在热菜中突出头菜。宴会菜品的组配也必须富于变化，有节奏感，在菜与菜之间的配合上，要注意荤素、咸甜、浓淡、酥软、干稀的和谐、协调，相辅相成，浑然一体。掌握中式宴会菜品的结构，有助于我们设计出符合宴会主题和满足顾客需求的宴会菜品。

1.冷菜

冷菜又称冷盘、冷荤、凉菜等，是相对于热菜而言的，形式有单盘、拼盘(双拼、三拼、什锦拼盘)和主盘加围碟等，是佐酒、开胃的冷食菜，其特点是讲究调味、刀工与造型，要求荤素兼备，质精味美。

(1)单盘

单盘一般使用直径为16～23 cm的圆盘或条盘盛装，每盘只装一种冷菜，每桌筵席根据宴会规格高低设六单盘、八单盘或十单盘，多为双数。其装盘造型有扇形、风车形、弓桥形、馒头形、条形、菱形等，不同的造型突出整齐的刀面。各单盘之间交错变换，荤素搭配，量少而精，用料、技法、色泽和口味皆不重复。单盘是目前中式宴会中最常用而又最实用的冷菜形式。

(2)拼盘

每盘由两种物料组成的称为双拼，由三种物料组成的称为三拼，由多种物料组成的称为什锦拼盘，如潮州筵席用的卤水拼盘、四川传统筵席用的九色攒盒。

(3)主盘加围碟

这种形式多见于中、高档宴会冷菜。围碟也就是上面讲的单盘，是主盘的陪衬，以形成众星捧月之势，每盘菜量一般在100 g左右。

主盘主要采用花式冷拼，即挑选特定的冷菜制品，运用一定的刀工技术和装饰造型艺术，在盘中镶拼出花鸟、山水、建筑、器物等图案。花拼的设计常涉及办宴意图，即宴会主题，如婚宴多用“鸳鸯戏水”，寿宴多用“松鹤延年”，迎宾宴会多用“满园春色”，祝捷宴会多用“金杯闪光”。花式冷拼制作烦琐、费工、费时，特别是拼摆时，多用便于切割的上好的整料，导致下脚料极多，造成严重的浪费，一般宴会席桌较多，从而延长了花式冷拼制作时间，由此带来卫生上的不安全性。尽管花式冷拼是以食用为前提拼制而成的，但上席后顾客往往只“目食”，而不忍下筷，所以目前多数饭店举办宴会都舍弃花式冷拼，而以风味独特、食用性强的冷菜替代，如盐焗鸡、酱鸭、糟卤拼盘等。这类冷菜经刀工处理后，拼摆成整形，略加点缀，色、香、味、形俱佳，颇受顾客欢迎。

2.热菜

热菜一般由热炒、大菜组成，它们属于宴会食品的“躯干”，质量要求较高，排菜应有变化，好似浪峰波谷，逐步将宴会推向高潮。

(1) 热炒

热炒一般排在冷菜后、大菜前，起承上启下的作用。它多是速成菜，以色艳、味美、鲜热爽口为特点，一般是4～6道，有单炒(只炒一种菜)、拼炒 (炒两种菜拼装)等形式。热炒原料为鱼、畜禽或蛋奶、果蔬，主要取其质脆鲜嫩的部位，加工成丁、丝、条、片或花刀形状，采用炸、熘、爆、炒等快速烹法，大多是在30秒至2分钟内完成，常采用旺火热油、对汁调味，使成菜脆美爽口。每道菜所用净料多为300 g左右，用直径为26～30 cm的平圆盘或腰盘盛装。热炒可以连续上席，也可以间隔在大菜中，穿插上席，一般质优菜先上，质次菜后上，突出名贵物料；清淡菜先上，浓厚菜后上，防止口味的互相压制。

(2) 大菜

大菜又称主菜，是宴会中的主要菜品，通常由头菜、热荤大菜(包括山珍菜、海味菜、畜肉菜、禽蛋菜、水鲜菜)组成，根据宴会的档次和需要确定数量。其成本约占食品总成本的50%～60%，有着举足轻重的作用。

大菜原料多为山珍海味或鸡鸭鱼肉的精华部位，一般是用整件(如全鸡、全鸭、全鱼)或大件拼装(如10只鸡翅、12只鹌鹑)，置于大型餐具(如大盘、大盆、大碗、大盅)之中，菜式丰满、大方、壮观。大菜的烹制方法主要是烧、扒、炖、焖、烤、蒸、烩，须经多道工序，持续较长时间方能制成，成品要求或香酥，或爽脆，或鲜嫩，或软烂，在质与量上都超过其他菜品。大菜一般讲究造型，名贵菜肴多采用“各客”的形式上席，可以随带点心、味碟，具有一定的气势。每盘用料一般都在750 g以上。上菜有一定的程序，菜名也较讲究。

①头菜：是整席菜品中原料最好、质量最精、名气最大、价格最贵的菜肴。它通常排在所有大菜最前面，统率全席。头菜成本会影响其他菜肴的配置。头菜的等级高，热炒和其他大菜的档次也随之高；头菜的等级低，其他菜式的档次也随之低。故审视宴会食品的规格常以头菜为标准。鉴于头菜的特殊地位，故原料多选山珍海味或常用原料中的优良品种。另外，头菜应与宴会性质、规格、风味协调，照顾主宾的口味嗜好，与本店的技术专长结合起来。头菜出场应当醒目，盛器要大，装盘丰满，注意造型，服务人员要予以重点介绍。

②热荤大菜：这是大菜中的支柱，宴会中常安排2～5道，多由鱼虾、禽畜、蛋奶以及山珍海味组成。它们与甜食、汤联为一体，共同烘托头菜，构成整桌筵席的主干。不论热荤

大菜档次如何，都不可超过头菜，各道热荤之间也要搭配合理，原料、口味、质地与制法相协调，要避免重复，其汤汁一般较宽，需选容积较大的器皿，有些热荤还须配置相应的味碟。此外，热荤的量也要相称，通常情况下，每份用净料 750～1 250 g；整形的热荤菜，由于是以大取胜，故用量一般不受限制，像烤鸭、烧鹅，越大越显得气派。

3.甜菜

甜菜包括甜汤、甜羹，泛指宴会中一切甜味的菜品。其品种较多，有干稀、冷热、荤素之不同，须视季节和席面而定，并结合成本因素。甜菜的用料多选果、蔬、菌、耳或畜肉、禽肉、蛋、奶。其中高档的如冰糖燕窝、冰糖甲鱼、冰糖哈士蟆；中档的如散烩八宝、拔丝香蕉；低档的如什锦果羹、蜜汁莲藕。甜菜的制法有拔丝、蜜汁、挂霜、糖水、蒸烩、煨炖、煎炸、冰镇等，每种都能派生出不少菜式。甜菜用于宴会，可起到改善营养、调剂口味、增加滋味、解酒醒目的作用。

4.素菜

素菜是宴会菜品中不可缺少的品种，包括粮、豆、蔬、果，其中有名贵品种如竹荪、芦笋、野生菌类，大部分是普通蔬果。通常配 2～4 道，上席顺序大多偏后。素菜入席，一应时当令，二取其精华，三精心烹制。素菜的制法也要视料而异，炒、焖、烧、扒、烩均可。宴会中合理地安排素菜，能够改善宴会食物的营养结构，调节人体酸碱平衡，去腻解酒，变化口味，增进食欲，促进消化。

5.席点

宴会点心的特色是：注重款式和档次，讲究造型和配器，玲珑精巧，观赏价值高。宴会点心通常安排 2～4 道，随大菜、汤一起编入菜单中，品种有糕、团、饼、酥、卷、角、皮、包、饺、奶、羹等，常用的制法多为蒸、煮、炸、煎、烤、烘。它一般需要造型(如鸟兽点心、时果点心、花草点心、器皿点心、图案点心)，要求精细、灵巧，具有较高的审美价值。上点心的顺序是一般穿插于大菜之间。配置席点一要少而精，二须是闻名品，三应请行家制作。

6.汤菜

汤菜品种甚多，传统宴会筵席中有首汤、二汤、中汤、座汤和饭汤之分。

(1)首汤

首汤又称开席汤，此汤在冷盆之前上席，系用海米、虾仁、鱼丁等鲜嫩原料用清汤氽制而成。它口味清淡，鲜醇香美，多用于宴前清口润喉，开胃提神，刺激食欲。首汤多见于广东、广西、海南与香港、澳门地区，现在其他地区许多宾馆、饭店举办宴会也设首汤，不过多将此汤以羹的形式安排在冷盆之后，作为第一道菜上席。

(2)二汤

二汤源于清代。由于满族筵席的头菜多为烧烤,为了爽口润喉,头菜之后往往要配一道汤菜,因其在热菜顺序中排列第二,故得名“二汤”。如果头菜为烩菜,二汤可以省去,假若第二道菜为烧烤,那么二汤就移到第三位。

(3)中汤

中汤又名跟汤。酒过三巡,菜吃一半,穿插在大荤热菜后的汤即中汤。中汤主要消除前面酒菜之腻,开启后面佳肴之美。

(4)座汤

座汤又称主汤、尾汤,是大菜中最后上的一道菜,也是最好的一道汤,座汤的规格一般都高,制作座汤可用整形的鸡鸭鱼肉,可加名贵辅料,清汤、奶汤均可。为了不使汤味重复,若二汤为清汤,座汤就用奶汤,反之亦然。座汤常用锅盛装,冬季多用火锅代替。安排宴会菜品时,座汤的规格应当是仅次于头菜,给热菜一个完美的收尾。

(5)饭汤

饭汤指在宴会行将结束时,与饭菜配套的汤品,如酸辣鱿鱼汤、肉丝粉条汤、虾米紫菜汤之类。此汤档次较低,多用普通原料,调味偏重,以酸辣、麻辣、咸辣、咸鲜味型居多,制法有氽、煮、烩等。现代宴会中,饭汤已不多见,仅在部分地区受欢迎。

汤菜的配置原则通常是:低档宴会仅配座汤;中档宴会加配二汤;高档宴会再加配中汤。总之,汤品越多,档次越高;汤品越精,越受欢迎。所以有“唱戏靠腔,做席靠汤”“无汤不成席”“宁喝好汤一口,不吃烂菜半盘”等说法。

7.主食

主食多由粮、豆制作,能补充以碳水化合物为主的营养素,协助冷菜和热菜,使宴会食品营养结构平衡,全部食品配套成龙。主食通常包括米饭和面食,一般筵席多不用粥品。

(1)米饭

米饭分为白米饭和炒饭,白米饭中大米饭最常见,还有麦米饭、小豆饭、小米饭、高粱饭等。炒饭是在米饭中添加鸡蛋、虾仁、葱花等调、辅料炒制而成,一般以大盘或大盆盛装,上席后,各人分取食用。

(2)面食

面食包括汤团、馄饨、饺子、各色面条(如炒面、凉面、煮面)及大众化点心。我国面食品种特多,以面条而论,就有数百种花色,颇耐品尝。宴会中配用当地的著名面食,能展示乡土气息和民族情韵,还能体现宴会主题,如寿宴必备面条或桃形馒头,称为寿面或寿桃。

8.饭菜

饭菜又称“小菜”,它与前面的冷菜、热炒、大菜等下酒菜相对。宴会中合理配置饭菜有清口、解腻、醒酒、佐饭等功用。饭菜多由名特酱菜、泡菜、腌菜、腊肉以及部分炒菜组成,如乳黄瓜、小红方、玫瑰大头茶、榨菜炒肉丝、风腊鱼等。饭菜在座汤后上席。不过,有些丰盛的筵席由于菜肴较多,宾客很少用饭,也常常取消饭菜,而简单的筵席因正菜较少,可配饭菜作为佐餐小食。

9.辅佐食品

(1)手碟

手碟指宴会正式开始之前接待宾客的配套小食,一般由香茗、水果、蜜脯、糕饼、瓜子、糖果等灵活组配而成,如举办婚宴、寿宴、满月宴时,席前每桌摆放的瓜子、糖果、香烟和茶水。手碟要求质精量少,干稀配套。它可供宾主品茗谈心,稍解饥渴,还能松弛开席前焦急等待迟到客人的烦躁心理,使守时的宾客得到应有的礼遇。西餐正式宴会前的鸡尾酒服务,其作用也是如此。

(2)蛋糕

裱花蛋糕用于中国宴会是受西方习俗的影响,蛋糕上有花卉图案和祝颂词语,如"新婚幸福""生日快乐""圣诞之夜""桃李芬芳"等,一般重 750~2 500 g,多用于生日宴会、结婚宴会等。配置蛋糕要求图案清秀,造型别致。它可增添喜庆气氛,突出办宴宗旨,还能调节宴会食品的营养构成,提高蛋、奶、糖、面粉的供给比例。

(3)果品

筵席配果多用新鲜时令水果,如苹果、香蕉、橙子、阳梨、猕猴桃、哈密瓜等,一般宴会多对这些水果刀工处理后,摆成拼盘,插上牙签(高档宴会用水果叉),最后上席,表示宴会结束。高档宴会时兴水果切雕,即运用多种刀具,按一定的艺术构思,将瓜果原料加工成具有观赏价值和象征意义的食用工艺品,并进行文学命名,如"一帆风顺""春满华堂"之类。瓜果切雕常为宴会锦上添花。

(4)茶品

宴会茶的配置:通常选一种茶,有时也可数种齐备,让客人选择,开席前和收席后都可以上,一般都在休息室品用。上茶的关键一是注意茶的档次,二是尊重宾客的风俗习惯。如华北多用花茶,东北多用甜茶,西北多用盖碗茶,长江流域多用青茶或绿茶,少数民族地区多用混合茶,接待东亚、西亚和中非外宾宜用绿茶,接待东欧、西欧、中东和东南亚客人宜用红茶,接待日本客人宜用乌龙茶,并待之以茶道之礼。

(二)中式宴会菜品的设计方法

1.合理分配菜品成本

怎样选择菜品呢?要使其与宴会规格相符,首先应明确菜品的取用范围、每一类菜品的数量及各个菜品的等级等。所有这些,无不与宴会档次(用售价或成本表示)密切相关,每道菜品的成本大体上定下来了,选什么菜就心中有数。

2.核心菜品的确立

核心菜品是每桌筵席的主角。没有它们,全席就不能纲举目张,枝干分明。哪些菜品是核心,各地看法不尽相同。一般来说主盘、头菜、座汤、首点,是宴会食品的"四大支柱"。甜菜、素菜、酒、茶,是宴会的基本构成,都应重视。因为头菜是"主帅";主盘是"门面";甜菜和素菜具有缓解口味、调节营养及醒酒的特殊作用;座汤是最好的汤;首点是最好的点心;酒与茶能显示宴会的规格,应作为核心,优先考虑。设计宴会菜首先要选好头菜,头菜在用料、味型、烹法、装盘等方面都要特别讲究。头菜定了以后，其他的菜肴、点心都要围绕着头菜的规格来组合，要多样而有变化，在质地上既不能高于头菜，也不能比头菜差太多。只有做到恰如其分，才能起到衬托主体和突出主题的作用，这在美学上称为“多样的统一”。

3.辅佐菜品的配备

对于核心菜品而言，辅佐菜品主要是发挥烘云托月的作用。核心菜品一旦确立，辅佐菜品就要“兵随将走”，使全席形成一个完整的美食体系。

配备辅佐菜品，在数量上要注意“度”，既不能太少，也不能过多，它与核心菜品可保持1∶2或1∶3的比例。在质量上要注意“相称”，其档次可稍低于核心菜品，但不能相差悬殊，否则全席就不均衡，显得杂乱而无章法。此外，配备辅佐菜品还须注意弥补核心菜品之不足。像客人点的菜、能反映当地食俗的菜、本店的拿手菜、应时当令的菜、烘托宴会气氛的菜、便于调配花色品种的菜等，都尽可能安排进去，使全席饱满、充实。待到全部菜品确定之后，还要进行审核。主要是再考虑一下所选菜品是否符合办宴的要求，所用原料是否合理，整个席面是否富于变化，质价是否相符。对于不理想的菜品，要及时调换；重复多余的部分，坚决删掉。总之，设计菜品时多尽一份心，办宴时就会节省许多气力。

（三）中式宴会菜品的改革与创新

我国自古以来就有热情好客的传统，款待宾客时，宴会都讲究形式隆重、菜肴多样，以表达对宾客的情谊。但传统宴会菜品追求原料名贵、崇尚奢华，往往菜品的数量根据习惯来安排，多多益善，少则十几道，多则几十道，使宴会剩菜很多，甚至有的菜没有吃就原样送回，这不仅造成食物资源的浪费，而且还使客人暴饮暴食，有损身体健康。因此现代宴会菜品设计要去除传统的弊端，力戒追求排场，转而讲究实惠，本着去繁就简、多样统一、不尚虚华、节约时间、量少精做的几条原则来选择，只要能注意原料的合理搭配、口味讲究变化，同时考虑宾客食量的需要，就一定能够使宾客称心满意。许多中高档的饭店已将过去十多道宴会菜肴精简为六七道，再好的菜，吃多了也会腻。宴会菜肴的口味鲜美、变化常新也已越来越成为经营者和宾客所关注的焦点，它是饭店打造餐饮特色和吸引宾客的最好“武器”。

在中国传统宴会菜品的基础上开发新的品种特色，这是我国餐饮工作者追求的一个目标。近几年来，我国许多大中城市的饭店在宴会菜品的配置方面出现了许多新的风格，各款菜品的组配风味盎然。不少中高档饭店的宴会菜单上，既安排乡土菜，如咸肉千张结、黄豆炖猪手、锅仔肚肺汤等，又穿插西式菜肴或日本料理，如西式煸蜗牛、铁扒羊排、柠汁生蚝、生吃三文鱼等；既有传统菜，如叉烤鸭、砂锅狮子头、炒软兜、佛跳墙、东坡肉、松鼠鳜鱼等，又有改良菜，如酥皮海鲜盅、沙律海鲜卷、黄油煸鳜鱼、柠汁面包虾排、茄汁龙利鱼等。世界饮食的大交流，为宴会菜品的开发提供了许多借鉴，不同风格的菜肴组合成一桌宴会菜，品尝时就好像欣赏一幅构思巧妙、风格迥异的组合图画。这些菜品特色各异，已越来越得到宾客的赏识。

可以将全国各地、各民族的菜品、风味互相穿插、融合而开发出别致的民族风味浓郁的吸引各地来宾的特色宴会品种。宴会菜品多样化，已开始成为一种时尚。酒水饮料也同样起了变化，鲜果汁、葡萄酒、矿泉水等也已逐渐受到宾客青睐，而传统的烈性酒在许多高档餐饮场所也逐渐被宾客敬而远之。而今，一些聪明的经营者已经在菜单的每道菜下面注明了各种营养成分的含量，这是在菜品设计上体现以宾客为中心的经营思想的一次飞跃。

案例

《财富》全球论坛年会宴会

1999 年 9 月，《财富》全球论坛年会宴会在上海国际会议中心七楼举办。宴会厨房工作安排计划书分三部分：第一，对餐具的选购、清洗、消毒、封贮、保存、保温、启封到装盘等做了详细的分配安排；第二，就菜肴的采购、加工、制作、贮存及质量把关都做了精细安排，由专人负责；第三，就菜肴的分派、督导、传菜、介绍也做了严格分工，真正做到了分配有序，忙而不乱。当时宴会的菜单如下：

风传萧寺香（佛跳墙）
云腾双蟠龙（菠萝明虾）
际天紫气来（中式牛排）
会府年年余（烙银鳕鱼）
财运满园春（美点小笼）
富岁积珠翠（椰汁西米露）
鞠躬庆联袂（冰渍鲜果）

若把这些菜名的第一个字连起来，则为“风云际会，财富鞠躬”（最后一道菜选开头“鞠躬”二字）。由此可见烹饪大师独具匠心的安排。

案例

世界华商大会秦淮风情晚宴

2001 年 9 月 18 日晚，五千多名与会贵宾在秦淮河畔的夫子庙参加秦淮风情晚宴。餐桌上以秦淮的小吃为主，分别是：雨花茶、五香蚕豆；鸡汁千张、开心烧卖；如意回卤干、什锦素菜包；美味鸭血汤、双味烧饼等。餐桌上另添加适当的冷碟，如金陵盐水鸭、什锦素菜、干切牛肉、洋花萝卜等，同时有一些开胃碟，如香炸花生米、野山椒、椒盐薯条等。为了体现南京地方特色，各餐饮点都对传统小吃进行创新。如把酒酿汤团改为雨花石汤团，用糯米粉和可可粉制作，形似雨花石。为确保小吃质量，晚宴还专门制定了严格的计量标准，如每只什锦素菜包皮重 18 g，馅重 20 g，皱褶 26～28 个。全套小吃连汤带水限定在 1 kg 左右。

工作任务二　技能训练

在学生分组的前提下，各小组组长以实训任务书（表 2-2）为参照，对每个组员的中国饮食民俗与中餐宴会菜单搭配实训进行督导，注意小组实训中的可取以及改进之处，分别发言总结。教师在此基础之上有针对性地进行指导。

表 2-2　　中国饮食民俗与中餐宴会菜单搭配实训任务书

<table>
<tr><td>班级</td><td></td><td>学号</td><td></td><td>姓名</td><td></td></tr>
<tr><td>实训项目</td><td>中国饮食民俗与中餐宴会菜单搭配</td><td colspan="2">实训时间</td><td colspan="2">4 学时</td></tr>
<tr><td>实训目的</td><td colspan="5">通过对中国传统节日、各地区和少数民族饮食民俗特点的学习，完成中餐宴会菜单的搭配设计，达到灵活运用的训练要求</td></tr>
<tr><td>实训方法</td><td colspan="5">首先教师讲解，然后学生分组讨论，最后教师进行指导点评。要求学生能够根据不同饮食民俗特点，进行中餐宴会菜单的编制</td></tr>
<tr><td colspan="6">实训过程</td></tr>
<tr><td colspan="6">1.操作要领
(1)搜集中国传统节日、各地区和少数民族饮食民俗等资料及中餐宴会菜单，对资料进行分析、讨论
(2)考虑中餐宴会菜肴成本，符合酒店实际运营策略
(3)迎合消费者的特点，满足需求
(4)对菜单的封面设计、样式选择、图案文字说明等工作进一步讨论
2.操作程序
(1)资料搜集与分析
(2)宴会菜谱的标准化执行
(3)初步设计构思
(4)菜单的艺术设计
3.模拟情景
设计一套中餐宴会菜单，宴会中有朝鲜族客人</td></tr>
<tr><td>要点提示</td><td colspan="5">(1)菜品要能够满足消费者的需求，符合饮食民俗的特点
(2)特色菜肴放在宴会菜单醒目的位置</td></tr>
<tr><td colspan="6">能力测试</td></tr>
<tr><td>考核项目</td><td colspan="3">操作要求</td><td>配分</td><td>得分</td></tr>
<tr><td>资料搜集与分析</td><td colspan="3">对相关饮食民俗的资料搜集完整，小组讨论热烈</td><td>20</td><td></td></tr>
<tr><td>宴会菜谱的标准化执行</td><td colspan="3">对中餐宴会菜单的设计各要素考虑充分</td><td>25</td><td></td></tr>
<tr><td>初步设计构思</td><td colspan="3">设计因素考虑全面；想法有创意</td><td>35</td><td></td></tr>
<tr><td>菜单的艺术设计</td><td colspan="3">菜单设计精美；各要素合理</td><td>20</td><td></td></tr>
<tr><td>合计</td><td colspan="3"></td><td>100</td><td></td></tr>
</table>

实训项目三

外国饮食民俗与西餐宴会

实训目标

掌握西餐宴会菜品的搭配。

工作任务一　外国饮食民俗与西餐宴会菜单搭配

一、部分国家的饮食民俗

（一）英国的饮食民俗

英国人口味喜清淡、鲜嫩，不吃辣，不喜太咸，爱喝清汤；注重营养，讲究新鲜，健康食品很受欢迎；爱吃牛肉、鸡肉、瘦猪肉、羊肉、鱼、虾、奶油及新鲜蔬菜等；较喜爱烤制食品，并喜欢在烤制食品上浇上沙司再食用；冬天吃布丁，夏天偏爱果汁、冰激凌等。英国人用餐时注重穿着和用餐礼仪，衣冠不整或吃东西时发声很大，都会被认为是失礼。来中国的英国客人，大多爱品尝中国的风味菜肴，爱吃清淡的粤菜和精致的苏菜，忌食动物内脏、肥猪肉、无鳞鱼和一些软体动物。

英国人喜欢喝葡萄酒、香槟、冰镇威士忌和苏打水等，也喜欢喝苦啤酒或黑啤酒。英国人对饮茶情有独钟，尤其爱喝中国的祁门红茶。大多数英国人常常是茶不离口，报不离手，并且还有一定的饮茶时间和方式，但在工作中、吃饭时和饭后不喝茶，多是在茶点休息时喝。

（二）德国的饮食民俗

德国人注重饮食的营养成分，喜欢口味清淡、微酸甜的菜肴，不喜欢过于肥腻、辛辣的食品；主食是面包，对土豆极感兴趣，常以土豆为主食。特色食物有猪肝肠、猪血肠、煎小鱼等。葱头在菜肴中不可缺少。德国的汉堡包美味可口，风靡世界。德国香肠估计有一千五百多种，最受欢迎的是润口的肉肠。德国面包也有上千种。啤酒在德国有“液体面包”之称，啤酒产量居世界前列，品类繁多，以质优味醇而闻名。

（三）法国、意大利的饮食民俗

法国人讲究色、香、味，但更注重营养的搭配；口味肥浓、鲜嫩；喜较生一点的菜肴，不食辣；最爱吃的菜是蜗牛和青蛙腿。

意大利面条和馅饼风靡世界。意大利生火腿营养丰富，肉色紫红鲜嫩，味道芳香可口，久存不坏，专供生吃，是宴会佳品。

奶酪、生火腿、鸡蛋土豆煎饼是法国人和意大利人都爱吃的食品。法国素有“奶酪王国”之称，其干鲜奶酪世界闻名，味道多样，营养丰富。

法国和意大利是世界著名的优质葡萄酒的主要产地，其葡萄酒产量高、质量上乘。法国人一般饭前先饮开胃酒，席间饮各色葡萄酒，餐毕喝白兰地等助消化的酒。

（四）瑞士、荷兰、瑞典、挪威、丹麦的饮食民俗

瑞士以生产优质巧克力而闻名，是世界上巧克力消费最高的国家。

荷兰人以喝牛奶而闻名，牛奶对荷兰人来说是用来“解渴”的。荷兰的国菜是胡萝卜、土豆、洋葱一起烹煮的“三合一”。

北欧人尽管生活在寒冷的地方，但共同的特点是喜爱吃生冷蔬菜和食品。瑞典人连鱼和肉也喜欢半熟即食。瑞典人不爱喝酒，爱喝咖啡；而挪威人则酷爱饮酒。挪威人还以爱吃鱼而闻名。丹麦人是北欧人当中最会吃的。

（五）东欧国家的饮食民俗

东欧各国食物构成主要是面包、土豆、牛奶、肉类、鸡蛋、蔬菜、水果，饮品有各种酒类。烹饪方式以烧、烤、煎、炸为主，爱生吃蔬菜。讲究营养和热量，但菜肴比较单调乏味。东欧人大都喜食黑面包。当然，总的消费量还是白面包。土豆是东欧人，乃至整个欧洲人喜爱的一种主食。以俄罗斯为例，人均年消费土豆一百多千克，几乎等于粮食制品的消费量，被誉为“第二面包”。土豆的吃法多样，土豆烧牛肉是东欧人都喜爱的。东欧各国蔬菜的产量和消费量不大，喜吃生冷菜，多将蔬菜制成沙拉。东欧人有吃腌菜的传统，以吃酸黄瓜最为普遍；喜食牛肉、猪肉，吃法一是制成各式火腿和香肠，二是食前加工，主要是烤、煎、炸肉排；年人均消费牛奶在 30 kg 以上，以喝鲜奶为主，此外还将鲜奶加工成奶酪、奶饼、奶油、酸奶食用。东欧人大都喜爱饮酒。

(六)美国的饮食民俗

美国人的生活节奏比较快,早餐较为简单,午餐也以快餐为主,最受欢迎的快餐食品是汉堡和三明治。晚餐则比较丰盛。晚餐程序与欧洲人略有不同,喜欢最后吃一道甜食,如蛋糕或冰激凌,再喝一杯咖啡。有睡前小食的习惯,孩子们喝杯牛奶,成人则吃些水果等。食物味道清淡,一餐中仅有一道主菜,沙拉和咖啡是必不可少的。在有"民族的熔炉"之称的美国,有各种民族特色的餐馆。美国人对食物的品质和营养比较重视,蔬菜、水果讲究新鲜,菜肴味道喜欢清淡,吃肉要少而瘦,吃鸡、鸭要去皮,喝牛奶要脱脂,喝咖啡尽量不加糖,喜吃豆制品,注重营养的均衡。美国人一般不食用猪、鸡等畜禽的内脏。

美国人饮食行为规矩很多。如:进饭店要等领座员来带领;不认识的人,不可以坐在一起;就餐时,不可将两手放在桌子上等菜;在吃东西和喝汤时,不能发出声响;入口了的东西,也不能再吐出口;吃饭用刀叉,右手拿刀,左手拿叉;吃肉时,用刀叉把肉切到可以入口的尺寸,并剔除所有的骨头;吃鱼时,必须用刀叉把鱼刺清理干净;吃面条要用叉子卷起来喂到嘴里,只能用汤匙舀着喝汤,不能端起汤碗喝;自己用过的刀叉,不能叉别人的食物。

(七)泰国的饮食民俗

泰国人的主食是大米,副食以蔬菜和鱼类为主,不爱吃红烧菜肴,忌食牛肉;喜欢葱、蒜、姜、辣椒等刺激性的调味品,尤喜辣椒,最喜欢的食物是咖喱饭;喜欢甜食,喜欢冰茶,吃西瓜、喝果汁爱放点盐末;喜欢喝茶。泰国人用餐离不开鱼虾露和辣椒糊。

(八)日本的饮食民俗

日本人的主食以稻米为主,副食以各种鱼类和其他海产品为主,肉类的消费量不是太高。在日本,餐饮烹饪称为料理。日本料理的最大特点就是以鱼、虾、贝类等海鲜为主料。日本料理讲究"三个五",即五味、五色、五法。五味指甜、酸、咸、苦、辣五种口味;五色指白、黄、红、青、黑五种呈现的颜色;五法指生、煮、烤、烫、蒸五种做法。较著名的料理有怀石料理、河豚料理、烩饭料理、寿司料理、锅料理、精进料理等。日本人的口味喜欢鲜中带咸、清淡素雅,有时稍带甜酸和辣味。日本人爱吃鱼,无论何种吃法,都要去掉骨刺;吃生鱼时一定要蘸酱油,配上辣根,以解腥杀菌。日本人对肥猪肉、猪内脏及羊肉不感兴趣。

日本人大多喜欢中国的粤菜、淮扬菜、京菜、沪菜以及不太辣的川菜。日本人喜喝咖啡，也爱喝清酒（低度白酒）和啤酒。日本人喜欢饮茶，对茶道颇有研究。

（九）韩国的饮食民俗

韩国人的主要饮食特点是高蛋白、多蔬菜、喜清淡、忌油腻，口味以凉辣为主；主食以米饭为主；菜肴以炖、煮、烤为主，基本不炒菜。韩国人喜欢吃各种鱼类和牛肉、鸡肉，而不大喜欢羊肉。韩国最富有民族特色的副食品是泡菜，常见的是白菜和萝卜泡茶。凉拌蔬菜和泡菜韩国人每日必吃，生拌鱼肉、鱼虾酱也广受欢迎。汤类是每餐必备的，如排骨汤、牛肉汤、鳕鱼汤等，还有清汤和酱汤。韩国的特制食品有冷面，传统饮料有米酒。酱油、大酱是韩国人最常用的调味品。韩国人以好喝酒著称，人均消费白酒量名列世界前茅。韩国人普遍爱吃辣椒，对中国的川菜很感兴趣。

二、正式宴会菜品设计

由于举办宴会的目的、宴请的对象和人数不同，西式宴会的形式也有所不同。目前，西式宴会普遍采用的形式有正式宴会、鸡尾酒会、冷餐酒会、自助餐会等。设计西式宴会菜品要考虑多方面的因素，须统筹安排，中餐宴会菜品设计涉及的因素同样适用于西式宴会菜品的设计，这里不再重复。

正式宴会适宜招待规格较高、人数较少的客人。正式宴会的菜品包括头盘、汤、沙拉、主菜、甜品、水果、饮料等。由于不同国家的人生活习惯不同，在菜品内容的安排上也应有所不同。多数饭店对西式正式宴会的菜品安排大体如下。

（一）头盘

头盘又称开胃品或开胃菜，即开餐的第一道菜。头盘旨在开胃，一般量较小，多用清淡的海鲜、熟肉、蔬菜、水果制作，有冷、热头盘之分。头盘常用中小型盘子或鸡尾酒杯盛装，色彩鲜艳，装饰美观，令人食欲倍增。如烟熏三文鱼、海鲜鸡尾杯、串烧海虾等。头盘成本约占宴会总成本的20%，一般安排一道。传统的头盘多为冷菜，现在热头盘也很流行。头盘量不宜大，以清爽开胃为目的，但制作要精。

（二）汤

西餐中的汤可分为冷汤类和热汤类，也可分为清汤类和浓汤类。汤的制作要求原汤，即原色、原味。热汤中有清汤和浓汤之分，如牛尾清汤、鸡清汤、奶油浓汤等。冷汤较少，比较有名的有西班牙冻汤、德式冷汤、格瓦斯冷汤等。法国人喜欢清汤，北欧人喜欢浓汤。汤也起开胃的作用，西餐便餐有时选用了头盘就不再用汤，或者用汤就不用头盘。

（三）沙拉

沙拉意为凉拌生菜，具有开胃、帮助消化的作用。沙拉可分水果沙拉、素沙拉和荤素沙拉三种。水果沙拉常在主菜前上，素沙拉可作为配菜随主菜一起食用，而荤素沙拉可单独作为一道菜。常见的沙拉有什锦沙拉、恺撒沙拉等。

（四）主菜

主菜又名主盆，是全套菜的“灵魂”，制作考究，既考虑菜肴的色、香、味、形，又考虑菜肴的营养价值。主菜多用海鲜、牛、羊、猪和禽类作为主要原料，如大虾吉列、西冷牛排、惠灵顿牛排等。

上述汤和热菜成本共占宴会总成本的60%。汤要安排每人一份，其规格是零售量的70%。热菜一般安排两道，也要考虑每人一份，其规格一般是零售量的70%。

（五）甜品、水果、饮料

主菜用完后一般用甜品。常有冰激凌、布丁、派和各种蛋糕等。甜品、水果、饮料成本占宴会总成本的20%左右，也要安排每人一份，但每份的量不宜多。

案例

西餐正式宴会菜单

Thinly Sliced Scottish Smoked Salmon with Traditional Accompaniments	薄片苏格兰烟熏三文鱼配传统配菜
Essence of Pigeon and Truffles Poached Quail Egg	精炖鹌鹑蛋松露鸽汤
Steamed Tiger Prawn in Lime	柠汁蒸虎虾
U.S. Beef Tenderloin	美国菲力牛排
Gateau Opera	歌剧蛋糕
Coffee or Tea	咖啡或茶
Pralines	果仁糖

三、鸡尾酒会菜品设计

鸡尾酒会以饮为主，以吃为辅，除饮用各种鸡尾酒外，还备有其他饮料，但一般不用烈性酒。传统的鸡尾酒会菜品供应较少，主要是一些冷小吃，随着鸡尾酒会的形式在世界各地的普及，其菜品的供应也逐渐丰富起来。

（一）鸡尾酒会菜品结构

（1）鸡尾小点，如小饼干加乳酪、小面包加鹅肝酱等。

（2）冷盘类。

（3）热菜类。

（4）现场切肉类是鸡尾酒会中必备的菜色，至少需设置一道此类食物，多设几道也无妨。但厨师在切肉时，务必将肉块切得大小适中，以方便宾客一口品尝为原则。

（5）绕场服务小吃，如鸡尾小点、油炸小点心等，或者特别增加类，如手卷、烤乳猪等。

（6）甜品及水果类。

（7）配酒料，即佐酒食用餐点，如干果类、蔬菜条等，通常放置在鸡尾酒会中必备的小圆桌上，以便客人自行取用。

（二）鸡尾酒会菜品设计的注意事项

（1）酒会中，除非有特殊需求，一般都不设置桌椅供宾客入座，也就是说客人通常以站立的姿势食用餐点。因此，餐点在刀法上必须讲求精致、细腻，食物应切分成小块、少量，使客人能够方便拿持餐食入口，而不必再使用刀叉。

（2）鸡尾酒会跟自助餐的菜品设计有很大不同。一般除烈性鸡尾酒之外，鸡尾酒会提供的菜肴并不像自助餐那样以让客人吃到饱为目的，而是限量供应，讲求精致、简单、方便，所以食物的分量有限，吃完了便不再提供，除非客人要求另外增加分量。

（3）在菜品的设计上，鸡尾酒会菜品讲究食物的精美，因此每道菜所使用的手工部分比平常多，人工成本也不可避免地随之提高。有鉴于此，其食物成本必须相对降低，以控制宴会厅经营成本并维持宴会部门的盈利能力。

（4）鸡尾酒会菜单不提供沙拉和汤类食物，以符合简单、方便的原则。

（5）人数越多，菜单开出的菜肴种类也会随之增加。例如，200 人和 2 000 人与会的鸡尾酒会，尽管每人单价相同，酒会中出现的菜色也应有很大的差别。由此可知，与会人数也是决定菜品设计的重要依据。

举办鸡尾酒会时，如果能严格将上述原则作为菜品设计的依据，便能轻而易举地设计出一套适当且宾主尽欢的菜品。

案例

西餐鸡尾酒会菜单

CANAPES	鸡尾小点
Smoked Eel	烟熏鳗鱼
Smoked Salmon with Quail Eggs	烟熏鲑鱼配鹌鹑蛋
Goose Liver Mousse with Walnuts	鹅肝核桃慕斯
COLD ITEMS	冷盘类
Steak Tartar	鞑靼牛排
King Prawn Barquette	帝王明虾船
Medallion of Salmon	冷鲑鱼块
Sashimi and Assorted Nigiri Sushi	生鱼片及各式寿司
Tiger Prawns with Honey Melon in Cocktail Sauce	鸡尾酒汁虎虾配哈密瓜
Assorted Chinese Cold cuts	什锦中式冷盘
HOT ITEMS	热菜类
Crepes with Scallop Ragout in White Wine Sauce	白酒干贝卷
Burgundy Snails in Mushrooms with Garlic Butter	蒜蓉黄油蜗牛蘑菇盅
Assorted Dumplings in Bamboo Basket	什锦水饺篮
Chinese Crispy Seafood Roll	中式香脆海鲜卷
Mini Vol-au-vent with Spring Chicken in Port Wine Sauce	迷你波特酒汁嫩鸡起酥盅
CARVING ITEMS	现场切肉类
U.S. Beef Tenderloin with Goose Liver Stuffing	美式鹅肝馅菲力牛排
Bread Basket	面包篮
PASS AROUND	绕场服务小吃
Grilled Seafood Skewers Herb Butter	香烤海鲜串
DESSERTS	甜品类
Fruit Tartelettes	水果塔
Croque in Bouche	焦糖奶油松饼
Mini French Pastries	法式小饼
CONDIMENTS	配酒料
Roast Pine Nuts and Walnuts	烤松子、核桃
Cashew Nuts and Potato chips	腰果、薯片
Cheese Straws	乳酪棒
Relish Platter with Cream Cheese Dip	美味拼盘配乳酪酱

四、冷餐酒会菜品设计

冷餐酒会的特点是以冷菜为主，热菜为辅，菜品的品种丰富多样，一般都在 20 种以上。以 25 种菜品为例，冷菜可安排 15 种，占 60%；热菜安排 4 种，占 16%；甜点安排6 种，占 24%。设计要点如下：

(1)冷菜可安排各种沙拉、冷冻、肉批等菜肴;热菜可安排烩、焖类菜肴。

(2)选用的原料要新鲜卫生,整形菜肴要完整无损。

(3)安排的菜肴要有多种原料和不同的风格。

(4)一些大型的菜肴要让客人欣赏后,再由服务员或厨师现场为客人派菜。

案例

冷餐酒会菜单

COLD ITEMS	冷菜
Prawn Aspic	虾冻
Smoked Salmon	熏三文鱼
Cold Tuna Fish	冷金枪鱼
Cold of Chicken Roll	冷鸡肉卷
Cold Stuffed Chicken	冷填馅鸡
Roast Leg of Venison	烤鹿腿
Roast Sirloin Beef	烤牛外脊
Roast Leg of Lamb	烤羊腿
Roast Pork	烤猪肉
Game Pie	野味派
Veal and Ham Pie	牛肉火腿派
Potato Mayonnaise Salad	土豆蛋黄酱沙拉
Tomato Salad	番茄沙拉
Red Cabbage Salad	紫甘蓝沙拉
Chief's Salad	厨师沙拉
Thousand Islands Dressing	千岛汁
French Dressing	法式汁
Worcestershire Sauce	伍斯特沙司
Cold Horseradish Sauce	冷辣根沙司
HOT ITEMS	热菜类
Seafood Stewed with Cream Sauce	奶油酱烩海鲜
Fish Fingers	鱼条
Hungarian Goulash	匈牙利烩牛肉
Chicken Curry	咖喱鸡
PASTRIES	甜点类
Chocolate Mousse	巧克力慕斯
Apple Pie	苹果派
Banana Fritters	炸香蕉饼
Napoleon Cake	拿破仑蛋糕
Black Forest Cake	黑森林蛋糕
Bread and Butter	面包和黄油

五、自助餐会菜品设计

在宴会厅供应的自助餐会菜品，其特色是花色品种多、布置讲究。冰雕摆件、黄油雕刻件、鲜花、水果或其他装饰常常使自助食品色彩缤纷、富丽堂皇。由于自助餐会提供的菜品范围很广，所以要变换花色品种是不难做到的。宴会是以每桌(席)为计价单位的，自助餐会则不同，不管客人选用的品种数量为多少，大多以每位客人为计价单位。我国饭店的自助餐会菜品一般既有中菜品，又有西菜品，且菜品有冷有热，颇具特色。在设计自助餐会菜单时，要预计目标客人所喜欢的菜品类别，提供相当数量的多种类菜品，供客人自由选择。

(一)中式自助餐会菜品结构

(1)冷盘类。

(2)汤类。

(3)热菜类。

(4)甜品、水果类。

(5)饮料类。

(二)西式自助餐会菜品结构

(1)冷盘类。

(2)沙拉类。

(3)汤类。

(4)现场切肉类。

(5)热菜类。

(6)甜品及水果类。

(7)面包类。

(8)饮料类。

(三)制定自助餐会菜单的注意事项

(1)根据自助餐会的主题和客人组成，拟订自助餐会食品结构及比例。自助餐会菜单要创造出特色，具有一定的主题风味，如海鲜自助餐、野味自助餐、水产风味自助餐、中西合璧自助餐等。

(2)根据自助餐会消费标准，结合原料库存情况，分别开列各类菜品食品名目表。核算成本进行调整、平衡，确定菜品盛器，规定装盘及盘饰要求。

(3)选择能大批量生产且数量和质量下降度较小的菜式品种；热菜尽量选择能加热保温的品种；尽量选择能反复使用的食品；选择较大众化、大家喜欢的食品，避免选择口味过于辛辣、刺激或原料很怪异的菜式。

案例

中式自助餐会菜单

COLD ITEMS	冷盘类
Crispy Roast Duck	脆皮烤鸭
Soya Chicken	豉油鸡
Spicy Beef Tendon	五香牛腱
Fresh Shrimp Salad	鲜虾沙拉
Pork Ear Salad	红油耳丝
HOT ITEMS	热菜类
Beef Steak Chinese Style	中式牛排
Diced Chicken with Black Bean Sauce	豉椒鸡丁
Fresh Squid Sauteed with Sweet Beans	甜豆鲜鱿
Pork Ribs in Brown Sauce	红烧排骨
Braised King Prawns	红烧大虾
Deep Fried pomfret	炸鲳鱼排
Sauteed Musard Green and Straw Mushrooms	草菇芥菜
Fried Noodles	炒面
Fried Rice with Diced Chicken and Salted Fish	咸鱼鸡粒炒饭
SOUP	汤类
Beef Westlake Broth	西湖牛肉羹
DESSERTS	甜品类
Assorted Chinese Sweets	什锦中式甜点
Fresh Fruit Platter	水果拼盘
BEVERAGE	饮料类
Tea	茶

案例

西式自助餐会菜单

COLD ITEMS	**冷盘类**
Baked Salmon with Fish Mousse	烤三文鱼配奶油慕斯
Goose Liver Mousse on Ice Carving	冰饰鹅肝慕斯
Japanese Sashimi and Nigiri Sushi	日式生鱼片和寿司
Chinese Deluxe Cold Cuts	中式特选拼盘
Roast Rib of Beef	烤牛肋条
Ham Baked in a Bread Crust with Pickles	腌黄瓜火腿三明治
HOT ITEMS	**热菜类**
Sauteed Spring Chicken in Woodland Mushroom Sauce	炒野菇春鸡
Ragout of Seafood Vol-au-vent	海鲜酥盒
Pomfret Fillet in Tomato and Butter Sauce	茄汁黄油鲳鱼块
Stew Lamb with Fennel	茴香炖羊肉
Homemade Spinach Noodles	自制菠菜面
Rice with Pine	松子饭
Assorted Seasonal Vegetable	各式应季蔬菜
SALADS	**沙拉类**
Cucumber with Dill Yoghurt Dressing	茴香酸奶黄瓜
Tossed Garcon Greens Italian Style	意式蔬菜沙拉
Mushroom Salad	洋菇沙拉
Tuna Fish Salad	金枪鱼沙拉
Chicken Salad with Apples	苹果鸡肉沙拉
CARVIG	**现场切肉类**
Fillet of U. S. Beef Wellington with Wine Sauce	美国威灵顿式烤牛排配红酒汁
BREAD	**面包类**
French Roll and Butter	法式餐包及黄油
SOUP	**汤类**
Clear Oxtail with Cheese Straws	牛尾清汤配奶酪棒
DESSERTS	**甜品类**
Fresh Fruit Platter and Chocolate Mousse	水果拼盘和巧克力慕斯
Assorted French Pastries	各种法式蛋糕
Black Forest Cake and Cream Caramel	黑森林蛋糕和焦糖布丁
Selection of International Cheese	国际特选乳酪
BEVERAGE	**饮料类**
Coffee or Tea	咖啡或茶

工作任务二　技能训练

在学生分组的前提下，各小组组长以实训任务书（表 2-8）为参照，对每个组员的外国饮食民俗与西餐宴会菜单搭配实训进行督导，注意小组实训中的可取以及改进之处，分别发言总结。教师在此基础之上有针对性地进行指导。

表 2-8　　外国饮食民俗与西餐宴会菜单搭配实训任务书

<table>
<tr><td>班级</td><td colspan="2"></td><td>学号</td><td></td><td>姓名</td><td></td></tr>
<tr><td>实训项目</td><td colspan="3">外国饮食民俗与西餐宴会菜单搭配</td><td>实训时间</td><td colspan="2">4 学时</td></tr>
<tr><td>实训目的</td><td colspan="6">通过对外国饮食民俗的学习，完成西餐宴会菜单的搭配设计，达到灵活运用的训练要求</td></tr>
<tr><td>实训方法</td><td colspan="6">首先教师讲解，然后学生分组讨论，最后教师进行指导点评。要求学生能够根据各国不同饮食民俗特点，进行西餐宴会菜单的编制</td></tr>
<tr><td colspan="7">实训过程</td></tr>
<tr><td colspan="7">1.操作要领
(1)搜集外国饮食民俗特点与禁忌案例、鸡尾酒会菜单等资料，对资料进行分析与讨论
(2)鸡尾酒会菜单中的菜品结构设置合理
(3)迎合德国客人的饮食特点，满足需求
(4)对菜单的封面设计、样式选择、图案文字说明等工作进一步讨论
2.操作程序
(1)资料搜集与分析
(2)宴会菜谱的标准化执行
(3)初步设计构思
(4)菜单的艺术设计
3.模拟情景
设计一套鸡尾酒会菜单，参加宴会者主要为德国客人</td></tr>
<tr><td>要点提示</td><td colspan="6">(1)菜品要能够符合德国人饮食民俗的特点
(2)注意鸡尾酒会菜单中的菜品结构设置</td></tr>
<tr><td colspan="7">能力测试</td></tr>
<tr><td>考核项目</td><td colspan="4">操作要求</td><td>配分</td><td>得分</td></tr>
<tr><td>资料搜集与分析</td><td colspan="4">德国饮食民俗特点、鸡尾酒会菜单的资料搜集完整；小组讨论热烈</td><td>20</td><td></td></tr>
<tr><td>宴会菜谱的标准化执行</td><td colspan="4">菜单中的菜品结构设置合理</td><td>25</td><td></td></tr>
<tr><td>初步设计构思</td><td colspan="4">迎合德国客人的饮食特点；满足需求，想法有创意</td><td>35</td><td></td></tr>
<tr><td>菜单的艺术设计</td><td colspan="4">菜单设计精美；各要素合理</td><td>20</td><td></td></tr>
<tr><td>合计</td><td colspan="4"></td><td>100</td><td></td></tr>
</table>

第三部分

菜品知识

引导案例

传播饮食文化

柳先生夫妇来到西餐厅用餐。入座后，服务员小王为他们端上冰水，接着为他们点餐，询问是否需要小吃和鸡尾酒。柳先生不知所措地说："我们从来没有吃过西餐，也没有喝过鸡尾酒。我们想体验一下西餐，请帮我们多介绍一些西餐知识。"小王听后欣然同意，将两个菜单分别递给他们，简要地介绍了菜单上的内容，然后又送上酒单，耐心地介绍了相应的酒菜搭配知识。柳先生夫妇听得津津有味。"还是请你为我们点菜吧。"柳先生说道。根据客人的要求和意愿，结合餐厅的特色，小王为他们点了餐。餐后，柳先生夫妇非常高兴地对小王说："今天我们不但享受到了良好的服务，而且还体会到了吃西餐的乐趣，以后一定再来这里。"

辩证性思考：

点菜和点酒的服务过程也是饮食文化的传播过程。一名优秀的餐厅服务员应该对饮食文化知识有较深的了解和掌握。服务员一方面要加强服务意识的培养，以热情和耐心的态度为各类顾客服务；另一方面还要掌握一些餐饮知识、程序，能够向顾客系统地介绍饮食文化知识。只有这样才能使顾客真正体会到用餐的乐趣。

实训项目一

中餐菜品设计

实训目标

1.了解中国烹饪发展史、中餐烹饪特色。

2.掌握中餐风味类别、各大菜系的特点及大连菜的特点。

工作任务一　中餐烹饪特点及菜系风味

一、烹调的起源

(一)烹的起源

烹源于对火的使用。森林失火产生了熟食,可称为“原始烧烤”。古人类有意识地留下火种,直至发展成为钻木取火和击石取火,从而远离了茹毛饮血、生吞活嚼的野蛮生活。之后,烹的能源从柴火、煤炭、煤油、煤气、电能到太阳能、微波等经历了一个逐渐演变的过程。

(二)调的起源

调源于对盐的使用,盐被称为“百味之将”。后来人们又发现了酸(柠檬、梅酱)、甜(枣、饴、果汁、蜂蜜)、苦(胆)、辣(辣椒、姜葱)调料以及酒、醋和酱油等各种人工合成的复合型调味品。

(三)烹调对人类发展的意义

1.烹调改变了人类茹毛饮血、生吞活嚼的原始饮食方式

熟食使食物(如鱼、肉等高蛋白质食物)更卫生、更易被消化。同时人类对食物的选择面更广,可以食用以前不能食用的稻米等农作物。

2.烹调改变了原始无规律的生活方式

熟食的产生使一日三餐或两餐的饮食时间得以确定,从而使人类可以定时进行生产劳动,具有充足的时间可支配学习、思考和研究等发展人类文明的工作。

3.烹调促进了饮食文化及社会文化的发展

人类的许多节庆活动是与饮食密不可分的，酒文化、茶文化、祭祀文化等都对社会的发展具有一定的推动作用。

4.烹调使人类活动的范围进一步扩大

由于可选择食物的范围扩大，人类可以离开赖以生存的森林，来到平原和沿江、沿海等地域进行生产和生活。

二、中国烹饪发展史

（一）史前时期至殷代发展期

这一时期，烹饪介质改良，发展了烹调方法和手段。

1.石烹阶段

石器时代，除了直接烧烤外，人们把肉类和谷物放在烧热的石片上烘热至熟。现代的桑拿虾、焗鲍鱼、铁板烧等菜肴可以说是这些原始烹调方法的创造运用。

2.水烹阶段

陶器时代，鼎、鬲、甑等烹调用具出现，人们开始用水作为加热介质，使烹调更加简便和卫生，形成了烧、煮和蒸等烹调方法。

3.油烹阶段

青铜器时代，青铜炊具出现，人们在烹调中使用动物油脂，后逐渐将植物油与动物油脂合用，形成了炸、熘、爆和炒等烹调方法。

（二）殷代至秦朝发展期

这一时期，食用原料改进，调味料被广泛使用，发展了烹调方法和手段。

周代，人们已经对油、盐、酱和醋（古称酢）等调味料有了充分的认识和应用。

《礼记》中记载了“周八珍”及其制作方法。《吕氏春秋》中充分记载了火的运用。那时的人们已经掌握了旺火、温火和小火的正确应用，同时强调了“五味调和”对菜肴制作的重要性。

（三）秦朝至清朝发展期

这一时期，皇室追求饮食的新、奇、珍、特，客观上发展了烹调方法和手段。

1.原料更为丰富

随着地区交流加强，许多原料和调料被引入我国，如黄瓜、蚕豆、土豆、洋葱和胡椒等。

2.烹调方法改良

除了原有的烧、烤、蒸、焖、炒、炸、熘和爆外，人们又根据原料的特点，创造出了烹、炝、熏、汆、贴、锅塌、拔丝、挂霜和蜜汁等多种新的烹调方法。

3.初步形成饮食文献和饮食文化

南北朝虞悰的《食珍录》、唐朝段文昌的《食经》、清朝袁枚的《随园食单》等饮食专门著作层出不穷。饮食文化也一直在发展变化。

4.形成了众多的特色菜肴体系和丰富多彩的食俗

通过多年的发展，我国各地形成了不同特色的地方菜系，如鲁、川、苏、粤、湘、徽、闽、浙、皖、赣、滇、贵等地方菜系。同时留下了各种特色餐饮老店，创造出各种特色宴席，如曲阜的孔府宴、全聚德的全鸭席、博采古今的满汉全席等。

三、中国烹饪特色

（一）原料选择多样

我国烹饪原料的选择极其广泛和讲究，可谓山珍海味，无所不包。历史上被公认为最珍贵的原料叫“八珍”，分为上、中、下各“八珍”，共二十四种珍品原料。我国烹饪还以选料精细、用法讲究闻名于世。

（二）烹调方法多样

中餐热菜常用的烹调方法有二十余种，包括炒、炝、煸、熘、爆、炸、烹、烧、焖、煨、扒、炖、煮、蒸、涮、汆、烩、烤、焗、煎、贴、锅塌、挂霜、拔丝和蜜汁等。冷菜常用的烹调方法有十几种，包括拌、卤、酱、酥、腌、熏、冻、酿和松等。调料、辅料更是讲究“一菜一味”。

（三）菜肴品种多样

据历史记载统计，我国菜肴五万多种，点心近万种，再加上无书面记载的民间肴馔及近年的创新菜肴，数目更多。

（四）菜系流派众多

具有深远影响、发展完善的菜系流派有“四大菜系”：鲁、川、苏和粤菜系；不断向外辐射的“八大菜系”：鲁、川、苏、粤、湘、徽、闽和浙菜系；相对普及的“十二大菜系”：鲁、川、苏、粤、湘、徽、闽、浙、京、沪、滇和贵菜系。菜系流派中还包含了各种各样的类别，如民间、市肆、官府、宫廷、寺院、食养和仿古等风味。

四、部分中国饮食文化

（一）酒文化

酒在中国传统文化中占据重要的地位。“李白斗酒诗百篇”为千古佳话。除了强调好的酒和相配的酒杯外，传统酒文化特别推崇饮酒者要有较好的酒品。喝酒的最高境界为“中和”，即“无酒不思酒，有酒不贪杯”。此外，在酒桌上，自古就有“酒令大于军令”之说，带有浓厚的娱乐性和文化色彩，真正体现了雅俗共赏的文化包容性。

（二）茶文化

中国茶道追求的是“和、静、怡、真”的最高境界。“和”是茶道的灵魂和核心，也是中庸之道的最主要表现。“与人和”即谦和互敬，讲究饮茶中气氛和谐；“与天地和”即顺其自然，与花荣、与风舞、与日月同欢的自然和谐。“静”是茶道在达到最高境界的过程中的表现，符合“虚静观复法”，体现的是“心静则道明”；“静”也符合“禅悟之道”，体现的是“慧根清静则灵虚”；“静”追求的是通过品茗而达到心境宁静。“怡”是品茶的附加获益之处，饮茶与优雅的琴棋书画等文化活动相结合，以达到愉悦心情的目的。“真”是中国茶道的终极追求，即追求道之真、情之真、性之真。

（三）餐具文化

中国餐具中最具特色的是筷子和汤匙。筷子的使用符合“和，刚柔适也”的思想。而汤匙的形状正适合中餐趁热吃的特点，深浅正好，可盛可饮。此外，中餐中酒杯、茶杯多用瓷器和陶具，主要是为了保香、保温及体现酒和茶的外观色泽。

五、中餐风味类别

中餐风味类别大致有如下几种：

（一）民间风味

民间风味菜俗称家常菜，指具有浓郁乡土气息的菜肴，用料以普通原料为主，如家畜、家禽、蔬菜和海鲜等，烹调方法以炒、烧、蒸、煮和焖为主。比较普及的家常菜有回锅肉、东坡肉、麻婆豆腐、糖醋排骨、梅干菜扣肉等。

（二）市肆风味

市肆风味菜俗称餐馆菜，在餐馆中长期流行，具有制作精细、用料讲究、烹调技法多样、风味独特等特点。各地餐馆名菜有北京烤鸭、叫化童鸡、佛跳墙、宫保鸡丁、烤乳猪等。中国近代名餐馆有全聚德、便宜坊、东来顺等老店。

（三）官府风味

官府风味菜俗称官宴菜，原指官僚、士大夫的家庭菜肴，由家厨制作，用料讲究，注重原汁原味和器具的美感享受。官府风味名菜有孔府菜的一品豆腐、带子上朝和诗礼银杏等，广东谭家菜的蚝油鱼肚、草菇蒸鸡和红烧鲍鱼等，随园菜的冬瓜燕窝、煨乌鱼蛋、鸡汤煨芋羹等。

(四)宫廷风味

宫廷风味菜俗称御膳，原指供皇室食用的菜肴，由名厨烹制，原料多为各地进贡的珍品，烹调方法以北方流派为主，南方流派为辅，讲究营养搭配和养生之道。宫廷风味名菜有周八珍、满汉全席等。

(五)寺院风味

寺院风味菜俗称素菜，原指寺院烹制的、以植物性原料为主的菜肴。现在主要指素制口味的菜肴，如素鸡、素鸭、素蟹粉、鼎湖上素等。

(六)食养风味

食养风味菜俗称药膳，指突出营养保健的食养机理的菜肴，其烹调多以炖、煨、清蒸、煮为主。食养风味名菜有清蒸甲鱼、冰糖燕窝、冬虫夏草全鸡、海参扣肉、十全大补汤、虫草老鸭汤、川贝雪梨炖猪肺、冰糖银耳等。

(七)仿古风味

仿古风味菜指以古代记载的一些菜肴为依据，重新创作或挖掘的菜肴，如西安的仿唐膳、松江和苏州的仿红楼宴席等。仿古风味名菜有驼蹄羹、遍地锦装鳖、老蚌怀珠、鱼翅烩蛏干、乌龙戏珠等。

六、中餐菜系知识

菜系是指地区的饮食经过漫长历史的演变而形成的一整套的、独特的烹调体系。菜系包括有别于其他地区的独特的烹饪手法、特殊的调味手段、固定的饮食习俗、广泛普及的烹饪技术，并且有一大批精于烹饪的技术人才，有一定数量和规模的本菜系的风味餐馆，烹饪文化相对比较发达。

(一)山东菜系

山东菜系简称鲁菜。山东省是我国烹饪技术的发源地之一。

1.济南菜

济南菜指北起德州，南到泰安，东到淄博一带地区的菜肴。济南菜讲究清鲜、脆嫩和纯正的口味,以咸鲜味为主,还具有葱香、蒜味及麻酱味等,精于制作汤菜。名菜有芙蓉鸡片、锅塌豆腐、油爆双脆、九转大肠、糖醋鲤鱼、拔丝金枣和蜜汁三果等。

2.胶东菜

胶东包括烟台和青岛等地。因当地多产海鲜,故胶东菜讲究原汁原味、清淡鲜嫩。胶东菜精于清蒸、烤、葱烧、扒、爆、炸、熘和挂霜等烹调法。名菜有清蒸加吉鱼、绣球干贝、烤大虾、葱烧海参、扒原壳鲍鱼、油爆海螺片、软炸鲜贝、炸熘贻贝和挂霜丸子等。

3.孔府菜

孔府菜指孔子家乡曲阜的菜肴,体现了孔子"食不厌精,脍不厌细"的食道精神,以历代帝王祭祀孔子所用的菜肴为主。名菜有孔府一品锅、诗礼银杏、带子上朝、玉带虾仁、怀抱鲤、御笔猴头、熘肉片和冬菇烧蹄筋等。

(二)四川菜系

四川菜系简称川菜,喜用各种麻辣调味料,有麻辣味、鱼香味、家常味、怪味、酸辣味、椒麻味、红油味和咸鲜味等,以百菜百味为特征。

1.成都菜

成都菜的口味偏辣,精于小炒、干烧、干煸等烹调法。名菜有麻婆豆腐、樟茶鸭子、夫妻肺片、锅巴肉片、宫保鸡丁、回锅肉和赖汤圆等。

2.重庆菜

重庆菜的口味偏辣,精于小炒和小烧等烹调法。名菜有鱼香肉丝、干烧岩鱼、干煸牛肉丝、毛肚火锅、清蒸江团和枸杞牛鞭汤等。

3.自贡菜

自贡菜的口味麻、辣并重,精于小煎、白煮和小炒等烹调法。名菜有小煎鸡米、水煮牛肉等。

案例

把"对"让给客人

客人进入川菜餐厅就餐,服务员向其介绍了各款川菜的风味、特点,最后请示客人:"请问先生,您点的麻辣菜是否需要减麻辣度呢?"客人答:"我们要尝尝正宗的川菜。"菜上席了,客人吃了第一口后就不敢再吃了,并向服务员投诉:"怎么搞的?这菜这么麻、这么辣，怎么能吃？你们搞错了吗？我在别的川菜馆吃的川菜不是这样的！"服务员看着客人满头是汗，忙说："对不起，先生，我们错了。我转告厨房师傅，下面的菜给您减麻辣度，希望您吃得满意。"说完，将刚上的菜又端回厨房让师傅重做，并立即递上毛巾让客人擦汗。

（三）江苏菜系

江苏菜系简称苏菜或淮扬菜，具有清鲜平和、咸甜适中、口味淡雅的特点，以刀法精妙而闻名，在烹调上擅长炖、焖、煨、焐和烧等烹调法。

1.淮扬菜

淮扬指以扬州为中心的淮河流域地区。淮扬地区水产品丰富，淮扬菜的口味以醇厚为主，擅长制作汤。淮扬菜中有远近闻名的"扬州三头"，即蟹粉狮子头、拆烩鱼头和扒猪头。名菜有醋熘鳜鱼、三套鸭、大煮干丝、炒软兜长鱼等。

2.南京菜

南京菜的口味以醇和为主，精于焖、炖、烤等烹调法。名菜有盐水鸭、桂花虾饼、蛋烧卖等。

3.苏锡菜

苏锡指苏州和无锡。苏锡菜的口味以咸甜为主，擅长烹河鲜及大闸蟹，精于炸、熘、蒸和烧等烹调法。

4.徐海菜

徐海指徐州和连云港。徐海菜的口味以咸鲜为主，精于炖、爆、烧、熘、炸和蒸等烹调法。名菜有霸王别姬、爆乌花、红烧沙光鱼、彭城鱼丸等。

（四）广东菜系

广东菜系简称粤菜，讲究"五滋"（清、香、脆、酥、浓）和"六味"（鲜、咸、甜、酸、苦、辣）。

1.广州菜

广州菜的口味以清新鲜醇为特点，精于清蒸、软炒、烩、烤和煸等烹调法。名菜有香滑鲈鱼球、烤乳猪、烩蛇羹、菊花龙虎斗、鼎湖上素和脆皮鸡等。

2.潮州菜

潮州菜的口味以清醇香浓、偏甜为主，喜用鱼露、沙茶酱和梅膏等调味料。名菜有烧雁鹅、豆酱鸡、红烧鲍鱼、葱姜煸肉蟹、明炉烧螺和太极素菜羹等。

3.东江菜

东江菜又称客家菜，其口味以酥软香浓、偏咸、重油为主，少海鲜，多野味，精于炖、煲、煸和酿等烹调法。名菜有东江酿豆腐、东江盐煸鸡和什锦煲等。

(五)湖南菜系

湖南菜系简称湘菜，其品种丰富，味感鲜明，富有菜肴个性，刀工精妙，味形俱佳，擅长调味，以麻辣著称，烹调法多以煨、烧为主。

1.湘中南菜

湘中南菜指长沙、湘潭、衡阳等地区的菜肴，其口味以鲜香酥软为特色，精于煨、炖、腊、炒和蒸等烹调法。名菜有红煨鲍鱼、清炖牛肉、腊味合蒸、麻辣仔鸡和酱汁肘子等。

2.洞庭湖菜

洞庭湖菜的口味以清淡鲜嫩为特色，擅长烹制湖鲜和水禽，多用煮、烧和蒸等烹调法。名菜有蒸钵菜(青龙戏珠)、冬笋野鸭、红烧甲鱼、冰糖湘莲和荷叶软蒸鱼等。

3.湘西菜

湘西菜指湖南西部土家族和苗族聚集地区的菜肴，其口味以浓厚乡土气息为特色，擅长烹制山珍野味和各种腌腊制品，多用烧、焖、炒等烹调法。名菜有红烧寒菌、油辣冬笋尖、板栗烧菜心、湘西酸肉等。

(六)浙江菜系

浙江菜系简称浙菜，具有清鲜、细嫩、制作精细的特点，有清新、鲜嫩的口味和清雅、细腻的形态，擅长烹制海鲜及湖蟹，烹调法有炒、炸、烩、熘、蒸、烧等近二十种。

1.杭州菜

杭州菜的口味以清鲜、爽脆、淡雅、细腻为特色，擅长烹制湖鲜，主要有烧、焖、熘、烩和炒等烹调法。名菜有东坡肉、油焖春笋、西湖醋鱼、宋嫂鱼羹、龙井虾仁和叫化童鸡等。

2.宁波菜

宁波菜的口味以咸鲜兼具浓厚乡土气息为特色，擅长烹制海鲜，主要有烧、烩、煮和蒸等烹调法。名菜有锅烧鳗、黄鱼羹、雪菜大汤黄鱼、三丝拌蛏和奉化摇蚶等。

3.绍兴菜

绍兴菜的口味以咸鲜兼具乡村风味为特色，擅长烹制河鲜、家禽，主要有焖、熘、烧和煮等烹调法。名菜有雪菜干烧焖肉、糟熘虾仁、白鲞扣鸡和清汤鱼圆等。

4.温州菜

温州菜以海鲜入馔，口味清鲜，淡而不薄，以轻油、轻芡、重刀工的“二轻一重”为特色。名菜有三丝敲鱼、爆墨鱼花、马铃黄鱼、双味蝤蛑、橘络鱼脑和蒜子鱼皮等。

（七）福建菜系

福建菜系简称闽菜，以烹制山珍海味而著称，其风味特点是清鲜、醇和、荤香、不腻，注重色美味鲜，烹调擅长炒、熘、煎、煨、蒸、炸等，口味偏于甜、酸、淡。闽菜特别讲究汤的制作，其汤路之广、种类之多、味道之妙可谓一大特色，素有“一汤十变”之称。

1.福州菜

福州菜具有清鲜、淡爽和偏于甜酸等口味特点。其汤菜品种多，讲究调汤，汤鲜、味美，擅长用红糟作为配料制作各式风味特色菜。名菜有佛跳墙、荔枝肉、醉糟鸡、糟汁川海蚌、炒西施舌和酸辣海鲜羹以及锅边糊、肉蛎饼等小吃。

2.闽南菜

闽南菜指厦门、漳州和泉州等地区的菜肴。闽南菜以讲究作料、善用甜辣而著称。名菜有橘味加力鱼等。

3.闽西菜

闽西菜指福建西北地区的菜肴，具有咸辣和浓郁山区特色。名菜有东壁龙珠、爆炒地猴等。

（八）安徽菜系

安徽菜系简称皖菜或徽菜，在烹调法上擅长烧、炖、蒸，而爆、炒较少，重油，重色。馄饨鸭、大血汤和煨海参等菜式曾风靡全国。

1.皖南菜

皖南菜是徽菜的主流菜系，起源于歙县（古徽州）地区，以烹制山珍野味而著称，具有原汁原味、风味古朴典雅的特点，擅长烧、炖等烹调法，喜用火腿佐味，冰糖提鲜。名菜有红烧头尾、清炖马蹄鳖、黄山炖乳鸽和腌鲜鳜鱼等。

2.沿江菜

沿江菜指芜湖、安庆及巢湖等地区的菜肴，具有酥嫩、鲜醇、清爽和浓香等口味特点，擅长红烧、清蒸和烟熏等烹调法，其中尤以烹调河鲜、家禽见长，其烟熏技术也别具一格。名菜有毛峰熏鲥鱼等。

3.沿淮菜

沿淮菜指蚌埠、宿县和阜阳等地区的菜肴，其烹调法擅长烧、炸和熘等。名菜有烹调鱼和香炸琵琶虾等。

七、大连菜特色介绍

大连菜是由鲁菜演变而来、以活海鲜为主打产品的地方菜。其制作精细，口味清淡，咸鲜脆嫩，色、香、味、形、养俱佳。

（一）烹饪发展史

大连菜究其渊源，是从胶东鲁菜传承而来，在继承发展鲁菜烹调技艺的同时，结合本地的自然资源，融各菜系所长，致力开拓，经过百年发展，形成了大连地区菜的风格。目前，大连菜在国内餐饮业已颇具影响力，而且技术力量也相当雄厚，因此，我们应进一步推动大连菜的尽快完备，使大连的餐饮业真正从区域竞争发展为品牌竞争。

（二）烹饪特色

大连菜选料精细严格，烹调方法全面，突出爆、炒、炸、清蒸等烹调法，注重海鲜的原汁原味。烹调海味，尤其是海珍品及小海味，制作技艺独到。

（三）烹饪原料

渤海、黄海海产品资源丰富，如海参、鲍鱼、扇贝、海螺、赤贝、蚬子、梭鱼、黄鱼及藻类等。

（四）特色菜肴

大连菜名菜有红烧海参、全家福、盐爆海螺、糖醋黄花鱼、炸蛎黄、清蒸鲍鱼、烤大虾、咸鱼饼子、三鲜焖子、炒鲜边等。

工作任务二　技能训练

在学生分组的前提下，各小组组长以实训任务书（表 3-1）为参照，对每个组员的中餐菜品设计实训进行督导，注意小组实训中的可取以及改进之处，分别发言总结。教师在此基础之上有针对性地进行指导。

表 3-1　　中餐菜品设计实训任务书

<table>
<tr><td>班级</td><td></td><td>学号</td><td></td><td>姓名</td><td></td></tr>
<tr><td>实训项目</td><td colspan="2">中餐菜品设计</td><td>实训时间</td><td colspan="2">4学时</td></tr>
<tr><td>实训目的</td><td colspan="5">通过对中餐风味类别、各大菜系的特点及大连菜相关内容的讲解，学生在掌握其饮食文化特点的基础上，制定出中餐菜品的菜单，达到灵活运用的训练要求</td></tr>
<tr><td>实训方法</td><td colspan="5">首先教师讲解，然后学生分组讨论，最后教师进行指导点评。要求学生能够深入理解中餐菜品相关知识，完成符合菜系特点的菜单编制</td></tr>
<tr><td colspan="6">实训过程</td></tr>
<tr><td colspan="6">1.操作要领
(1)对中餐烹调特点、各大菜系的特点及大连菜相关内容等资料进行搜集，小组整理
(2)中式菜品中的各种时令菜单、畅销菜单的分析讨论
(3)菜品的数量要合理，搭配要科学
(4)菜单的设计要体现出烹调特点与菜系特色
2.操作程序
(1)资料搜集
(2)菜单的分析讨论
(3)菜单结构的设计
(4)菜单的特色评价
3.模拟情景
设计一份时令大连风味特色菜单</td></tr>
<tr><td>要点提示</td><td colspan="5">(1)菜名要真实，符合行业规则
(2)特色菜肴应排列在突出位置
(3)菜品要能够满足消费者的个性特点与需求</td></tr>
<tr><td colspan="6">能力测试</td></tr>
<tr><td>考核项目</td><td colspan="3">操作要求</td><td>配 分</td><td>得 分</td></tr>
<tr><td>资料搜集</td><td colspan="3">材料准备充足</td><td>15</td><td></td></tr>
<tr><td>菜单的分析讨论</td><td colspan="3">分析出菜品的文化内涵与制作特点；小组讨论热烈</td><td>20</td><td></td></tr>
<tr><td>菜单结构的设计</td><td colspan="3">设计因素考虑全面；设计精美，与主题一致</td><td>35</td><td></td></tr>
<tr><td>菜单的特色评价</td><td colspan="3">符合菜系的特色；体现健康营养的理念</td><td>30</td><td></td></tr>
<tr><td>合计</td><td colspan="3"></td><td>100</td><td></td></tr>
</table>

实训项目二

西餐菜品设计

实训目标

1.了解现代西餐的特点。

2.掌握各国烹饪特色。

工作任务一　西餐特点及各国烹饪特色

一、西餐的发展与特点

(一)西餐的含义

西餐是我国人民对欧美各国菜肴的总称。它泛指法国、意大利、美国、英国、俄罗斯等国的菜肴。此外,希腊、德国、奥地利、匈牙利、西班牙、葡萄牙、荷兰等国的菜肴也都是著名的西餐。

(二)西餐的发展

据资料记载,西餐发展至今已有数千年的历史。古巴比伦人在象形文字中就记录了当时食物的种类和烹调方法。我们可以将西餐的发展总结为三个阶段,即古代的西餐、中世纪的西餐、近代和现代的西餐。

1.古代的西餐

古埃及的文明发展史在世界史上占有重要地位。公元前 2500 年,尼罗河流域土地肥沃,盛产粮食,高度文明的社会创造了灿烂的艺术和文化,其中包括烹调技术。许多出土烹调用具都证明了西餐在这一时期有巨大的发展。当时,富人们的菜单上已经出现了烤羊肉、烤牛肉等。

之后,古希腊受到古埃及文化的影响,成为欧洲文明的中心,雄厚的经济实力给它带来了丰富的农产品、纺织品、陶器、酒和油。奴隶们都有各自的具体工作,如购买粮食、烧饭、服侍等。这已经接近今天厨房与餐厅分工的组织结构。当时,古希腊的贵族很讲究饮食,推动了西餐的发展。古希腊人当时的日常食物已经有山羊肉、绵羊肉、牛肉、鱼类、奶酪、大麦面包、蜂蜜面包和芝麻面包等。

大约在公元200年，古罗马的文化和社会高度发展，在诗歌、戏剧、雕刻、绘画和烹调等方面都创造出了新的风格。古罗马的烹调方式比较简单，但吸取了古希腊烹调的精华。古罗马人举行的宴会既丰富多彩，又有较高水平。美味佳肴成为古罗马人富有的象征。古罗马人尤其擅长制作主食，至今，意大利的比萨和面条仍享誉世界。当时的古罗马，厨师不再是奴隶，而是拥有一定社会地位的人。厨房结构随着分工的深入，更趋合理。在哈德良皇帝统治时期，罗马帝国在帕兰丁山建立了厨师学校，以发展西餐烹调艺术。当罗马帝国分崩离析、日落西山时，罗马半岛贵族的厨师却依然推动着西餐烹调技术的发展。

2.中世纪的西餐

1066年，诺曼底人侵占了英格兰，他们的统治使当时说英语的人们在生活习惯、语言和烹调方法等各方面都受到了法国人长期的影响。如英语中的“beef”（牛肉）和“pork”（猪肉）等词都是从法语演变过来的。同时，用法语书写的烹调书详细地记录了各种食谱，使英国人打破了传统的、单一的烹调方法。1183年，伦敦出现第一家小餐馆，售卖以鱼类、牛肉、鹿肉、家禽为原料的菜肴。16～17世纪，意大利的烹调方法传到法国后，烹调技术迎来了又一个快速发展阶段。法国丰富的农产品使厨师尝试制作新的菜肴并广泛地在各地传播，创制出新式菜肴的厨师得到人们的尊敬和重视。

3.近代和现代的西餐

继1650年英国的牛津出现了第一家咖啡厅，咖啡厅便在英国如雨后春笋般出现，到1700年，仅伦敦就有200家。

18世纪以后，法国涌现了许多著名的西餐烹调大师，如安托尼·卡露米、奥古斯特·埃斯考菲尔等。这些大师设计并制作了许多优秀的菜肴，有些品种至今仍广受顾客青睐。

安托尼·卡露米生于法国巴黎，幼时家境贫寒。他从13岁开始就在一家小餐馆当帮厨。由于他勤奋好学，自学了面点制作，不久就脱颖而出，以厨艺闻名于巴黎。他先后被邀请到伦敦、维也纳、彼得堡等地献技。在这期间，他改进和独创了许多新式菜肴。卡露米常把烹调法和建筑学紧密地融合在一起，使菜肴艺术化。他非常重视菜肴的外观，从而奠定了古典菜肴的基础。他在伦敦任宫廷主厨时曾说：“我所关心的问题是如何用各种花样的菜肴引起人们的食欲。”他写过几部重点介绍糕点制作方法的烹饪书。但是，由于过早地离开人间，他写的大部分书籍均未完成。

奥古斯特·埃斯考菲尔是制作欧洲传统高级菜肴的著名厨师，他因烹调豪华菜肴引起了欧洲社会的注目。他设计了数以千计的食谱，确立了豪华烹饪法的标准。他在蒙特卡罗大酒店当厨师长时，与酒店经理塞扎·里茨密切合作，进行了餐饮经营与烹调设施的现代化和专业化建设，这些措施取得了良好的效果。后来，里茨又把埃斯考菲尔带到闻名世界的伦敦塞维饭店。在这里，他又创造了不少食谱。

埃斯考菲尔曾指出，厨师的任务就是完善烹调法。他提倡按照俄罗斯方式上菜，每一种菜为单独的一道，改变了全部菜肴一齐上的传统方式。他的著作《我的烹调法——菜谱与烹饪指南》确立了法国古典烹饪法。

此外，18 世纪，在法国还出现了世界第一个饮食鉴赏家——布里亚·萨瓦里。他在著作《品尝解说》中对各种菜肴做了评价，并以百科全书的形式综述了菜肴与饮料。1894 年，美国第一部烹调书——厨师查尔斯·瑞奥弗编著的《美食家》出版了。1920 年，美国开始了汽车窗口饮食服务。1950 年，快餐业首先在美国发展起来，而后遍及世界。如今的西餐更讲究营养、卫生和实用性。

4.我国西餐的发展

西餐传入我国可追溯到 13 世纪。据说，意大利旅行家马可·波罗到中国旅行，曾将某些西餐菜肴传到中国。1840 年后，一些西方人进入中国，将许多西餐菜肴制作方法也带到中国。清朝后期，欧美人在我国的上海、北京、天津开设了一些饭店经营西餐，厨师长由外国人担任。到 20 世纪 40 年代，西餐在我国的一些沿海城市和大型城市中有了较大的发展。近年来，随着我国改革开放程度的加深和经济的发展，我国西餐业也在不断地扩大和发展，西餐厨师经过了国内外的培训，烹调技术有了很大的提高。近年来，广州和深圳一些著名饭店的咖啡厅经营收入已经超过了中餐厅。同时，北京、上海和天津等大城市的咖啡厅和西餐厅的发展也非常迅速。

(三)西餐的特点

1.西餐食品原料的特点

西餐食品在原料方面有一定的特点，主要表现在以下几方面：

(1)西餐使用的食品原料主要是海鲜、畜肉、禽类、鸡蛋、奶制品、蔬菜、水果和粮食。

(2)西餐食品原料中的奶制品多，包括牛奶、奶油、黄油、奶酪、酸奶酪等。这些奶制品是西餐中不可缺少的原料。没有奶制品，西餐菜肴将失去特色。

(3)西餐使用的畜肉中牛肉最多，其次是羊肉和猪肉。

(4)西餐食品原料多为大块，如牛排、鱼排、鸡排等。因此，人们用餐时必须使用刀、叉，以便将大块食物切成小块再食用。

(5)西餐的食品原料特别讲究新鲜，许多菜肴是生吃的，如生蚝、生三文鱼、各种生蔬菜制作的沙拉、生鸡蛋黄制作的沙拉酱等。牛排也经常做成半熟或七八成熟，有些顾客甚至喜欢三四成熟的牛排。

2.西餐制作的特点

西餐的制作方法有很多种，其菜肴品种也很丰富。西餐制作的主要特点是突出主料，讲究菜肴的造型、颜色、味道和营养，以及菜肴的加工和烹调工艺。西餐制作的特点主要表现为：

(1)西餐在选料方面很精细，对食品原料的质量和规格都有严格的要求。

(2)西餐有严格的加工程序,如畜肉中的筋、皮一定要剔净,不剩一点残渣;鱼类的头尾、皮骨等基本上全部去掉。

(3)西餐讲究调味,不同的菜肴有不同的调味方法。通常,使用扒、烤、煎和炸等方法制作的菜肴,在烹调前多用盐、胡椒粉进行调味;而使用烩、焖等方法制作的菜肴常在烹调中调味;西餐菜肴最讲究的是烹调后的调味,各种有特色的沙司和沙拉酱是西餐的特色和精华。

(4)西餐的调味品种类很多,往往制作一种菜肴需要多种调料。不仅如此,西餐的调味酒也有很多,如白兰地、朗姆酒和葡萄酒等。

(5)现代的西餐除了某些俄式服务的宴会将每桌菜肴放在一个大餐盘中,大多数西餐以份(一个人的食用量)为单位,每份装在个人的餐盘中,采用分食制。

(6)西餐菜肴讲究火候,如扒牛排的火候根据顾客的要求,有三四成熟(Rare)、半熟(Medium)和七八成熟(Well done);煮鸡蛋讲究半熟(三分钟)、七八成熟(四分钟)和全熟(五分钟)。

(7)在营养方面,西餐讲究原料的合理搭配,并根据原料的不同特性尽量保持其营养成分。

(8)西餐在制作中有严格的标准,如原料保存温度、保存时间和菜肴在加工中的卫生要求,都有很具体的规定。

3.西餐道数的特点

传统的欧美人吃西餐,尤其是正餐时,讲究一餐的道数。所谓道数,指在一餐中吃几道菜。现在,不少欧美人吃早餐不讲究道数,经常吃面包(带黄油和果酱)、喝热饮或冷饮。有时,加一些鸡蛋和肉类。正餐一般会上三四道菜肴。

(1)三道菜的组合方式通常是:冷开胃菜、汤和主菜;沙拉、汤和主菜;沙拉、主菜和甜品。

(2)四道菜的组合方式通常是:沙拉、汤、主菜和甜品;开胃菜、沙拉、主菜和甜品。

二、各国烹饪特色

欧美地区人口众多,气候、地理、物产、饮食文化和口味特点等各不相同,所以西餐在发展过程中,形成了各种不同的流派。其中较有代表性的是法国菜、意大利菜、英国菜、美国菜、俄罗斯菜、希腊菜等。

(一)法国菜

法国有着悠久的历史和文化,其丰富多彩的菜肴和点心是从古代的宫廷美食发展而来的。法国的各个地区存在着风格各异且极具魅力的地方菜肴。法国菜品种的纷繁、调味的丰富、用料的讲究、色彩的配合等,都已达到了很高的程度。

在16世纪前后，法国人刀、叉、匙并用，西餐的进餐形式日趋完善，并且风靡整个西方。据史书记载，法国皇帝路易十四、路易十五、路易十六都是“好食之人”。他们的厨师搜肠刮肚、绞尽脑汁，制作出了风味各异、品种繁多的菜品。法国革命推翻了帝王统治，一批手艺高超、身怀绝技的宫廷厨师流落民间。他们的烹调技术也随之广泛流传开来，从而确定了法国在世界烹饪界的地位。现在，世界上许多一流的饭店或餐厅的厨师长都是法国人。

法国菜的突出特点是选料广泛，不论是稀有还是寻常的原料，均可入菜。许多脍炙人口的菜肴，所取的原料如蜗牛、青蛙、鹅肝、黑蘑菇等在欧美其他国家的菜谱上是极少见到的。蜗牛和青蛙腿做成的菜肴是法国菜中的名菜，许多旅游者为一饱口福而专程前往法国。此外，法国菜的原料还经常选用各种野味，如野鸡、野鸭、鹿、獐、野兔、野猪等。法国菜选料广泛，品种能按季节及时更换，因而食客对菜肴始终保持某种新鲜感。

法国菜对蔬菜的烹调也十分讲究，规定每个主菜的配菜（蔬菜大多用于配菜）不能少于两种，且要求烹法多样，光是豆就有几十种做法。法国菜中的一些名菜并非全用名贵原料做成，有些极普通的原料经过精心调制同样成为名菜，如著名的洋葱汤。

法国菜的烹调方法很多，几乎包括了西餐近二十种烹调方法，一般常用的有烤、煎、烩、焗、铁扒、焖、蒸等。法国在烹饪技术上处于世界领先地位，现代的真空烹调法就是由法国人发明的。

现代法国菜在口味、色彩、调味等方面都有了新的发展：注意吸收外来菜系的长处，口味变得丰富多彩，色彩偏重原色、素色，追求高雅的格调；汤、菜讲究原汁原味，不用有损色、味、营养的辅助原料。以普通的蔬菜汤为例，要求在汤煮好以后，再把汤里的蔬菜全部搅拌成泥，与汤混为一体，既增加了汤的浓度，又能使汤的本味醇正。又如，番茄酱在西餐中作为一种调料用得比较多，但在现代法国菜中却用得较少，取而代之的是用油煸炒后的新鲜番茄。

法国菜特别注重沙司的制作，据统计收入菜谱的沙司有七百多种。沙司实际上是原料的原汁、调料、香料和酒的混合物。原料鲜嫩，才能制作出高质量的沙司。重视沙司的制作，正是体现了法国人对于味的重视。众所周知，在刀工处理上，西餐原料大多数被处理成厚片、块或条状，这样的原料制成的菜肴不太容易入味，于是要靠沙司来弥补，沙司做得好，就能弥补菜肴的不足。在西餐厅里，做沙司的厨师的地位仅次于厨师长，可见沙司的重要性。

法国盛产酒，于是许多酒被用于烹调。干红葡萄酒、干白葡萄酒、雪利酒、香槟酒、白兰地、朗姆酒、利口酒(带甜味和果味的中高度白兰地)等都是做菜、做点心常用的酒。不同的菜品用不同的酒,而且一般用量较大,如名菜红酒鸡的原料约 1 130 g 的光鸡竟然需要兑入 500 mL 左右的红葡萄酒。用这种烹饪方法,无论是菜还是点心,都闻之香味浓郁,食之醇厚怡人。

除了酒类,法国菜里还加入各种味道强烈的蔬菜和香料以增加香味,如洋葱、大蒜、芹菜、胡萝卜、香叶、迷迭香、百里香、龙蒿、茴香等,使菜肴形成了独特的风味。法国菜对香料的品种和数量运用都有严格的规定。

不少法国菜以人名或地名来命名,这与法国绚丽多彩的文化与饮食习俗有关。如有一道菜叫里昂炒土豆,是因为这道菜中有洋葱和大蒜,而里昂地区盛产洋葱和大蒜。又如马赛鱼汤,这道鱼汤是用海鱼做的,而马赛是个海港城市。其他如拿破仑酥饼、皇室清汤、安娜面包、公爵夫人烤土豆泥等都包含着有趣的故事。有趣的菜名往往能吸引食客,容易给人留下深刻印象。

在隆重的宴会或节日的餐桌上,法国人也吃烤乳猪、烤羊马鞍(羊脊背肉连肋骨那一部分,形同马鞍)或野味菜。著名的法国地方菜品有里昂的煎鸭脯、南特的奶汁梭鱼、马赛鱼汤、斯特拉斯堡的奶油圆蛋糕等。最有代表性的法国菜品是举世闻名的焗蜗牛、鹅肝酱、大龙虾、青蛙腿、洋葱汤、奶酪等。

(二)意大利菜

意大利菜源远流长,闻名世界。这与意大利悠久的历史、灿烂的文化、优越的地理位置、良好的气候、丰饶的物产是分不开的。意大利烹饪堪称欧洲大陆烹饪之鼻祖,其古典宫廷菜式曾对西方烹饪产生了巨大的影响。意大利烹饪技术注重食物的本质,以原汁原味闻名,在烹调上以炒、煎、炸、红烩、红焖等方法为主。意大利菜中烧烤的菜不多,意大利人喜欢油炸、熏炙的菜。

意大利传统菜式甚多,尤其是以各种面食制品闻名世界,这在欧美其他国家是很少见的。各种面条是意大利人的骄傲。相传,意大利面条是在 13 世纪,由中意人民的友好使者马可·波罗经丝绸之路从我国传到意大利的。除了面条,其他的面制品如馄饨、薄面皮包牛肉末(形如春卷,但不油炸)等,都同中国的面制品相似。现在意大利年产面条 200 万吨以上,其中 90% 内销,在西方国家首屈一指。

意大利人在面条制作上有很多发展和创新,各种形状、颜色、味道的面条至少有几十种。如把面条制成字母形、贝壳形、实心、通心等;又如,在面条中掺入蛋黄、番茄、菠菜,面条就被染成黄、红、绿色,不仅

美观，而且富有营养、滋味各异。意大利面条一般以硬小麦为原料，因此面条韧性大、咬劲好、久煮不烂。意大利面条有各种制作方法和各种调配料，最常用的调配料是肉类、番茄、香草和奶酪等。

意大利人喜食面食，还喜欢汤、小牛肉和以橄榄油为主要调料的各种沙拉等。

(三)英国菜

如同英国人的性格，英国烹饪也显得比较保守，多年来基本不变。但在欧美国家中，英国烹饪是具有代表性的，英式西餐是世界公认的名流大菜，美国、澳大利亚等国的烹饪都源于此。传统的英国菜尽管工艺考究，但调料中较少用酒；烹调方法，一般以清煮、烩、蒸、烤、铁扒、炸等为主。基于这种原因，各种调味品(如盐、胡椒粉、白醋、芥末酱、辣酱油、番茄、沙司等)均放在餐桌上，客人就餐时可自己选用。

英国菜中传统的名菜，如煎牛排配约克郡布丁、烟熏鲑鱼、烤牛肉、羊肉汤、烤羊肉、烤猪排、伦敦杂排等，都是大酒店和餐馆菜单上的保留项目。沿海地区的一些海鲜菜，不管是生吃或是熟制，在英国人的菜谱中只占一小部分，这主要是因为英国海域的海产品并不多。

近年来，保守的英国菜也发生了不少的变化，烹调菜肴吸收了欧美其他国家，如法国、意大利、瑞士等的许多优点。例如，在烹饪中增加了各种干、鲜香料，使得菜味更香；菜肴和汤的调味也比以前更有滋味，餐桌上已不必放调味品。新潮的英国菜正向世界水平靠拢，菜肴的原料、品种增多，款式和造型也变得新颖。例如，很多菜夹馅，装盘立体化；用沙司在盆中打底以突出主料，而不是像以前那样把沙司浇在主料上。

(四)美国菜

美国烹饪源自欧洲，因为很多美国人是欧洲移民及其后裔。但美国烹饪仍有自己的特色，美国国土面积大、气候好、食物种类繁多、交通运输方便、食品科技发达、冷藏及烹饪设备优良。厨师在烹调食品时很注重营养。美国人对沙拉很感兴趣。沙拉原料大多采用水果，如香蕉、苹果、梨、菠萝、西柚、橘子等，拌以芹菜、生菜、土豆等。沙拉调料大多为沙拉酱和鲜奶油，口味很别致。美国人喜欢菠萝焖火腿、苹果烤鸭等烧烤与铁扒之类的菜肴，炸鸡、炸香蕉、炸苹果等也很受欢迎。在一些荤素菜里配上水果也是美国菜的一大特色。美国人喜欢吃点心、冰激凌、水果等。点心中有些品种，如布丁、苹果派等虽源自英国，但制作方法有所不同，别具风味。

由于美国的快餐食品世界著名，所以很多人忽略了美国传统烹饪的特点。自最初的英格兰人移民美国之后，世界上许多地区和国家的人都有移民到美国的，美国的菜式融合了诸民族菜式的精华，丰富多彩。

目前美国菜大致分为三个流派：一是以加利福尼亚州为主的带有都市风格的派系；二是以英格兰移民为主的派系，保留了传统的菜品，又增加了一些使用当地原料的新品种；三是以得克萨斯州为主的墨西哥派系，受南美菜的影响很大，不少菜带有辣味，调味浓烈，较有刺激性。此外，由于地理的关系，美国菜中有不少野味和海鲜类品种。

值得一提的是，现代美国烹饪处于世界烹饪的领先地位。发达的食品科技促进了食品制作及与食品有关的养殖业、烹饪设备业、油脂业、调味品业的发展。美国烹饪代表队在世界最高级别奥林匹克烹饪大奖赛（每四年在德国法兰克福举行）上屡夺金牌，便是很好的佐证。

（五）俄罗斯菜

俄罗斯菜中除了俄罗斯民族传统的菜肴之外，还有一些由西欧、东欧、亚洲国家的菜肴演变而成的。俄罗斯烹饪在欧美菜系中有着自己独特的地位。

俄罗斯疆域辽阔，其菜式在东欧诸国中起着领先的、代表性的作用。俄罗斯的宫廷大菜享誉世界，其服务形式至今仍影响着欧美各国。

由于俄罗斯大部分地区纬度较高，俄罗斯人喜欢吃热量高、口味偏重的食物。因此，在烹调上他们常使用酸性奶油、奶渣、柠檬、酸黄瓜、洋葱、黄油、小茴香等辅料或调味品。俄罗斯菜总的特点是油大、味重，酸、辣、甜、咸明显。各种肉类、野味等均要煮熟后食用，不像西欧那样生吃。俄式点心用油炸的较多，烩水果也作为点心食用。各种各样的荤、素包子也是俄罗斯人喜爱的食品。

俄罗斯菜中开胃菜及各种汤非常著名。许多品种现仍保留在世界各国餐厅菜单中，如红鱼子、黑鱼子、沙丁鱼、小青鱼、冷酸鱼、泡菜、辣肠、腌鲱鱼、熏鲟鱼、熏鲑鱼等。各种汤品浓醇鲜香，深受人们喜爱。

复活节是俄罗斯的重要节日，届时各种名菜、名点争奇斗艳，如烤全羊、烤乳猪、复活节彩蛋等。此外，俄罗斯的伏特加酒在世界名酒中也占有一席之地。

（六）希腊菜

在南欧诸国菜系中，希腊菜是最有代表性的。希腊人杰地灵，拥有悠久的历史、灿烂的文化、良好的气候及优越的地理位置。蔬菜、谷物、豆类等食物和香料品种丰富，水果的品种有千余种，再加上丰富的海洋资源，为希腊菜提供了丰富的食品来源。在这种特定的环境中，孕育出了闻名世界的希腊烹饪。

希腊菜品种繁多，既有欧美西餐的特点，又带有一些亚洲风格。此外，丰富的海味为希腊菜增添了很多光彩。在希腊的菜谱中，海鲜菜占有不小的比例。

希腊菜中的开胃菜、主菜、甜品不仅品种多，而且滋味浓醇。希腊人尤其擅长使用各种干、鲜香料，创造了希腊菜独特的风味。此外，使用橄榄油及葡萄酿酒烹制菜肴也是希腊饮食的一大特色。

工作任务二　技能训练

在学生分组的前提下，各小组组长以实训任务书（表 3-2）为参照，对每个组员的西餐菜品设计实训进行督导，注意小组实训中的可取以及改进之处，分别发言总结。教师在此基础之上有针对性地进行指导。

表 3-2　　西餐菜品设计实训任务书

<table>
<tr><td>班级</td><td colspan="2"></td><td>学号</td><td></td><td>姓名</td><td colspan="2"></td></tr>
<tr><td>实训项目</td><td colspan="3">西餐菜品设计</td><td colspan="2">实训时间</td><td colspan="2">4 学时</td></tr>
<tr><td>实训目的</td><td colspan="7">通过对西餐的特点、各国烹调特色等相关内容的讲解，学生在理解西餐饮食文化发展史的基础上，依据法国烹调的特点制定出相应的菜单，达到灵活运用的训练要求</td></tr>
<tr><td>实训方法</td><td colspan="7">首先教师讲解，然后学生分组讨论，最后教师进行指导点评。要求学生能够深入理解各国烹调特色的相关知识，完成符合法国菜系特点的西餐菜单编制</td></tr>
<tr><td colspan="8">实训过程</td></tr>
<tr><td colspan="8">1.操作要领
（1）对各国西餐烹调特色、西餐菜单等相关资料进行搜集，小组整理
（2）对法国菜品的烹调特点进行分析讨论
（3）菜品的数量要合理，搭配要科学
（4）菜单的设计要体现出烹调特点与菜系特色
2.操作程序
（1）资料搜集
（2）菜单的分析讨论
（3）菜单结构的设计
（4）菜单的特色评价
3.模拟情景
设计一份供法国客人食用的菜单</td></tr>
<tr><td>要点提示</td><td colspan="7">（1）菜品结构设置合理
（2）菜品要能够满足法国消费者的饮食需求</td></tr>
<tr><td colspan="8">能力测试</td></tr>
<tr><td>考核项目</td><td colspan="5">操作要求</td><td>配 分</td><td>得 分</td></tr>
<tr><td>资料搜集</td><td colspan="5">材料准备充足</td><td>15</td><td></td></tr>
<tr><td>菜单的分析讨论</td><td colspan="5">分析出法国菜品的烹调特点；小组讨论热烈</td><td>20</td><td></td></tr>
<tr><td>菜单结构的设计</td><td colspan="5">菜品的数量要合理；搭配科学，设计精美</td><td>35</td><td></td></tr>
<tr><td>菜单的特色评价</td><td colspan="5">体现烹调特点；符合菜系的特色</td><td>30</td><td></td></tr>
<tr><td>合计</td><td colspan="5"></td><td>100</td><td></td></tr>
</table>

第四部分
营养配伍

引导案例

不强加于客人

在某餐厅内，一位客人要买原汁原味的炖山龟，说是给病人补身体用。服务员向客人推荐用药材蒸的山龟，其滋补功效会更好，客人接受了这个建议。但在山龟蒸好后，客人却说："不对，我要的是有汤的，这个怎么没汤？我找你们经理！"服务员无奈，请来经理。经理解释道："这个加药材蒸的山龟更好，多了药膳功效，营养价值更高。"客人坚持说："我要的是原汁带汤炖的，你们必须给我重做！"最后没法，服务员只好将用药材蒸的山龟退回厨房，重做了一只炖山龟。

辩证性思考：

人类在生命活动过程中需要不断地从外界环境中摄取食物，从而获得生命活动所需要的营养物质。这些营养物质在营养学上被称为营养素。营养素有三个基本功能：一是供给人体所需的能量；二是供给人体的"建筑材料"，用以构成和修补身体组织；三是提供调节物质，用以调节机体的生理功能。

对名贵菜肴，服务员一定要向顾客介绍清楚菜肴知识，包括烹饪方法、口味特点、食用方法等，避免误解，杜绝隐患。

实训项目一

膳食结构与膳食指南原则

实训目标

了解膳食结构、膳食指南的相关内容。

工作任务一　膳食指南与常见疾病患者的饮食

点菜师应根据顾客的具体情况（年龄、性别、劳动强度）为其推介既符合其自身营养规律，又避免各种食物中的营养成分互相干扰而降低食物营养价值，并且是采用营养素损失最小、有害物质产生最少的烹饪加工工艺制作的菜品；同时应根据顾客的健康状况与身体素质，严格地避免可能导致其旧病复发的食物或导致过敏反应的过敏源。点菜师必须熟练掌握食品中可能存在的有害物质及其预防措施，为顾客把好食品卫生与安全关，使顾客在就餐过程中吃得营养，吃得健康，吃得卫生，吃得安全，吃得舒心。

一、蛋白质

（一）蛋白质的组成及种类

蛋白质是生命的物质基础，没有蛋白质就没有生命。氨基酸是组成蛋白质的最基本单位，在人体和食物蛋白质中含有二十多种氨基酸，其中有 8 种氨基酸是人体自身不能合成或合成速度不能满足机体需要的，是必须从食物中摄取的，被称为必需氨基酸。

按照营养价值，蛋白质可分为以下几种。

1.完全蛋白质（优质蛋白质）

完全蛋白质指其所含必需氨基酸种类齐全，数量充足，相互比例适当。完全蛋白质不但能维持人体正常的生命活动，而且能促进人体生长发育。完全蛋白质存在于家畜（猪、牛、羊）、家禽（鸡、鸭、鹅）及其蛋、乳及乳制品、水产品（鱼、虾、蟹、贝壳类）等动物性食物及大豆和豆制品（豆腐、豆腐衣、豆浆、豆腐干）中。常见的完全蛋白质有乳类中的酪蛋白、乳白蛋白，蛋类中的卵白蛋白，肉类中的白蛋白，大豆中的大豆蛋白，小麦中的麦谷蛋白等。

2.半完全蛋白质（普通蛋白质）

半完全蛋白质指其所含必需氨基酸种类齐全，但有的数量不足，相互比例不适当。半完全蛋白质只能维持生命，但不能促进生长发育。半完全蛋白质存在于大米、面粉、高粱、小米等粮谷类中。常见的半完全蛋白质有小麦中的醇溶蛋白(面筋)等。

3.不完全蛋白质

不完全蛋白质指其所含必需氨基酸种类不全，数量不足，比例不当。不完全蛋白质既不能维持正常的生命活动，更不能促进生长发育。不完全蛋白质存在于动物结缔组织(毛发、表皮、骨骼、韧带、筋膜)等中。常见的不完全蛋白质有蹄筋、鱼翅、海参、肉皮、甲鱼的肥厚裙边等。

(二)蛋白质的生理功能

1.构成机体，修补组织

蛋白质是生物细胞原生质的重要成分，也是人体生长、发育、组织修复不可或缺的重要成分。

2.调节生理功能

蛋白质参与体内重要生理功能的调节，是人体系列催化反应的催化剂，是体内物质消化、吸收和利用的载体，也是保护机体抵御病原体侵袭的抗体。蛋白质能调节体液酸碱平衡，维持人体正常渗透压，传递遗传信息。

3.供给能量

1 g蛋白质彻底氧化可释放约4 kcal(千卡路里，1 cal＝4.186 8 J)能量。

(三)蛋白质的互补作用

蛋白质的互补作用是指两种或两种以上食物蛋白质混合食用时，其所含的必需氨基酸可相互配合，取长补短，使混合食物蛋白质中必需氨基酸的种类、数量、比值更接近人体的必需氨基酸模式，从而提高混合食物蛋白质的营养价值。

利用蛋白质互补原理，参与互补的食物蛋白质种类越多，种属越远，效果越好；不同食物蛋白质食用间隔时间越短，效果越好。以黄豆炖猪蹄为例，黄豆为植物性食品，而猪蹄为动物性食品，种属相隔远，两者差异性大，互补性很强。日常膳食中人们常应用蛋白质互补原理，如食用素什锦、菜肉包、锅塌豆腐等。

(四)蛋白质缺乏与过多的影响

1.蛋白质的供给量

我国营养学会建议：成人每天每千克体重应摄入0.8～1.2 g蛋白质，要保证三分之一以上为完全蛋白质，或由蛋白质提供能量占每天所需总能量的10%～15%。

2.蛋白质缺乏的影响

蛋白质摄入不足易导致人体体重减轻、贫血、免疫力下降、伤口愈合不良、慢性腹泻、皮肤产生红斑等。婴儿、青少年对蛋白质缺乏更敏感，突出表现为生长发育迟缓，严重时会引起智力发育不良，抵抗力下降。

3.蛋白质过多的影响

过多的蛋白质摄入往往与低植物性或高动物性膳食有关，由此会引起人体膳食纤维、维生素、无机盐等缺乏，饱和脂肪酸、胆固醇摄入过量，增加心血管疾病、肠道癌症发生率，增加肾脏的负担，导致钙丢失增多。

4.蛋白质营养评判中的误区

(1)误区一：烤麸、油面筋营养价值等同于豆制品。豆制品是富含优质完全蛋白质的食物，而烤麸、面筋则是富含半完全蛋白质的食物，两种食物蛋白质的营养价值相去甚远。

(2)误区二：鱼翅、海参营养价值高于鸡蛋、豆腐。按照营养学的原理分析，这些食物虽然都属于高蛋白食品，但鱼翅、海参主要含有不完全蛋白质，而鸡蛋、豆腐则以完全蛋白质为主，显然鸡蛋、豆腐营养价值要高于鱼翅、海参。

二、脂类

脂类是脂肪和类脂的总称，主要由碳、氢、氧及少数硫、磷等元素组成。

(一)脂类的生理功能

(1)供给能量。脂肪是机体重要的贮能物质，1 g 脂肪彻底氧化能产生约 9 kcal 能量。皮下脂肪可以保温隔热。

(2)参与构成机体。脂类是机体生物膜结构及类固醇的重要成分。

(3)提供人体必需的脂肪酸。

(4)保护、固定人体的脏器。内脏器官及关节处的脂肪组织能在人体受冲击时起到缓冲作用。

(5)提供脂溶性维生素并促进脂溶性维生素吸收。

(6)由于脂肪在胃中的排空时间长，故可增加饱腹感。

(7)脂肪能改善食物的感官性状，即改善食物的色、香、味。

(二)脂肪及其分类

1.脂肪

脂肪是由甘油与脂肪酸组成的甘油三酯混合物，各种脂肪的区别在于脂肪酸的种类和比例不同。

(1)脂肪的食物来源：主要存在于畜肉、蛋、奶及各种植物油中。

(2)脂肪的供给量：由脂肪提供的能量占人体每天所需总能量的 20%～25%比较合理，最多不能超过 30%。

2.脂肪酸

在自然界中，有 40 多种脂肪酸可构成脂肪。按化学结构，脂肪酸可分为以下两种：

(1)饱和脂肪酸：如硬脂酸、软脂酸等，存在于动物尤其是家畜脂肪中。其熔点较高，在常温下多数呈固态，习惯上称为“脂”。对饱和脂肪酸摄入过多，会使其堆积在心血管壁、肝脏处，引发高血脂、高血压、动脉硬化、脂肪肝。

(2)不饱和脂肪酸：普遍存在于植物中，常温下多呈液态，习惯上称为“油”，如豆油、芝麻油、花生油等。

3.必需脂肪酸

从营养学角度分，脂肪酸可分为必需脂肪酸和非必需脂肪酸。必需脂肪酸是指机体生理必需，而体内又不能合成，必须由食物供给的不饱和脂肪酸，包括亚油酸、亚麻酸、花生四烯酸三种。

(1)必需脂肪酸的生理功能：必需脂肪酸是线粒体和细胞膜的重要成分；是合成前列腺素的必需物质；能促进人体胆固醇代谢；能保护人体皮肤免受 X 射线、紫外线的损伤等。

(2)必需脂肪酸缺乏症：导致鳞屑样皮炎、湿疹、高胆固醇引发的心血管疾病、不孕症等。

(3)必需脂肪酸的食物来源：主要存在于植物油，尤其是亚麻籽油、紫苏油、葵花籽油、豆油、花生油等中；其次存在于家禽、鱼类等动物脂肪中。

(三)类脂

1.磷脂

磷脂是生物膜的重要成分，能促进人体内胆固醇的转运和代谢，清除体内多余的脂肪和胆固醇，从而防止动脉粥样硬化。从大豆、核桃、蘑菇、蛋黄及动物脑、肝、肾、瘦肉等中可以获得磷脂。大豆磷脂的降血脂作用优于蛋黄磷脂。

2.固醇

(1)动物固醇：主要指胆固醇，以动物脑、内脏及蛋黄、鱼子中含量最为丰富，其次是家畜、蛤贝类，而家禽、鱼类、奶类中含量较低。胆固醇为人体合成类固醇激素和胆汁酸，但人体血液中胆固醇浓度过高，有引发心血管疾病的危险。

(2)植物固醇：存在于粗制谷类、豆类等植物性食物，如麦角固醇、豆固醇等中。植物固醇可促进饱和脂肪酸和胆固醇的代谢，具有降血脂与降胆固醇的作用。

三、碳水化合物

(一)碳水化合物的分子组成

碳水化合物主要是由碳、氢、氧三种元素组成，又称为糖类。碳水化合物经植物光合作用合成，构成植物细胞骨架或作为能源储备物质存在于动、植物体内。

(二)碳水化合物的分类

1.单糖

单糖是碳水化合物最基本的结构单位，可直接被人体吸收。营养学上有重要作用的单糖有：葡萄糖，又称血糖，是人体能量最直接的来源，主要存在于果蔬中；果糖，是甜度最大的糖，存在于水果、蜂蜜中；半乳糖，是甜度最小的单糖，仅存于哺乳动物消化道中；核糖，是遗传物质脱氧核糖核酸（DNA）、核糖核酸（RNA）的组成成分。

2.双糖

自然界最常见的双糖是蔗糖、麦芽糖和乳糖。蔗糖，俗称白糖、红糖或者砂糖，存在于甘蔗、甜菜等植物中；麦芽糖，存在于发芽谷粒中；乳糖，存在于动物的乳汁中，能促进肠道有益菌的生长。

3.寡糖

寡糖又称低聚糖，包括低聚果糖、大豆低聚糖、棉子糖、水苏糖等。寡糖在营养学上具有重要作用。少数几种寡糖能被人体消化酶分解为单糖而被人体吸收，大部分寡糖不能被人体消化吸收，但具有活化和增殖肠道有益菌群、降血清胆固醇及预防肠癌的作用。

4.多糖

能被人体消化吸收的多糖主要存在于粮谷类、杂豆类、根茎类、坚果类等富含淀粉的食物中。

不能被人体消化吸收的多糖，又称膳食纤维，主要存在于蔬菜、水果、粗加工粮谷类食物中。根据水溶性大小，它可分为两种：一种是水溶性膳食纤维，如果胶、黏胶、β-葡聚糖；另一种是非水溶性膳食纤维，如纤维素、半纤维素、木质素。

膳食纤维的生理功能：预防肠道疾病；增加胆酸排泄，降低胆固醇浓度；预防胆结石和心血管疾病（水溶性膳食纤维作用更强）；控制血糖，预防糖尿病；增加胃内容物的体积，产生饱腹感，减少食物摄入，控制体重，预防肥胖；吸附与排除食物和肠道细菌产生的有毒物质，起解毒作用。

成人每天应摄入 20～30 g 膳食纤维，过多摄入膳食纤维会阻碍钙、铁、锌等无机盐的吸收。

（三）碳水化合物的生理功能

碳水化合物具有构成机体、调节生理功能、供给人体能量的作用。人体从食物中获取的能量是用于维持人体基本生命活动耗能、食物消化吸收耗能、生长发育耗能、各种活动（工作、学习、娱乐、锻炼）耗能的。

三类产能营养素（蛋白质、脂类、碳水化合物）在膳食中的合理比例应为：蛋白质供能占人体每日所需总能量的 10%～15%；脂类占 20%～30%；碳水化合物占 55%～65%。或膳食中碳水化合物、脂类、蛋白质三者质量之比为 4∶1∶1。

四、无机盐

人体内除碳、氢、氧、氮四种元素以有机的形式存在外，其余的元素统称为无机盐，又称为矿物质，具有构成机体和调节生理功能的作用。人体不能合成无机盐，只能从膳食和饮水中摄取。无机盐既不能在人体代谢过程中消失，也不能转化为其他物质，只能通过尿液、汗液、粪便排出体外。

（一）钙

钙是人体含量最多的一种常量元素。人体中 99% 的钙分布于骨骼与牙齿中。

1.钙的生理功能

钙是人体骨骼和牙齿的重要成分。钙可维持神经、肌肉的正常兴奋性;可作为体内某些酶的激活剂;可参与机体血凝过程和激素的分泌。要维持人体平衡,需要满足人体对钙的需要。

2.影响钙吸收的因素

(1)促进钙吸收的因素

促进钙吸收的因素包括维生素D、乳糖、乳酸、氨基酸、醋酸、柠檬酸等有机酸。当含钙的食物与含有促进因素的食物(如动物肝脏、牛奶、酸奶、食醋、柠檬汁)配伍并同时食用时,可大大提高人体对食物中钙的吸收率。

(2) 抑制钙吸收的因素

抑制钙吸收的因素包括草酸、植酸、单宁、膳食纤维。它们来自植物性食物,因此植物性食物中的钙,人体吸收率低。在食物配伍中,应避免富含人体容易吸收优质钙的动物性食物与含有抑制因素的食物相遇而阻碍人体对钙的吸收。

钙的吸收率与年龄有关,随年龄增长而下降,如婴儿钙吸收率为60%,青少年钙吸收率为35%~40%,成年人钙吸收率为15%~20%,老年人钙吸收率则更低。身体不佳,如腹泻、消化不良等也会降低钙的吸收。

3.钙的来源和需要量

(1)钙的食物来源

乳及乳制品、豆及豆制品、绿色蔬菜、油料作物种子是钙的良好来源。少数食物如虾皮、海带、芝麻酱等含钙量特别高。而动物性食物(奶类)中的钙更易被人体吸收。

(2)钙的推荐供给量

《中国居民膳食营养素参考摄入量》(WS/T 578.2—2018)建议成人每天从食物中摄取800 mg钙,日常膳食可提供500 mg钙,不足的300 mg钙可由一袋牛奶提供补充。

(3)钙缺乏的影响

人体严重缺钙将影响骨骼和牙齿的发育。婴幼儿缺钙,软骨不能钙化,易引起骨骼变形等一系列症状,如枕秃、鸡胸、膝内翻等。成年人缺钙易导致骨质软化症。老年人缺钙易出现骨质疏松症,骨骼易断、易裂。

4.错误的补钙方法

(1)"传统方法烹制的骨头汤是一种很好的补钙食品"这种看法是错误的。因为骨头骨髓腔大量脂肪在熬制中水解产生大量脂肪酸,并与骨头中溶出的钙形成不溶性脂肪酸钙,从而阻碍人体对骨中钙的吸收。要提高骨头汤中钙的吸收率,可在熬制时加入少量食醋或柠檬汁,在酸性条件下,脂肪酸不能与钙形成沉淀物而利于人体吸收。

(2)"牛奶、豆腐与柿子、石榴、菠菜、竹笋、粗粮同时食用"这种看法是错误的。牛奶、豆腐富含钙,而柿子、石榴、菠菜、竹笋、粗粮属于单宁、草酸、植酸、膳食纤维含量多的植物性食物,一旦相遇,会阻碍人体对钙的吸收。

(二)铁

铁是人体中含量较多的一种微量元素。

1.铁的生理功能

铁参与血红蛋白、肌红蛋白的构成，具有运输氧气与二氧化碳的作用；催化β-胡萝卜素转化为维生素A；参与嘌呤与胶原合成、抗体的产生、脂类转运及药物在肝脏的解毒。

2.铁缺乏的影响

铁缺乏主要会导致缺铁性贫血。缺铁性贫血的具体症状为面色苍白，易疲劳，心慌气短，口内发酸，指甲脆薄，抵抗力下降等。

3.食物中铁的存在形式

二价血红素铁存在于动物性食物中，人体对其吸收率高；三价非血红素铁存在于植物性食物中，人体对其吸收率较低。

4.影响铁吸收的因素

(1)促进铁吸收的因素

促进铁吸收的因素包括维生素C、维生素B、胱氨酸、半胱氨酸、赖氨酸、柠檬酸、琥珀酸、脂肪酸等有机酸及葡萄糖、果糖等。补铁要选择富含人体容易吸收的二价血红素铁的动物全血、肝脏、瘦肉、鱼类等动物性食物，同时要与富含促进铁吸收的因素的食物搭配食用，以提高人体对铁的吸收率。

(2)抑制铁吸收的因素

抑制铁吸收的因素包括植物性食物中植酸、草酸、单宁、膳食纤维及抗胃酸药物等。因此富含人体易吸收的二价血红素铁的食物应避免与含有抑制铁吸收因素的柿子、石榴、菠菜、竹笋、粗粮等植物性食物及抗胃酸药同时食用。抗胃酸药不能连续长期服用，否则会导致缺铁性贫血。

5.铁的推荐供给量

《中国居民膳食营养素参考摄入量》(WS/T 578.3—2017)建议每天成年男性从食物中摄取12 mg铁，成年女性摄取20 mg铁。

(三)碘

1.碘的生理功能

碘参与甲状腺素合成；促进生物氧化，协调氧化磷酸化过程，调节能量转化；维持机体正常生长发育；促进骨髓生长、组织分化、神经系统发育。

2.碘缺乏的影响

成人缺碘易患地方性甲状腺肿（“大脖子病”）；胎儿或婴幼儿严重缺碘会导致中枢神经损伤，引起智力低下、生长发育停滞的克汀病(呆小症)。碘过多可引起高碘性甲状腺肿。

3.碘的食物来源

碘存在于海水及海产品，如海带、紫菜、海产鱼虾等中。碘强化食品有加碘盐、加碘油。

4.碘的推荐供给量

《中国居民膳食营养素参考摄入量》(WS/T 578.3—2017)建议成人每天从食物中摄取120 μg碘。

(四)锌

1.锌的生理功能

锌是人体内两百多种催化反应的酶的组成成分与激活剂。锌能促进机体生长发育与组织再生,促进生殖器官发育;参与唾液蛋白质形成,促进食欲;可维持皮肤健康。

2.锌缺乏的影响

膳食中长期缺乏锌,会导致异食癖、厌食症。

3.影响锌吸收的因素

(1) 促进锌吸收的因素

促进锌吸收的因素包括维生素D氨基酸、还原型谷胱甘肽、柠檬酸盐。

(2)抑制锌吸收的因素

抑制锌吸收的因素包括植酸、膳食纤维、高钙、高铜、高亚铁离子。

4.锌的推荐供给量

《中国居民膳食营养素参考摄入量》(WS/T 578.3—2017)建议每天成年男性从食物中摄取12.5 mg锌,成年女性摄取7.5 mg锌。

5.锌的食物来源

富含锌的食物有牡蛎、畜禽肉、蛋、肝、乳及乳制品,而豆类、杂粮中锌含量少且人体吸收率低。

(五)硒

1.硒的生理功能

硒具有很好的抗氧化作用,是部分重金属的天然解毒剂,具有保护心血管、维护心肌健康、促进生长、保护视觉器官及抗肿瘤等作用。

2.硒缺乏的影响

缺硒易得克山病、大骨节病。

3.硒的推荐供给量

《中国居民膳食营养素参考摄入量》(WS/T 578.3—2017)建议成人每天从食物中摄取60 μg硒。

4.硒的食物来源

硒含量最多的是动物性食品中的肝、肾、肉以及海产品,其次为粮谷类,含量最少的是果蔬类,但硒在烹饪加热中易挥发。

(六)铬

1.铬的生理功能

因为铬是葡萄糖耐量因子(GTF)的重要成分,所以铬在人体中起潜在性胰岛素的作用,能促进人体对葡萄糖的利用,同时能够将葡萄糖转变为脂肪,促进脂肪代谢及核糖核酸(RNA)合成,降低人体血胆固醇,提高高密度脂蛋白胆固醇含量。

2.铬缺乏的影响

缺铬易引发高血糖病、糖尿病。

3.铬的推荐供给量

《中国居民膳食营养素参考摄入量》(WS/T 578.3—2017)建议成人每天应从膳食中摄取 30 μg 铬。

4.铬的食物来源

富含铬的食物有啤酒酵母、肉类、肝脏、乳酪、牡蛎、粮谷类等。

五、维生素

(一)维生素概述

维生素是维持人体正常生命活动,包括生长、发育等生理功能所必需的一类低分子有机物的总称。

1.维生素的共同特征

维生素不供能、不参与有机体构成,主要作为辅酶起调节机体生理的作用。维生素化学性质活泼,在碱、光、热、氧的条件下极易被破坏。维生素存在于天然食物中,含量极微小,人体需要量也少,但人体自身无法合成或合成较少,不能满足人体需要,必须由膳食提供。

2.维生素的分类

存在于自然界中的维生素按其溶解性分为以下两种:一种是脂溶性维生素,贮存于脂肪组织中,不溶于水,只有溶于脂肪才易被人体吸收,但人体摄入过量易中毒,如维生素 A、维生素 D、维生素 E、维生素 K;另一种是水溶性维生素,易溶于水,体内不易贮存,每天必须由膳食供给,包括 B 族维生素、维生素 C、维生素 PP 等。

(二)脂溶性维生素

1.维生素 A 和胡萝卜素

维生素 A 包括维生素 A_1 和维生素 A_2,主要来源于哺乳动物的肝脏。

胡萝卜素又称维生素 A 原,存在于红、橙、黄、绿色果蔬的脂溶性色素中,包括 α-胡萝卜素、β-胡萝卜素、γ-胡萝卜素三种。胡萝卜素可分解形成维生素 A。

维生素 A 溶于脂肪,不溶于水;一般烹饪加工不易破坏;对碳酸钠稳定,遇紫外线、酸、热、氧易分解。

(1)维生素 A 的生理功能

维生素 A 能维持人体正常视觉功能,防治夜盲症,促进骨骼、牙齿及机体组织的生长和发育,具有抗上皮肿瘤发生、发展的作用,维持上皮组织结构的完整性,增强机体抵抗力。

(2)维生素 A 缺乏的影响

缺乏维生素 A 易患夜盲症、干眼症、毛囊角化症。

(3)维生素 A 的推荐供给量

《中国居民膳食营养素参考摄入量》(WS/T 578.4—2018)建议每天成年男性从食物中摄取 800 μg 维生素 A,成年女性摄取 700 μg 维生素 A。

(4)维生素 A 的食物来源

动物性食物:肝脏、水产类、蛋类、未脱脂乳等。植物性食物:胡萝卜、菠菜、豆苗、韭菜、甜薯、柑橘、芒果等红、橙、黄、绿色果蔬等。

2.维生素 D

维生素 D 包括维生素 D_2、维生素 D_3 等。存在于植物性食物中的麦角固醇,在紫外光照射下可转变为维生素 D_2;存在于人体皮下脂肪中的 7-脱氢胆固醇,在紫外线照射下可转变为维生素 D_3。因此经常晒太阳可增加人体中维生素 D 的含量,防止维生素 D 缺乏症产生。

维生素 D 对热、氧、碱稳定,遇酸易分解;一般烹饪加工不易破坏。

(1)维生素 D 的生理功能

维生素 D 能促进钙、磷吸收,维持血中钙、磷浓度,促进骨、齿正常发育及皮肤新陈代谢。

(2)维生素 D 缺乏的影响

维生素 D 缺乏症的症状与缺钙的症状相似。

(3)维生素 D 的推荐供给量

《中国居民膳食营养素参考摄入量》(WS/T 578.4—2018)建议成人每天摄取 10 μg 维生素 D,摄取量大于 50 μg 则会引起中毒。

(4)维生素 D 的食物来源

来自天然食物的维生素 D 不多,在鱼肝油、动物肝脏、蛋黄、奶油、干酪等食物中相对较多。

(三)水溶性维生素

1.维生素 B_1(硫胺素)

(1)维生素 B_1 的生理功能

维生素 B_1 以辅酶形式参与三大产能营养素代谢,调节生理活动与心脏活动,维持食欲、胃肠道正常蠕动及消化液分泌。

(2)维生素 B_1 缺乏的影响

缺乏维生素 B_1 初期出现食欲差、疲乏、恶心、忧郁、腿麻木现象,后期症状更加严重,导致脚气病等发生。

(3)维生素 B_1 的推荐供给量

《中国居民膳食营养素参考摄入量》(WS/T 578.5—2018)建议每天成年男性摄取 1.4 mg 维生素 B_1,成年女性摄取 1.2 mg 维生素 B_1。

(4)维生素 B_1 的食物来源

动物内脏(心、肝、肾)、肉类、花生、未精加工粮谷类中维生素 B_1 含量较丰富,果蔬中维生素 B_1 含量较少。生的淡水鱼、贝类中含抗维生素 B_1 因子,长期食用生鱼、贝类易引起维生素 B_1 缺乏症。

2.维生素 B_2(核黄素)

维生素 B_2 在中、酸性条件下稳定,耐短时高压加热;碱性加热条件下易被破坏;对紫外线敏感。

(1)维生素 B_2 的生理功能

维生素 B_2 以辅酶形式参与三大产能营养素的代谢,并能促进机体生长,维持皮肤和黏膜完整性,促进铁的吸收、贮存和利用。

(2)维生素 B_2 缺乏的影响

缺乏维生素 B_2 会引发口角炎、唇炎、舌炎、脂溢性皮炎、眼睑炎、老年性白内障等。

(3)维生素 B_2 的推荐供给量

《中国居民膳食营养素参考摄入量》(WS/T 578.5—2018)建议每天成年男性摄取1.4 mg 维生素 B_2,成年女性摄取 1.2 mg 维生素 B_2。

(4)维生素 B_2 的食物来源

动物性食物中,动物内脏、水产品、肉类、蛋类中维生素 B_2 含量较丰富;植物性食物中,豆类、蔬菜、绿茶、食用菌中维生素 B_2 含量也较多。

3.维生素 PP(烟酸)

维生素 PP 对光、氧、热、酸、碱、高压稳定,是维生素中最稳定的一种,烹饪加工不易损失。

(1)维生素 PP 的生理功能

维生素 PP 参与碳水化合物、脂类、蛋白质氧化产能及脂类、蛋白质和 DNA 合成。

(2)维生素 PP 缺乏的影响

缺乏维生素 PP 的典型症状为“三 D”症,即皮肤炎(Dermatitis)、腹泻(Diarrhea)、痴呆(Dementia)。维生素 PP 缺乏往往与维生素 B1、维生素 B2 缺乏并存。

(3)维生素 PP 的推荐供给量

《中国居民膳食营养素参考摄入量》(WS/T 578.5—2018)建议每天成年男性摄取15 mg 维生素 PP,成年女性摄取 12 mg 维生素 PP。

(4)维生素 PP 的食物来源

牛奶、鸡蛋、香蕉中含较多色氨酸,在人体内可转化为维生素 PP。维生素 PP 主要存在于肝、肾、瘦肉、鱼等动物性食物及坚果类中。玉米中的维生素 PP 大多为结合型,不易被人体吸收,因此,以玉米为主食的地域,人群中普遍出现维生素 PP 缺乏症。

4.维生素 B_6

维生素 B_6 的对氧、酸稳定,易被光、碱破坏。

(1)维生素 B_6 的生理功能

维生素 B_6 参与氨基酸、糖原、脂肪酸代谢,参与脑和其他组织能量转化、核酸代谢、辅酶 A 生物合成。

(2)维生素 B_6 缺乏的影响

缺乏维生素 B_6 会引发脂溢性皮炎、唇炎、舌炎、口腔炎、忧郁、失眠,并影响儿童中枢神经发育。

（3）维生素 B_6 的推荐供给量

《中国居民膳食营养参考摄入量》（WS/T 578.5—2018）建议成人每天摄取 1.4 mg 维生素 B_6。

（4）维生素 B_6 的食物来源

维生素 B_6 普遍存在于动、植物中，鸡、鱼等白色肉类及肝、蛋、谷类、豆类、蔬果（尤其是香蕉）中维生素 B_6 含量较高，易被吸收。与蛋白质结合存在于植物性食物中的维生素 B_6 不易被人体吸收。如玉米中的维生素 B_6 与蛋白质结合，不易被人体吸收。

5.叶酸

叶酸即维生素 B_9，对酸、热不稳定，烹饪中易损失。

（1）叶酸的生理功能

叶酸参与人体内蛋白质合成及细胞分裂与生长，能降低胃癌、结肠癌发病率，预防心脑血管疾病。

（2）叶酸缺乏的影响

缺乏叶酸可引发巨幼红细胞性贫血、舌炎、失眠、婴儿先天性神经管缺陷，引起唐氏综合征、脆性 X 染色体综合征等。

（3）叶酸的推荐供给量

《中国居民膳食营养素参考摄入量》（WS/T 578.5—2018）建议成人每天摄取 400 μg 叶酸，孕妇每日另增加 200 μg 叶酸。

（4）叶酸的食物来源

叶酸广泛存在于动、植物中，含叶酸丰富的食物有动物的肝、肾、蛋和豆类、梨、芹菜、花椰菜、莴苣、柑橘、香蕉及坚果等。

6.维生素 C

维生素 C 又称抗坏血酸，是强还原剂，呈酸性。维生素 C 对酸稳定，遇氧、碱、光、热、铁、铜二价阳离子、氧化酶等极易分解，是所有维生素中最不稳定的。

（1）维生素 C 的生理功能

维生素 C 参与机体氧化还原过程；参与细胞间质的形成，维持牙齿、骨骼、血管、关节、肌肉正常发育功能，促进伤口愈合；具有抗感染和防病作用；可增强人体应激能力，提高人体免疫能力；具有解毒作用；能促进铁的吸收利用；参与肾上腺皮质激素的合成；促进胆固醇代谢。

（2）维生素 C 缺乏的影响

缺乏维生素 C 会导致坏血病的发生。

(3)维生素C的推荐供给量

《中国居民膳食营养素参考摄入量》(WS/T 578.5—2018)建议成人每日摄取100 mg维生素C。高温、寒冷、缺氧、接触有害物质状态时供给量应增加。

(4)维生素C的食物来源

维生素C存在于新鲜的果蔬中,猕猴桃、哈密瓜、酸枣、柿子、青椒、芥蓝、花椰菜中维生素C含量较高。豆类、谷类只有发芽后维生素C含量才大增。动物性食物中维生素C匮乏。

7.生物类黄酮

生物类黄酮性质稳定,但遇光易被破坏。它具抗氧化、抗衰老、抗肿瘤、降压作用,主要存在于柑橘类果皮和白色果肉、洋葱、茶、红葡萄酒、啤酒等中。

8.牛磺酸

牛磺酸具有增强心脏收缩、维护视网膜感光活性、参与脂类代谢等作用。它存在于畜禽肉及内脏中,水产中的蛤类与牡蛎中含量高。

六、合理膳食指导原则——《中国居民膳食指南(2016)》

(一)食物多样,谷类为主

平衡膳食模式是最大程度上保障人体营养需要和健康的基础。食物多样是平衡膳食模式的基本原则。每天的膳食应包括谷薯类、蔬菜水果类、畜禽鱼蛋奶类、大豆坚果类等食物。建议平均每天至少摄入12种以上食物,每周25种以上。谷类为主是平衡膳食模式的重要特征,每天摄入谷薯类食物250～400 g,其中全谷物和杂豆类50～150 g,薯类50～100 g;膳食中碳水化合物提供的能量应占总能量的50%以上。

(二)吃动平衡,健康体重

体重是评价人体营养和健康状况的重要指标,吃和动是保持健康体重的关键。各个年龄段人群都应该坚持天天运动、维持能量平衡、保持健康体重。体重过低和过高均易增加疾病的发生风险。推荐每周应至少进行5天中等强度身体活动,累计150 min以上。坚持日常身体活动,平均每天主动身体活动6 000步;尽量减少久坐时间,每小时起来动一动,动则有益。

(三)多吃蔬果、奶类、大豆

蔬菜、水果、奶类和大豆及其制品是平衡膳食的重要组成部分,坚果是膳食的有益补充。蔬菜和水果是维生素、矿物质、膳食纤维和植物化学物的重要来源。奶类和大豆类富含钙、优质蛋白质和B族维生素,对降低慢性病的发病风险具有重要作用。提倡餐餐有蔬菜，推荐每天摄入 300～500 g，深色蔬菜应占 1/2；天天吃水果，推荐每天摄入 200～350 g 的新鲜水果，果汁不能代替鲜果；吃各种奶制品，摄入量相当于每天液态奶 300 g；经常吃豆制品，其摄入量相当于每天大豆 25 g 以上；适量吃坚果。

(四)适量吃鱼、禽、蛋、瘦肉

鱼、禽、蛋和瘦肉可提供人体所需要的优质蛋白质、维生素 A、B 族维生素等，有些也含有较高的脂肪和胆固醇。动物性食物优选鱼和禽类，鱼和禽类脂肪含量相对较低，鱼类含有较多的不饱和脂肪酸；蛋类各种营养成分齐全；吃畜肉应选择瘦肉，瘦肉脂肪含量较低。过多食用烟熏和腌制肉类会增加肿瘤的发生风险，应当少吃。推荐每周吃水产类 280～525 g，畜禽肉 280～525 g，蛋类 280～350 g，平均每天摄入鱼、禽、蛋和瘦肉总量 120～200 g。

(五)少盐少油，控糖限酒

我国多数居民目前食盐、烹调油和脂肪摄入过多，这是高血压、肥胖和心脑血管疾病等慢性病发病率居高不下的重要原因，因此应当培养清淡饮食习惯，成人每天食盐不超过 6 g，每天烹调油 25～30 g。过多摄入添加糖可增加龋齿和超重发生的风险，推荐每天摄入糖不超过 50 g，最好控制在 25 g 以下。水在生命活动中发挥重要作用，应当足量饮水。建议成年人每天 7～8 杯(1 500～1 700 mL)，提倡饮用白开水或茶水，不喝或少喝含糖饮料。儿童少年、孕妇、乳母不应饮酒，成人如饮酒，一天饮酒的酒精量男性不超过 25 g，女性不超过 15 g。

(六)杜绝浪费，兴新食尚

勤俭节约，珍惜食物，杜绝浪费是中华民族的美德。按需选购食物、按需备餐，提倡分餐不浪费。选择新鲜卫生的食物和适宜的烹调方式，保障饮食卫生。学会阅读食品标签，合理选择食品。应该从每个人做起，回家吃饭，享受食物和亲情，创造和支持文明饮食新风的社会环境和条件，传承优良饮食文化，树健康饮食新风。

七、常见疾病患者的饮食推荐与注意事项

(一)痛风病人的饮食

痛风是由于嘌呤代谢紊乱所引起的一种代谢性疾病，因此痛风病人控制食物中的嘌呤摄入量至关重要。基本原则是低嘌呤、低盐、低脂饮食，大量饮水。食物中嘌呤含量的一般规律是：内脏＞肉＞干豆＞坚果＞叶菜＞谷类＞淀粉类＞水果。

1.推荐饮食

多吃富含必需氨基酸的优质蛋白质，尤其是含嘌呤少的牛奶、奶酪、脱脂奶粉、蛋类以及新鲜蔬果、藕粉、黄油、植物油等。多饮水，利于排出尿酸，防止尿酸盐的形成和沉积。只要肾功能正常，痛风病人每天喝水 2 000～3 000 mL 较理想。

2.不推荐饮食

禁食动物内脏和脑、沙丁鱼、凤尾鱼、鱼子、蟹黄、鸡汤、肉汤等食物，少食虾类、肉馅、

酵母、贝壳类水产、带鱼、鳝鱼、鲈鱼、扁豆、干豆类(黄豆、蚕豆等)、花生等食物。食物中50%的嘌呤可溶于汤内,所以肉类及鱼类食物均应先煮,弃汤后再烹调。饮食以清淡为主,应限制盐的摄入,每天不超过 3 g;应少饮用浓茶、浓咖啡,少食用辣椒等辛辣调味品。饮食量以控制在正常人的 80%~90%为妥。

(二)糖尿病人的饮食

1.推荐饮食

多吃粗杂粮,如荞麦面、筱麦面、燕麦面、玉米等,它们富含矿物质、维生素和膳食纤维,有助于改善葡萄糖耐量。多吃大豆及其制品,它们富含蛋白质和多不饱和脂肪酸,有降血脂作用。多吃富含维生素、膳食纤维及矿物质的新鲜蔬菜。

2.不推荐饮食

少吃精制糖,如白糖、红糖、甜点心、蜜饯、雪糕、甜饮料(当出现低血糖时例外)等。少吃含高碳水化合物、低蛋白质的食物,如马铃薯、芋头、藕、山药等。如果食用,应相应减少主食摄入量。少吃动物油脂,如猪油、牛油、奶油等,鱼油除外。果糖和葡萄糖含量高的水果应限量食用。如果食用,应相应减少主食摄入量。酒少饮为宜。

(三)胃溃疡病人的饮食

胃溃疡病人应采用少食多餐的方式,一般以每日四五餐为宜,避免过饥或过饱。定时用餐可使胃酸分泌有规律,细嚼慢咽可减轻胃的负担。

1.推荐饮食

宜食用易消化,含足够热量、蛋白质和维生素的食物,如稀饭、细面条、牛奶、软米饭、豆浆、菜叶等。主食多吃发酵食品,可稀释中和胃酸,有利于保护溃疡病灶,促进愈合。多吃无渣食物。为避免便秘,还需常吃火龙果、蜂蜜等能润肠的食物。

2.不推荐饮食

少吃油煎食物和含粗纤维多的芹菜、韭菜、豆芽、火腿、腊肉、鱼干等以及一切对溃疡面有刺激性的过酸、过甜的食物,如辣椒、生葱、生蒜、浓缩果汁、咖啡、酒、浓茶等。应戒烟。

(四)胆囊炎与胆石症病人的饮食

1.推荐饮食

多吃谷类、粗粮、豆类及其制品、新鲜瓜果和蔬菜以及大蒜、洋葱、香菇、木耳、鱼、禽类等具有降低胆固醇作用的食物。

2.不推荐饮食

少吃内脏、刺激性食物和浓烈的调味品,如辣椒、咖喱、芥末等。忌食油炸食物。

(五)脂肪肝病人的饮食

应控制总能量及脂肪、碳水化合物等营养素的摄入量,避免脂肪在肝脏过多沉积。

1.推荐饮食

建议低碳水化合物、低脂肪、低能量饮食。多吃蛋白质含量高而脂肪含量少的(如鸡、鱼、虾、兔等)肉类食物,主食应粗细搭配,多食新鲜蔬菜、水果和藻类,以增加维生素和矿物质的供应量。碳水化合物主要由谷类供给。

2.不推荐饮食

少吃动物内脏、脑等含胆固醇量高的食物以及甜食。忌喝酒及含酒精饮料。

(六)肝硬化病人的饮食

1.推荐饮食

多吃高生物价蛋白质食物,如牛奶、鸡蛋、鱼、虾、瘦肉等。多吃含锌量高的瘦肉、蛋、牛奶及其制品、鱼及海产品,含铁量高的红肉类、动物血等,含钾量高的菜花、莴苣、马铃薯、西红柿、黄瓜、茄子等。脂肪供给以植物油为主,主食宜吃大米和面粉。

2.不推荐饮食

少吃有刺激性的食物及油炸食品。少吃含大量粗糙纤维的食物,如芹菜、韭菜、笋等。少吃豆类、薯类等易产气的食物。少喝酒及含酒精饮料。

(七)原发性高血压病人的饮食

1.推荐饮食

降压的食物有芹菜、胡萝卜、番茄、荸荠、黄瓜、木耳、海带、香蕉等,降脂的食物有山楂、香菇、大蒜、平菇、黑木耳、银耳等。适当吃鱼和大豆及其制品,它们不仅具有降低血胆固醇的作用,还能改善血液凝固机制和血小板功能,从而预防血栓的形成。此外,大豆蛋白有防止脑卒中与降低血胆固醇的作用,甲壳类动物的壳中含有可降低血胆固醇的甲壳素。

2.不推荐饮食

限制能量过高食物,尤其是动物油脂或油炸食物。限制所有过咸的食物及腌制品、蛤类、虾米、皮蛋,含钠高的绿叶蔬菜等。忌抽烟,忌喝酒、浓茶、咖啡,忌食各种刺激性食物。

(八)哮喘病人的饮食

1.推荐饮食

哮喘是一种消耗性疾病,膳食中要有充足的碳水化合物类食物,以保证热能供应。

2.不推荐饮食

避免刺激性食物,忌烟、酒。慎食辛辣食品,如辣椒、胡椒、生姜、葱、蒜等。忌食易引起过敏而导致哮喘发作的食物,如黄豆、榨菜、紫菜、咸蛋、带鱼、海虾等。

(九)肥胖症病人的饮食

肥胖症病人的膳食结构原则是“四低一高”,即低能量、低脂肪、低胆固醇、低糖、高纤维。

1.推荐饮食

宜吃蔬菜、水果、粗粮等富含纤维素的食物。蔬菜每天最低摄入量为500 g,水果每天至少吃两种。适当多吃些降血脂的食物,如洋葱、大蒜、木耳、香菇、海带、山楂、胡萝卜、豆类、燕麦、大麦等。

2.不推荐饮食

应减少动物性脂肪的摄入,如猪油、肥猪肉、黄油、肥羊、肥牛、肥鸭、肥鹅等。忌食胆固醇含量高的食物,如动物脑、肝、肾,蟹黄、鱼子、蛋黄、松花蛋等。避免暴饮暴食,不吃过多甜食及花生、瓜子、核桃、杏仁、松子等含有大量"看不见的脂肪"的零食。

(十)冠心病病人的饮食

1.推荐饮食

限制动物脂肪和胆固醇的摄入,尤其是各种动物的脑、肝、肾以及虾、蟹黄、鱼子等高胆固醇食物。控制鸡蛋的摄入,每天半个鸡蛋或每两天一个鸡蛋。限制食盐的摄入,每天食盐量控制在5 g以下。盐会增加血容量,加重动脉硬化,增加心脏负担。多吃富含维生素C的食物,如绿叶蔬菜、柑橘、猕猴桃、草莓等。多吃富含膳食纤维的食物,如粗粮、薯类、豆类及一些蔬菜。多吃含有多不饱和脂肪酸的海鱼。多吃有利于降血脂和改善冠心病症状的食物,如大蒜、洋葱、山楂、柿子、香蕉、淡菜、西瓜、黑芝麻、黑木耳、大枣、豆芽、荞麦、冬瓜、鲤鱼等。

2.不推荐饮食

禁吃刺激性食物和易胀气食物,如浓茶、咖啡、辣椒、咖喱等。禁烟忌酒。忌暴饮暴食。

(十一)肾炎病人的饮食

1.推荐饮食

宜吃低蛋白食物(每日供给20～30 g,为健康人的1/3～1/2),以鸡蛋、牛奶、鱼虾等优质蛋白为主。多吃富含维生素C的蔬菜和水果,如甜椒、油菜、菠菜、西红柿、猕猴桃、草莓、柑橘等。多吃含热量高、蛋白质低的食品,如土豆、山药、芋头、藕等,以补充热量,减少体内蛋白质的分解。

2.不推荐饮食

严格控制水分摄入,每日盐摄入量应控制在2 g之内,同时还要禁食其他咸味食品。当慢性肾炎进一步发展为肾功能不全时,忌食含钾高的食物,如海带、紫菜、动物内脏、香蕉等。禁忌对肾脏有刺激性的食物和调味品如酒类、芥末、胡椒等。

工作任务二　技能训练

在学生分组的前提下，各小组组长以实训任务书（表 4-1）为参照，对每个组员的膳食结构与膳食指南原则实训进行督导，注意小组实训中的可取以及改进之处，分别发言总结。教师在此基础之上有针对性地进行指导。

表 4-1　　膳食结构与膳食指南原则实训任务书

<table>
<tr><td>班级</td><td></td><td>学号</td><td></td><td>姓名</td><td></td></tr>
<tr><td>实训项目</td><td colspan="2">膳食结构与膳食指南原则</td><td>实训时间</td><td colspan="2">4 学时</td></tr>
<tr><td>实训目的</td><td colspan="5">通过教师对膳食结构的相关内容的讲解，学生能够根据膳食结构为不同的客人定制合理的营养菜单，达到灵活运用的训练要求</td></tr>
<tr><td>实训方法</td><td colspan="5">首先教师讲解，然后学生分组讨论，最后教师进行指导点评。要求学生通过学习膳食的结构特点，为患有糖尿病的客人定制菜单</td></tr>
<tr><td colspan="6">实训过程</td></tr>
<tr><td colspan="6">1.操作要领
(1)对糖尿病病人的饮食结构进行了解与调查
(2)烹饪原料的成本核算
(3)每餐能量与营养素供给量计算
(4)主、副食品种和数量的确定
2.操作程序
(1)营养配餐的准备
(2)成本的核算
(3)营养食谱的制定
(4)食谱的调整与确定
3.模拟情景
设计一份适用于糖尿病病人的菜单</td></tr>
<tr><td>要点提示</td><td colspan="5">(1)食物中营养素的消化、吸收和代谢的基本知识
(2)糖尿病病人对营养素的需求情况</td></tr>
<tr><td colspan="6">能力测试</td></tr>
<tr><td>考核项目</td><td colspan="3">操作要求</td><td>配分</td><td>得分</td></tr>
<tr><td>营养配餐的准备</td><td colspan="3">了解糖尿病病人的饮食禁忌以及此类人群的饮食结构特点</td><td>25</td><td></td></tr>
<tr><td>成本的核算</td><td colspan="3">烹饪原料的质量检验；成本计算</td><td>15</td><td></td></tr>
<tr><td>营养食谱的制定</td><td colspan="3">每餐的能量摄取量计算；每餐营养素供给量的计算</td><td>40</td><td></td></tr>
<tr><td>食谱的调整与确定</td><td colspan="3">主、副食的品种确定；主、副食的数量确定</td><td>20</td><td></td></tr>
<tr><td>合计</td><td colspan="3"></td><td>100</td><td></td></tr>
</table>

实训项目二

营养膳食配餐

实训目标

1.了解合理营养与合理膳食的概念。

2.掌握平衡膳食宝塔及能够定制一人一餐带量食谱。

工作任务一　膳食配餐与实例

一、合理营养与合理膳食的含义

(一)合理营养的含义

合理营养是指合理掌握膳食中各种食物数量、质量和搭配比例以及卫生质量要求,并通过烹饪加工改进膳食,以适应人体消化功能与感官需要,使生理需求与膳食摄入的营养物质之间建立起平衡关系。

(二)合理膳食的含义

合理膳食是指全面达到供给量的膳食。合理膳食既保证摄食者能量和各种营养素达到生理需要量,又在各种营养素之间建立起一种平衡。

(三)营养素间平衡关系

要达到下列关系的平衡:一是三大产能营养素比例平衡;二是维生素 B_1、维生素 B_2、维生素 PP 与能量消耗平衡;三是必需氨基酸之间平衡;四是可消化碳水化合物与膳食纤维间平衡;五是无机盐中钙与磷、酸性与碱性间平衡;六是动物性食品与植物性食品间平衡。

(四)食物的分类

按各种食物所含主要营养素将食物划分为五类。

(1)谷薯类食物:提供碳水化合物、蛋白质、膳食纤维及 B 族维生素。

(2)蔬菜和水果:提供膳食纤维、无机盐、维生素 C、胡萝卜素。

(3)鱼、禽、肉、蛋等动物性食物:提供蛋白质、脂类、无机盐、维生素 A 和 B 族维生素。

(4)奶类、大豆和坚果:提供蛋白质、脂类、膳食纤维、无机盐、B 族维生素。

(5)烹调油和盐。

二、中国居民平衡膳食宝塔

(一)膳食中各类食物种类层次

平衡膳食宝塔共分5层,各层面积大小不同,体现了5类食物和食物量的多少。5类食物包括谷薯类食物,蔬菜和水果,鱼、禽、肉、蛋等动物性食物,奶类、大豆和坚果,以及烹调油和盐。其食物数量根据不同能量需要而设计,即能量为1 600~2 400 kcal时,一段时间内成人每人每天各类食物摄入量的平均范围。

1.第一层:谷薯类食物

谷薯类食物是膳食能量的主要来源(碳水化合物提供总能量的55%~65%),也是多种微量营养素和膳食纤维的良好来源。一段时间内,成人每人每天应该摄入谷、薯、杂豆类250~400 g,其中全谷物(包括杂豆类)50~150 g,新鲜薯类50~100 g。

2.第二层:蔬菜和水果

在1 600~2 400 kcal能量需求水平下,推荐每人每天蔬菜摄入量应为300~500 g,水果200~350 g。深色蔬菜(指深绿色、深黄色、紫色、红色等颜色的蔬菜)一般富含维生素、植物化学物和膳食纤维,推荐每天占总体蔬菜摄入量的二分之一以上。建议吃新鲜水果,在鲜果供应不足时可选择一些含糖量低的干果制品和纯果汁。

3.第三层:鱼、禽、肉、蛋等动物性食物

鱼、禽、肉、蛋等动物性食物是膳食指南推荐适量食用的一类食物。在1 600~2 400 kcal能量需求水平下,推荐每天鱼、禽、肉、蛋摄入量共计120~200 g,其中畜禽肉的摄入量为40~75 g,少吃加工类肉制品。常见的水产品是鱼、虾、蟹和贝类,此类食物富含优质蛋白质、脂类、维生素和矿物质,推荐每天摄入量为40~75 g,有条件可以多吃一些以替代畜肉类。蛋类的营养价值较高,推荐每天1个鸡蛋(50 g左右),吃鸡蛋不能弃蛋黄。

4.第四层:奶类、大豆和坚果

在1 600~2 400 kcal能量需求水平下,推荐每人每天应摄入相当于鲜奶300 g的奶类及奶制品。推荐大豆和坚果摄入量为25~35 g,坚果建议每周70 g左右(每天10 g左右)。10 g的坚果仁可选择2~3个核桃或4~5个板栗或一把松子仁(相当于带壳松子30~35 g)。

5.第五层:烹调油和盐

推荐每人每天摄入烹调油不超过 30 g,盐不超过 6 g。

(二)各类食物能量参考摄入量

各类食物能量参考摄入量见表 4-2。

表 4-2　各类食物能量参考摄入量

食　物	低能量 1 800 kcal	中能量 2 400 kcal	高能量 2 800 kcal
谷类	225	300	375
蔬菜	400	500	500
水果	200	350	400
畜禽肉	50	75	100
蛋	40	50	50
鱼、虾	50	50	100
豆类及豆制品	15	25	25
奶类及奶制品	300	300	300
坚果	10	10	10
油脂	25	30	30
盐	<6	<6	<6

(三)同类互换,调配丰富多彩的膳食

平衡膳食宝塔包含的每一类食物中都有许多的品种,同一类中各种食物所含营养成分相似,在膳食中可以互相替换。应用平衡膳食宝塔把营养与美味结合起来,按照同类互换、多种多样的原则调配一日三餐。同类互换就是以粮换粮、以豆换豆、以肉换肉。如大米可与面粉或杂粮互换;馒头可与相应量的面条、烙饼、面包等互换;大豆可与相当量的豆制品或杂豆类互换;瘦猪肉可与等量的鸡、鸭、牛、羊、兔肉互换;鱼可与虾、蟹等互换;牛奶可与羊奶、酸奶、奶粉或奶酪等互换。具体可参考表 4-3～表 4-6。

表 4-3　谷类食物互换表(相当于 100 g 米、面的谷类食物)

食　物	质量 / g	食　物	质量 / g
大米、糯米、小米	100	烧饼	140
富强粉、标准粉	100	烙饼	150
玉米粉、玉米糁	100	馒头、花卷	160
挂面	100	窝头	140
面条(切面)	120	鲜玉米	750～800
面包	120～140	饼干	100

表 4-4　　豆类食物互换表(相当于 40 g 大豆的豆类食品)

食　物	质量/g	食　物	质量/g
大豆(黄豆)	40	豆腐干、熏干、豆腐泡	80
腐竹	35	素鸡干、素火腿	80
豆粉	40	素什锦	100
青豆、黑豆	40	北豆腐	120～160
膨化豆粕(大豆蛋白)	40	南豆腐	200～400
蚕豆(炸、烤)	50	内酯豆腐(盒装)	280
五香豆豉、千张、豆腐丝	60	豆奶、酸豆奶	600～640
豌豆、绿豆、芸豆	65	豆浆	640～680
红小豆	70	—	—

表 4-5　　乳类食物互换表(相当于 100 g 鲜牛奶的乳类食品)

食　物	质量/g	食　物	质量/g
鲜牛奶	100	酸奶	100
速溶全脂奶粉	13～15	奶酪	12
速溶脱脂奶粉	13～15	奶片	25
蒸发淡奶	50	乳饮料	25
炼乳	40	—	—

表 4-6　　肉类互换表(相当于 100 g 瘦猪肉的肉类食品)

食　物	质量/g	食　物	质量/g
瘦猪肉	100	瘦牛肉	100
猪肉松	50	酱牛肉	65
叉烧肉	80	牛肉干	45
香肠	85	瘦羊肉	100
大腊肠	160	酱羊肉	80
蛋青肠	160	鸡肉	100
大肉肠	170	鸡翅	160
小红肠	170	白条鸡	150
小泥肠	180	鸭肉	100
猪排骨	160～170	酱鸭	100
兔肉	100	盐水鸭	110

三、定制一人一餐带量食谱(菜单)

(一)食谱编制概述

营养食谱是依据《中国居民膳食营养素参考摄入量》(WS/T 578.1～578.5—2017～2018)、《中国居民膳食指南(2016)》和中国居民平衡膳食宝塔的标准和建议以及就餐者的营养需要量、饮食习惯、进餐时间及各种食物的烹调方法做的详细计划，并以表格的形式展示给就餐者及食物加工人员。

食谱编制是合理营养的具体措施，是社会营养的重要工作内容。食谱编制是将《中国居民膳食指南(2016)》和推荐的每日膳食中营养素供给量，具体落实到用餐者的每日膳食中，促使用餐者按照自身的营养需要摄入合理的能量和营养素，以达到平衡膳食、合理营养、促进健康的目的。因此，食谱的编制是营养学最终目的的体现，也是营养学实践性的集中反映。

(二)食谱编制的原则

1.保证营养平衡

食谱编制首先要保证营养平衡，提供符合营养要求的平衡膳食。膳食应满足人体所需要的能量及各种营养素，而且数量要充足，要求符合或基本符合推荐摄入量(RNI)或适宜摄入量(AI)，允许的浮动范围为－10%～＋10%。膳食中供能食物比例要适当。

2.食物多样，新鲜卫生

食物多样化是营养配餐的重要原则，也是实现合理营养的前提和饭菜适口的基础。只有选用多品种的食物并合理地搭配，才能向用餐者提供品种繁多、营养平衡的膳食。另外，应提倡使用新鲜卫生的食物，少食用腌制、熏制的食物。

3.三餐分配合理

合理的膳食制度能够保证一天的能量和营养素分布的均衡。我国多数地区居民习惯于一天吃三餐，能量的分配一般为：早餐占30%，午餐占40%，晚餐占30%。

4.合理的烹调方法

合理的烹调方法不仅可以使食物具有良好的感官性，还能最大限度地减少食物营养素的损失。

5.兼顾饮食习惯

在不违反营养学原则的前提下，应尽量照顾用餐者的饮食习惯。营养配餐的实现必须以用餐者满意为前提。

6.兼顾经济条件

食谱既要符合营养要求，又要使用餐者在经济上能够承受，饮食消费必须与生活水平相适应。因此，在食谱编制和膳食调配过程中，必须考虑用餐者的实际状况和经济承受能力。

(三)食谱编制的过程

食谱编制时应以饮食调配原则为基础，再参考用餐者的经济条件等，编制过程如下：

(1)根据用餐者的营养状况和需求,确定营养目标,即确定用餐者每日(每餐)的能量和营养素的需求量。

(2)根据推荐的能量分配比例,以碳水化合物供能为依据,确定每日(每餐)主食。

(3)根据蛋白质、脂类的需求量及相应的配餐原则,确定肉类、豆类及油脂的种类及用量。

(4)根据已确定的主食、肉类、豆类及油脂的种类和用量,计算出已确定食物可提供的各种营养素的量,并与营养目标相比较,计算出营养素的差额,然后参照《中国居民膳食指南(2016)》,确定蔬菜、水果的种类和数量。

(5)根据已确定的主、副食和水果的种类及数量以及各种菜肴的制作方法和选料情况,确定菜肴名称,制定带量食谱。

(6)根据已形成的带量食谱,验证各类营养素的提供情况,并与营养目标比较,判断是否符合要求,若不符合要求,应做适当的调整。调整时应注意膳食的美味、对特殊要求的满足程度及食材的搭配等问题。

(四)食谱编制的计算方法

1.能量与营养素计算

(1)确定每日所需的总能量

人体能量需要量主要取决于基础代谢、食物的特殊动力作用和劳动或活动所消耗能量的总和。因此,应参照《中国居民膳食营养素参考摄入量》和营养需要,确定一天三餐所需总能量。

知识拓展

人体体格调查评价

体格测量常用的指数有体质指数(Body Mass Index,BMI)、标准体重指数等。

1.体质指数

公式:

$$体质指数(BMI)=体重(kg)/身高(m)^2$$

评价:参照国际生命科学学会中国肥胖问题工作组提出的参考标准,见表4-7。

表4-7　中国成人体质指数评价

体质指数(BMI)	评　价
BMI＜16	重度瘦弱
16≤BMI＜17	中度瘦弱
17≤BMI＜18.5	轻度消瘦
18.5≤BMI＜24	正常
24≤BMI＜28	超重
BMI＞28	肥胖

2.标准体重指数

公式：

标准体重指数=[实测体重(kg)-标准体重(kg)]÷标准体重(kg)×100%

其中，标准体重(理想体重)可根据Broca改良公式计算：

标准体重(kg)=实际身高(cm)-105

评价：参照成人标准体重指数分级，见表4-8。

表4-8　成人标准体重指数分级

标准体重指数	评价
±10%	正常
-20%～-10%	瘦弱
<-20%	中度瘦弱
10%～20%	超重
>20%	肥胖
21%～30%	轻度肥胖
31%～50%	中度肥胖
51%～100%	重度肥胖
>100%	病态肥胖

(2)计算产能营养素的需要量

蛋白质、脂类和碳水化合物是产能营养素，它们可以在代谢中相互转化，但不可以完全代替，因此，在平衡膳食中这三种营养素应当有一个适宜的分配比例。根据我国的营养素供给标准和不同人群生理特点，产能营养素的供能比也有所不同。常用的比例为蛋白质占15%，脂类占25%，碳水化合物占60%。

蛋白质供能=能量膳食营养目标×蛋白质供能比例

脂类供能=能量膳食营养目标×脂类供能比例

碳水化合物供能=能量膳食营养目标×碳水化合物供能比例

(3)计算三种能量营养素的每天需要量

蛋白质质量=蛋白质供能÷蛋白质能量系数

脂类质量=脂类供能÷脂类能量系数

碳水化合物质量=碳水化合物供能÷碳水化合物能量系数

(4)计算三种产能营养素每餐需要量

早餐占30%，午餐占40%，晚餐占30%。

(5)主、副食品种和数量的确定

①主食品种、数量的确定。由于谷类是碳水化合物的主要来源，因此，主食的品种、数量主要根据各类主食原料中碳水化合物的含量确定。

②副食品种、数量的确定。应在已确定主食用量的基础上，根据副食应提供的蛋白质

质量确定。其步骤如下：

第一，计算主食中含有的蛋白质质量。

第二，用应摄入的蛋白质总质量减去主食中蛋白质质量，即副食应提供的蛋白质质量。

第三，设定副食中蛋白质的 2/3 由动物性食物供给，1/3 由豆制品供给，据此求出各类副食蛋白质的供给量。

第四，查表并计算各类动物性食物及豆制品的供给量。

第五，设计蔬菜的品种和数量，摄入量根据平衡膳食宝塔的推荐量确定即可，一般成年人每天应食用 300～500 g 蔬菜，其中最好有一半以上是绿叶或深色蔬菜，这些蔬菜应合理地分配到各餐中去，同时配合一些水果来满足人体的营养需要。因此，早餐可食用 50～100 g 蔬菜，如用芹菜、胡萝卜等制作的炝拌什锦小菜；午餐食用蔬菜 200～250 g；晚餐食用 200 g 左右蔬菜。

第六，确定纯能量食物的用量，即油的用量。

2.营养素计算法实例

某成年男性，身高 176 cm，体重 73 kg，从事轻体力劳动，该男性产能营养素供能比是：蛋白质占 15%，脂类占 27%，碳水化合物占 58%。为该男性编制一天主、副食带量食谱。

(1)确定每天所需的总能量

查 DRIs 可知该男性每天所需的总能量为 2 400 kcal。或采用计算的方式，可求得其全天所需总热量：

标准体重＝176－105＝71 kg

BMI＝73÷1.76^2＝23.6(体形正常)

成人每天所需能量供给量估算表(标准体重)见表 4-9。

表 4-9　每天 1 kg 标准体重能量需要量(kcal/kg·d)

体型＼活动	体力劳动			
	极轻体力劳动	轻体力劳动	中体力劳动	重体力劳动
消瘦	35	40	45	45～55
正常	25～30	35	40	45
超重	20～25	30	35	40
肥胖	15～20	20～25	30	35

查表 4-9 可知该男性每天 1 kg 标准体重能量需要量为 35 kcal，则该男性全天所需总能量为

35×71＝2 485 kcal

(2)计算产能营养素的需要量

按照蛋白质占15%,脂类占27%,碳水化合物占58%这个比例可计算出该男性全天所需要的三大产能营养素的量。

蛋白质　2 485×15%÷4≈93.2 g

脂类　2 485×27%÷9≈74.6 g

碳水化合物　2 485×58%÷4≈360.3 g

(3)根据餐次比计算一餐产能营养素的需要量

若该男子一天三餐的餐次比早餐为30%,午餐为40%,晚餐为30%,则三餐的能量分别为:

早餐能量　2 485×30%=745.5 kcal

午餐能量　2 485×40%=994 kcal

晚餐能量　2 485×30%=745.5 kcal

早餐、晚餐产能营养素计算如下:

蛋白质　93.2×30%≈28.0 g

脂类　74.6×30%≈22.4 g

碳水化合物　360.3×30%≈108.1 g

午餐产能营养素计算如下:

蛋白质　93.2×40%≈37.3 g

脂类　74.6×40%≈29.8 g

碳水化合物　360.3×40%≈144.1 g

(4)确定三餐主食、水果的种类与数量

因为主食、水果可以提供碳水化合物,根据全天碳水化合物的摄入量,以确定三餐主食、水果的种类与数量。

设早餐主食、水果:花卷(富强粉待计算),牛奶200 g,小米粥300 g,富士苹果100 g。

设午餐主食、水果:米饭(黑米30 g,粳米待计算),玉米饼(黄玉米面20 g,富强粉30 g),蜜橘80 g。

设晚餐主食、水果:豆粥(赤小豆10 g,粳米20 g),馒头(富强粉待计算),雪花梨100 g。

查食物成分表得三餐主食、水果中蛋白质、碳水化合物的含量,见表4-10。

表4-10　　三餐主食、水果中蛋白质、碳水化合物含量

食　物	蛋白质含量/%	碳水化合物含量/%
富强粉	10.3	74.6
牛奶	3.0	3.4
小米粥	1.34	8.4
黑米	9.4	68.3
粳米	8.0	77.7
黄玉米面	8.1	69.6

（续表）

食　物	蛋白质含量/%	碳水化合物含量/%
赤小豆	20.2	55.7
富士苹果	—	9.6
蜜橘	—	8.9
雪花梨	—	9.8

早餐花卷需要的富强粉质量　(108.1－200×3.4%－300×8.4%－100×9.6%)÷74.6%＝89.1 g

午餐米饭需要的粳米质量　(144.1－30×68.3%－20×69.6%－30×74.6%－80×8.9%)÷77.7%＝103.2 g

晚餐馒头需要的富强粉质量　(108.1－10×55.7%－20×77.7%－100×9.8%)÷74.6%＝103.5 g

早餐主食提供的蛋白质　89.1×10.3%＋200×3.0%＋300×1.34%＝19.2 g

午餐主食提供的蛋白质　30×9.4%＋103.2×8.0%＋20×8.1%＋30×10.3%＝15.8 g

晚餐主食提供的蛋白质　10×20.2%＋20×8.0%＋103.5×10.3%＝14.3 g

(5)确定三餐副食的种类与数量

早餐副食：蒸鸡蛋羹(鸡蛋待计算)，炝拌时蔬(胡萝卜 20 g，青椒 20 g，菜花 20 g，烹调油 3 g)。

午餐副食：煎带鱼(带鱼待计算)，肉末炖芸豆(芸豆 200 g，猪肉 20 g)，小白菜豆腐汤(小白菜 50 g，南豆腐 50 g)，烹调油 12 g。

晚餐副食：鸡肉烧鲜蘑(鲜蘑菇 150 g，鸡肉待计算)，凉拌海带丝(鲜海带 50 g)，烹调油 10 g。

查食物成分表得三餐副食中蛋白质含量，见表 4-11。

表 4-11　　三餐副食中蛋白质含量

食　物	蛋白质含量/%
鸡蛋	12.8
带鱼肉	17.7
猪肉	13.2
鸡肉	19.4
南豆腐	6.2

早餐鸡蛋质量　(28.0－19.2)÷12.8%＝68.8 g

午餐带鱼肉质量　(37.3－15.8－20×13.2%－50×6.2%)÷17.7%＝89.0 g

已知带鱼的可食用部分为 76%，则带骨带鱼质量为

89.0÷76%＝117.1 g

晚餐鸡肉质量　(28.0－14.3)÷19.4%＝70.6 g

(6)配制食谱

以计算出来的副食为基础配制食谱，见表 4-12。

表 4-12　　成年男子一天主、副食带量食谱

餐　次	菜品名称	原　料	质量/g	烹饪方法
早餐	花卷	富强粉	89.1	蒸
	小米粥	小米	300	煮
	牛奶	牛奶	200	煮
	蒸鸡蛋羹	鸡蛋	68.8	蒸
	炝拌时蔬	胡萝卜	20	炝拌
		青椒	20	
		菜花	20	
	早餐水果	富士苹果	100	—
		烹调油	3	—
午餐	米饭	黑米	30	蒸
		粳米	103.2	
	玉米饼	黄玉米面	20	烤
		富强粉	30	
	煎带鱼	带鱼(带骨)	117.1	煎
	肉末炖芸豆	猪肉	20	炖
		芸豆	200	
	小白菜豆腐汤	小白菜	50	煮
		南豆腐	50	
	午餐水果	蜜橘	80	—
		烹调油	12	—
晚餐	豆粥	赤小豆	10	煮
		粳米	20	
	馒头	富强粉	103.5	蒸
	鸡肉烧鲜蘑	鸡肉	70.6	烧
		鲜蘑菇	150	
	凉拌海带丝	鲜海带	50	拌
	晚餐水果	雪花梨	100	—
		烹调油	10	—

(五)食谱编制的注意事项

1.主食多样化

主食可以有多种形式,如馒头、包子、花卷、米饭、面条等。但要注意主食原料的加工方式,不要常用精制面粉、精白米。精加工的谷类食物维生素和矿物质损失较大。另外,薯类也可以作为主食。

2.副食荤素搭配

荤素搭配是副食搭配的一个重要原则。荤素搭配可以使蛋白质互补,从而提高蛋白质的营养价值,如将豆制品、肉、禽等蛋白质搭配在一起,能大大提高蛋白质的营养价值。含蛋白质丰富的食物与含维生素和矿物质丰富的蔬菜搭配,可以弥补肉类食物维生素和矿物质含量低的缺陷,特别强调的是要充分利用大豆蛋白质。豆类及其制品不仅富含优质蛋白质,而且价格便宜,是补充优质蛋白质的良好来源。

3.生熟搭配

蔬菜中的维生素C和B族维生素遇热容易受到破坏。经过烹调的蔬菜总要损失一部分维生素,因此经常生吃一些新鲜蔬菜可以有效补充维生素C和B族维生素。

4.食谱多样化

编制食谱时,不必要求每天食谱的能量和各种营养素均与膳食目标严格保持一致。

5.营养均衡

一般情况下,每天的能量及蛋白质、脂类、碳水化合物的量差别不大,其他营养素以一周为单位计算,平均能满足营养需要量即可。

6.注意食品风味

注意实际营养配餐中的口味、风味的搭配问题。

工作任务二　技能训练

在学生分组的前提下,各小组组长以实训任务书(表4-13)为参照,对每个组员的营养膳食配餐实训进行督导,注意小组实训中的可取以及改进之处,分别发言总结。教师在此基础之上有针对性地进行指导。

表 4-13　　营养膳食配餐实训任务书

<table>
<tr><td>班级</td><td colspan="2"></td><td>学号</td><td colspan="2"></td><td>姓名</td><td></td></tr>
<tr><td>实训项目</td><td colspan="2">营养膳食配餐</td><td colspan="2">实训时间</td><td colspan="3">4学时</td></tr>
<tr><td>实训目的</td><td colspan="7">通过对平衡膳食宝塔相关内容的讲解，学生能够定制出一人一餐带量食谱，达到灵活运用的训练要求</td></tr>
<tr><td>实训方法</td><td colspan="7">首先教师讲解，然后学生分组讨论，最后教师进行指导点评。要求学生能够定制出一人一餐带量食谱</td></tr>
<tr><td colspan="8">实训过程</td></tr>
<tr><td colspan="8">1.操作要领
(1)深入分析各种营养素之间的相互关系
(2)对膳食配餐设计的结果进行评价
(3)依据营养配餐原则与营养素摄入量确定菜单
2.操作程序
(1)对食品营养基础知识的总结与讨论
(2)合理营养及评价
(3)营养膳食配餐的确定
3.模拟情景
定制一人一餐带量食谱</td></tr>
<tr><td>要点提示</td><td colspan="7">(1)《中国居民膳食指南(2016)》的基本知识点
(2)对营养素摄入的参考量</td></tr>
<tr><td colspan="8">能力测试</td></tr>
<tr><td>考核项目</td><td colspan="5">操作要求</td><td>配分</td><td>得分</td></tr>
<tr><td>对食品营养基础知识的总结与讨论</td><td colspan="5">了解《中国居民膳食指南(2016)》，小组讨论热烈</td><td>25</td><td></td></tr>
<tr><td>合理营养及评价</td><td colspan="5">掌握合理营养与平衡膳食的关系及食品营养价值评定指标</td><td>45</td><td></td></tr>
<tr><td>营养膳食配餐的确定</td><td colspan="5">符合人体每餐需要的营养素</td><td>30</td><td></td></tr>
<tr><td>合计</td><td colspan="5"></td><td>100</td><td></td></tr>
</table>

实训项目三

选择合理的烹调方法保护营养

实训目标

1.了解合理烹调的意义。

2.掌握烹饪方法、温度变化对蔬菜颜色、味道、营养素和质量的影响。

3.掌握烹饪加工工艺对营养素的影响及如何降低营养素损失。

工作任务一 降低营养素损失

人类从刀耕火种到精耕细作，从茹毛饮血到食不厌精，逐渐摸索出了一整套的饮食理念与烹调方法，同一种食材用不同的烹调方法会做出截然不同的滋味：凉拌的爽口，热炒的脆嫩，煮炖的滋味足，烧烤的有风味。

但是，现代营养学研究表明，不同的烹调方法对食材中的营养素会起到不同的作用，要想尽可能地从食物中获得充足而全面的营养素，必须要针对不同食材和各种营养素的特点运用恰当的烹调方法。

科学烹饪是保证食物色、香、味和营养质量的重要环节。食物经过不同烹饪方法加工后会发生一系列的物理、化学变化，有的变化会增进食品的色、香、味，使之容易消化吸收，提高食物所含营养素在人体的利用率，有的则会使某些营养素遭到破坏。因此，在烹调加工时，一方面要利用加工过程的有利因素，达到提高营养、促进消化吸收的目的；另一方面要尽量控制不利因素，减少营养素的损失，最大限度地保留食物中的营养素。

合理的烹饪具有以下几点作用：

(1)通过对食物的合理调配，能满足人体对营养素的需求，实现平衡膳食，达到合理营养的目的。

(2)合理烹饪可使食物原料发生有利于人体消化吸收的物理、化学变化。如部分营养素发生不同程度的水解，使得营养素容易被人体消化吸收。通过加热，大豆中的抗胰蛋白酶被破坏，有利于大豆蛋白质的消化、吸收等。原料细胞的呈味物质、呈色物质浸出，再配以调味料，使腥邪气味挥发，同时增加令人愉快的色、香、味，促进人的食欲。

(3)通过合理洗涤、加热，可去除致病性微生物和寄生虫、卵，达到消毒杀菌、保证食品卫生的目的。通过合理烹饪，还可防止食物中产生有毒有害物质，避免对人体造成伤害。

如食品添加剂使用不当、高温加热油产生毒性等。

(4)合理烹饪可以减少原料中营养素的损失，最大限度地保存营养素。

一、营养素在烹饪中的变化

(一)蛋白质的变性作用

当蛋白质受热或其他因素影响时，蛋白质的空间结构发生改变，其性质也会发生变化，这种变化称为蛋白质的变性作用。这种变化降低了蛋白质溶解度，促进了蛋白质分子间相互结合而凝结。

1.蛋白质的热变性

蛋白质的受热变性是最常见的变性现象。如鸡蛋液在加热时凝固，瘦肉在加热时收缩变硬等，都是蛋白质热变性的现象。在烹饪中采用爆、炒、熘等方法，进行快速高温加热，加快了蛋白质变性速度，原料表面因蛋白质热变性而凝固，细胞孔隙闭合，原料内部的营养素和水分不会外流，使菜肴的口感鲜嫩，营养素少受损失。

肉的红色主要是由肌红蛋白产生的，当将肉加热到 70 ℃以上时，肌红蛋白开始变性，肉的颜色由红变为灰白色，所以在烹调时，可以从肌肉颜色的变化来判断肉的成熟度。

面粉中的蛋白质主要是面筋部分，面筋是由谷蛋白和醇溶谷蛋白构成。冷水调面，面筋蛋白质吸水润胀，经过充分揉搓，面筋蛋白质分子间形成较多的二硫键，使面团形成致密的面筋网络，把其他物质包住，面团具有坚实、筋力足、韧性强、拉力大的特点。热水调面，面筋蛋白质的热变性随温度升高而加强，温度越高，变性越大，筋力和亲水力越加衰退，面团中无法形成致密的面筋网络，使得面团黏、糯，韧性差、筋力小等。水温不同，水调面团形成原理及各类面团性质也不同。

当蛋白质受热温度过高或加热时间过长，食物会严重脱水，菜肴质地会变老、变韧。若蛋白质严重变性，蛋白质会发生断裂、热降解，部分氨基酸会脱氨分解，甚至会与羰基结合，发生羰氨褐变，不仅降低了蛋白质的营养价值，而且会产生有害物质。

2.蛋白质的其他作用变性

除了高温之外，酸、碱、有机溶剂、振荡等因素也会引起蛋白质变性，并均可在烹饪中得到应用。

蛋白质的 pH 酸碱度处于 4 以下或 10 以上的环境会发生酸或碱引起的变性。例如在制作松花蛋时，就是利用碱对蛋白质的变性作用，使蛋白、蛋黄凝固；酸奶制品是利用酸对蛋白质的变性作用；鲜活水产品的醉腌是利用酒精等有机溶剂对蛋白质的变性作用等。

（二）蛋白质的水解作用

蛋白质在烹饪中会发生水解作用，产生肽类和氨基酸。许多氨基酸都具有明显的呈味作用，如甘氨酸、丙氨酸、丝氨酸、苏氨酸、脯氨酸、羟脯氨酸等呈甜味；缬氨酸、亮氨酸、异亮氨酸、蛋氨酸、苯丙氨酸、色氨酸、精氨酸、组氨酸等呈苦味；天门冬氨酸、谷氨酸等呈酸味；天门冬氨酸钠和谷氨酸钠呈鲜味。

在烹饪中，对于富含蛋白质和脂肪的原料，选用长时间加热的烹调技术，原料中的蛋白质会发生水解，产生氨基酸和低聚肽，原料中的呈味物质就不断溶于汤中，使菜肴汁浓味厚。

（三）脂肪的热水解和芳香气味的生成

食用油脂在烹饪中加热时，会发生水解和酯化反应。

脂肪在热、酸、碱、酶作用下可以发生水解反应，生成脂肪酸和甘油。油脂水解程度常用酸价表示，酸价是指中和 1 g 油脂中游离脂肪酸所需的氢氧化钾的质量（mg）。纯净油脂的发烟点较高，随游离脂肪酸含量的增高，油脂发烟点温度随之降低。一般新鲜油脂发烟点为 220～230 ℃。当游离脂肪酸含量达到 0.6%时，油脂发烟点温度降至 148 ℃。发烟点降低的油脂在烹饪中很容易冒烟，影响菜品的色泽和风味，还污染环境，刺激人的眼、鼻、咽喉，有碍健康。在烹饪中最好选用发烟温度高、煎炸过程中烟点变化缓慢的油脂。

烹调时加入料酒、醋等调味品，酒中的乙醇会与醋酸发生酯化反应，生成具有芳香气味的醋酸乙酯，与脂肪酸发生酯化反应，生成具有芳香气味的脂肪酸醇酯，增加了菜肴的鲜香美味。

（四）脂肪的热分解

油脂在加热中，当温度上升到一定程度时就会发生热分解，产生醛、酮等低分子物质，如分解产物中的丙烯醛具有刺激性，能刺激鼻腔，并有催泪作用。当肉眼看到油面出现蓝色烟雾时，就说明油脂已发生了热分解。

油脂的热分解程度与加热的温度有关。不同种类的油脂，其热分解的温度（发烟点）不同，人造黄油的发烟点为 140～180 ℃，猪脂、牛脂和多种植物油的发烟点为 180～250 ℃。在煎炸食物时，将油温控制在油脂的发烟点以下，就可以减轻油脂的热分解，降低油脂的消耗，保证制品的营养价值和风味质量。如煎炸牛排选择发烟点较高的油脂，可以加速蛋白质的变性和提高牛排鲜嫩的质感。

（五）油脂的热氧化聚合

油脂氧化可分为常温下引起的自动氧化和在加热条件下引起的热氧化两种。油脂的热氧化分解多发生在食物的烹调过程中，反应速度较快，而且随着加热时间的延长，其分解产物还会继续发生氧化聚合，使脂肪酸相互聚集，产生二聚体、三聚体等聚合物。聚合物的增加使油脂增稠，还会引起油脂起泡，并附着在煎炸食物的表面。

一般油脂加热至 200～230 ℃时能引起油脂的热氧化聚合。聚合的速度和程度与油脂的种类有关，大豆油、芝麻油容易聚合，橄榄油、花生油不易聚合。反复高温加热的油脂随着聚合作用的不断进行，会由稠变为冻，甚至凝固。烹饪中火力越大，时间越长，热氧化聚合反应就越剧烈。

高温加热油脂中的有毒聚合物在体内被吸收后与酶结合，会使酶失去活性而引起生理异常现象，影响人的健康。在烹饪中应避免高温长时间加热，油炸用油不宜反复使用。氧是促进油脂氧化聚合的重要因素，所以油脂在烹饪中应减少与空气接触的面积，采用密闭煎炸设备或在油脂上层用水蒸气喷雾隔离，可有效地防止油脂与空气接触。铁、铜等金属也能催化油脂的聚合反应，所以油炸锅最好选用不锈钢制品。

(六)淀粉在烹饪中的变化

淀粉在烹饪过程中，在热的作用下发生了许多物理变化和化学变化，其中最大的变化是淀粉的糊化和糊化后的老化。

淀粉糊化是指淀粉在水中加热，淀粉粒吸水膨胀，淀粉粒内的各层分离、破裂，形成半透明的胶体溶液。淀粉与水在加热过程中，由于热量破坏了淀粉分子间的结合力，使原来紧密的结构逐渐变得疏松，氢键断裂，淀粉分子分散在水中，形成具有黏性的胶体溶液，导致淀粉糊化。淀粉糊化以后，具有热黏性和黏度的热稳定性，有利于菜肴的成型；具有透明度，使菜肴明亮光泽；具有糊丝，容易和菜肴相互黏附。利用淀粉糊化作用，在烹饪中可制作粉丝、粉皮，用淀粉对菜肴进行勾芡、挂糊，可较好地保护原料，提高菜肴的质量。

淀粉的老化是淀粉糊化的逆过程。它是指糊化以后的淀粉处在较低温度下出现的不透明甚至凝结或沉淀的现象。淀粉老化的实质是淀粉分子间重新排列形成新的氢键的过程。老化的淀粉黏度降低，食品的口感由松软变为发硬，使酶的水解作用受阻，影响了淀粉的消化率。

淀粉的老化与其组成有关，一般直链淀粉比支链淀粉易于老化，淀粉中直链淀粉的含量越高，其老化的速度越快；淀粉的老化与淀粉的种类有关，一般玉米、小麦淀粉较容易老化，而糯米淀粉的老化程度较低，老化速度较为缓慢；淀粉的老化与淀粉的含水量有关，含水量在30%～60%时较易老化，而含水量小于10%或大于70%则不宜老化；淀粉的老化与温度有关，高温下淀粉不宜老化，较为稳定，通常淀粉老化最适宜的温度为2～4 ℃，高于60 ℃或低于−20 ℃时都不宜老化；淀粉的老化与pH酸碱度有关，pH酸碱度为7时容易引起淀粉的老化，在偏酸或偏碱的条件下则不宜老化。淀粉发生老化，既影响食物的口感，又不宜消化。但在某些情况下，却需要利用淀粉的老化，如粉丝、粉皮、虾片的加工，这些食品只有经过老化才具有较强的韧性，加热后不宜断碎，所以用含直链淀粉较多的绿豆淀粉制粉丝较好。

(七)蔗糖在烹饪中的变化

1.蔗糖的水解

蔗糖由一分子葡萄糖和一分子果糖组成,有甜味,易溶于水,能调和口味,改善菜肴色泽和供给人体热量。蔗糖水解的产物是转化糖,是葡萄糖与果糖的混合物,性质类似蜂蜜,可代替蜂蜜做糕点用。

2.结晶与挂霜

蔗糖的饱和溶液,经冷却或水分蒸发,会析出蔗糖结晶。在较高温度下溶解大量蔗糖形成饱和溶液,加热至水分蒸发到一定程度时,让糖液裹匀原料,离火冷却,原料表面糖液迅速结晶,形成洁白似霜的外观和质感。

3.拔丝

蔗糖加热至185 ℃左右,溶化为液体,继续加热显出微黄色,形成一种黏稠的溶化物,冷却后形成无定形玻璃状物质。烹饪中拔丝类的菜肴利用的就是这个原理。

4.焦糖化作用

蔗糖经加热熬制能发生焦化作用。蔗糖的焦化过程可分为三个阶段:第一阶段由蔗糖熔融开始,经一段时间起泡,蔗糖脱去一分子水,生成异蔗糖酐;第二阶段再次起泡脱水,产生焦糖酐;第三阶段进一步脱水形成焦糖素(酱色)。烹调中的红烧类菜肴的酱红色,就是利用这一性质。

蔗糖还可改善面团的品质,将面团烘烤后,因糖的焦化作用,使其制品表面光滑,色泽美观,诱人食欲。

(八)维生素在烹饪中的变化

食物在烹调加工时,损失最大的是维生素,各种维生素中又以维生素C最易损失。维生素在烹饪中受损失的顺序是:维生素C>维生素B1>维生素B2>其他B族维生素>维生素A>维生素D>维生素E。

1.溶解性

水溶性维生素易通过扩散、渗透等从原料中浸析出来溶于水中,在烹制过程中也会因加水或汤汁溢出,而溶于菜肴汤汁中。采用蒸、煮、炖、烧等烹制方法,汤汁溢出量可达50%;采用炒、滑、熘等方法,成菜时间短,汤汁溢出不多,水溶性维生素从汤汁溢出量也不会多。脂溶性维生素在用水冲洗时或以水做传热介质时,不会流失,但用脂肪做传热介质时,部分脂溶性维生素会溶于脂肪中,可以促进其吸收。

2.氧化反应

对氧敏感的维生素有维生素A、维生素E、B族维生素和维生素C等,它们在食物的储存和烹饪加工过程中特别容易被氧化破坏。如遇空气易被氧化而破坏的维生素C、维生素A等。

3.热分解作用

大部分维生素是在烹饪加热时被分解破坏的,加热温度越高,时间越长,损失就越大。

如蔬菜煮5～10分钟，维生素C的损失率达70%～90%。

4.光分解

对光敏感的维生素有维生素A、维生素E、B族维生素和维生素C等，如夏季牛奶在阳光下暴露2小时，其维生素B2可以损失90%，而阴天损失率为45%。

5.酶的作用

天然原料中存在许多酶，它们对维生素有分解作用。如鱼肉中的硫胺素酶可以分解硫胺素；蛋清中的抗生物素酶可以分解生物素；蔬菜、水果中的抗坏血酸氧化酶能加速抗坏血酸的氧化等。多数维生素在酸性环境中比较稳定，而在碱性环境中，容易被分解破坏。

（九）矿物质在烹饪中的变化

烹饪原料中的矿物质会因溶于水而损失，如淘米、洗菜时，用水量大、流水、浸泡、水温高等，都会加大矿物质的损失。涨发海带时，用冷水浸泡，清洗三遍，就有90%的碘被浸出；用热水洗一遍，95%的碘被浸出。切块土豆在常温水中浸泡，钙和钾浸出率分别为28%和10%；在沸水中浸泡，则为31%和60%。

烹饪原料在烹制过程中，由于受热会发生收缩，迫使其内的汁液外流，而外流的汁液中含有相当数量的游离态矿物质。富含草酸、植酸、磷酸等有机酸的一些烹饪原料，在烹调中有机酸能与矿物质离子结合，生成难溶的化合物，不利于这些原料中矿物质的吸收，所以含有机酸较多的原料在烹制前应先焯水，以除去有机酸，提高矿物质的吸收利用率。

二、食物营养素的损失途径

食物在加工过程中，如果某些烹调方法不当，会使营养素受到损失，主要是由流失和破坏两个途径造成的。

（一）流失

食物中的营养素常因某些物理因素渗出和溶解而损失。

1.渗出

采用盐腌、糖渍法制作食物，由于高渗离子的作用，改变了食物内部渗透压，水分渗出，某些营养物质如维生素、矿物质等随溶液外溢流失，食物中的营养素受到不同程度的损失。

2.溶解

食物在淘洗过程中由于方法不当或因长时间炖煮，蛋白质、脂肪、维生素、矿物质溶于水，这些营养素可随淘洗水或汤汁抛弃而造成损失。例如，蔬菜切洗不当可损失20%左右的维生素；大米多次搓洗可丢失43%左右的核黄素和5%的蛋白质；煮肉弃汤可丢失部分脂肪和蛋白质。

（二）破坏

破坏指食物因物理、化学或生物因素，营养素氧化、分解，失去了原有的营养价值。

1.物理因素

食物在高温加热条件下,不稳定的营养素容易遭到破坏,在各种营养素中,损失最大的往往是维生素。如油炸食品中的硫胺素损失60%,核黄素损失40%,烟酸损失50%,维生素C全被破坏。紫外线和空气中的氧易造成油脂的酸败和维生素的破坏。如牛奶受到阳光照射,其中的维生素A和核黄素会遭到不同程度的破坏。

2.化学因素

食物搭配不当,将含鞣酸、草酸多的食物与高蛋白、高钙的食物一起烹制,容易形成不能被人体吸收的有机化合物,如鞣酸蛋白、草酸钙等,降低了食物的营养价值,甚至可引起人体结石病。B族维生素、维生素C等水溶性维生素在碱性环境中不稳定,易被分解破坏,在烹调中使用碱可使这类维生素加速氧化分解,受到破坏。脂肪氧化酸败易使脂溶性维生素受到破坏,并产生有毒物质,失去脂肪的食用价值。

3.生物因素

食品因自身生物酶或受到微生物污染,可引起食品中蛋白质分解、脂肪氧化酸败、维生素破坏等变化,同时还可产生有害物质等。

三、营养素的破坏因素

(一)化学因素

食物搭配或食用方法不当降低营养素吸收率,或破坏食物中营养素。

(1)含草酸、植酸原料,如菠菜、竹笋与富含钙、铁、锌等原料如豆制品、牛奶搭配,则易形成草酸盐、植酸盐物,降低人体对钙、铁、锌的吸收率。

(2)含富单宁食物,如柿子、浓茶与高蛋白动物性食物如蛋、奶、豆制品配伍或同时食用,导致蛋白质被单宁作用发生凝固而难以被人体消化吸收。

(3)富含维生素C的新鲜蔬果如西红柿、辣椒、芥蓝、菠菜、哈密瓜、猕猴桃、酸枣、柑橘与含有氧化酶的生黄瓜同时食用,则维生素C极易被氧化酶氧化分解破坏掉。但加热煮熟后,黄瓜中的氧化酶被破坏了,则对维生素C的作用就消除了。

(4)碱性条件下烹饪导致粮谷类食物如稀饭、馒头中的B族维生素和蔬菜中的维生素C被破坏。

(二)生物因素

(1)微生物、昆虫侵袭,导致食物腐败变质。

(2)生物酶抑制营养素吸收,如抗坏血酸酶。

(3)植物呼吸、春化、发芽导致碳水化合物、B族维生素等营养素消耗,而且可能产生有害物质(如发芽的土豆)。

(三)食品污染

1.食品污染的分类

(1)生物性污染

细菌及其毒素、霉菌及其毒素、寄生虫及虫卵、昆虫、病毒致病菌(食物中毒、传染病)、条件致病菌(人抵抗力差致病)、非致病菌(导致食品变质)。

(2)化学性污染

工业"三废"(废水、废气、废渣)、化学农药、食品添加剂、食品容器、设备、包装材料。

(3)放射性污染

来自大气、土壤、水域(天然放射性),或来自核试验、核废料、核事故。

2.食品污染的途径

食品直接或间接受到污染:通过食物链的生物富集途径。食物链又称营养链,是生物群落中各种动、植物和微生物由低级到高级顺序而连接起来的一个生态链。生物富集指污染物沿食物链由低等向高等生物迁移,最终使位于食物链最顶端生物——人类体内污染物浓度大大高于周围环境。

3.食品污染对人体健康的危害

急性中毒,慢性中毒,致畸形作用,致突变作用,致癌作用。

(四)植物性食物中常见的有害物质

1.生豆浆中的有害物质

胰蛋白酶抑制蛋白酶的活性,降低食物蛋白质的水解和吸收,导致胃肠道的不良反应和症状。皂苷具溶血性和刺激胃肠道黏膜作用。生豆浆必须彻底煮沸,泡沫消失后再煮5～10 分钟才能彻底破坏其中有害物质。

2.四季豆中的有害物质

植物红细胞凝集素有凝聚和溶解红细胞作用。这些有害物质经长时间煮沸可被破坏,因此四季豆应加热至失去原有生绿色且无生、无苦味才能食用。

3.蚕豆中的有害物质

巢菜碱苷,对于先天性体内缺乏 6-磷酸葡萄糖脱氢酶的人,会导致血细胞溶解,引发急性溶血性贫血,并伴有皮肤泛黄,俗称"蚕豆病"。

4.土豆中的有害物质

龙葵碱,又称茄碱,能刺激胃肠道,麻痹呼吸中枢,溶解红细胞。主要存在于发芽或黑绿皮色的马铃薯中。因此土豆应低温、避光储藏以防止发芽变绿,严重发芽或黑绿皮色的土豆不可食用,以免引起食物中毒。

5.木薯中的有害物质

亚麻仁苦苷,在酶的作用下水解产生毒性很强的氢氰酸,可导致人体缺氧窒息,麻痹呼吸及血液循环中枢。但氢氰酸遇热易挥发,且亚麻仁苦苷易溶于水,因此木薯经去皮切片、反复浸泡并晒干,再蒸煮后可去除有害物质。每次摄入量不宜太多,浸泡、蒸煮用水则应丢弃。

6.叶菜类蔬菜中的有害物质

亚硝酸盐,存在于储存时间长、新鲜度差或烹调后放置过久及腌 7～14 天的叶菜类蔬菜中。亚硝酸盐进入人体后将血红蛋白中 Fe^{2+} 氧化为 Fe^{3+},而失去运输氧气作用,导致人体因缺氧而窒息，引起亚硝酸盐中毒。因此蔬菜应吃新鲜的，且烹调后应及时食用，咸菜应腌制 20 天后再食用。

7.鲜黄花菜中的有害物质

秋水仙碱本无毒，但进入人体后在胃中被氧化为剧毒二氧秋水仙碱。鲜黄花菜须用水浸泡或者用开水烫后，弃水炒熟了吃。

8.鲜木耳中的有害物质

卟啉物质，人体摄入过量后在阳光照射下引发植物日光性皮炎。但鲜木耳干制加工后，所含卟啉物质会被破坏而消失。

9.白果中的有害物质

白果酸和白果二酚，但加热后可降低毒性。因此不可生食白果，且每次摄入量不宜过多，以免引起中毒。

10.果仁中的有害物质

杏、桃、枇杷、李子、樱桃、杨梅及苹果等核果果仁及种子或其他部位含有氰苷，常见为苦杏仁苷，人体摄入后，在酶的作用下水解产生毒性很强的氢氰酸，从而导致中毒。

11.毒蘑菇中的有害物质

主要有引发胃肠炎的胃肠毒素；早期引发胃肠炎，后期为精神错乱的神经毒素；具有溶血作用的鹿花蕈素等毒素；损伤肝肾的毒伞肽、毒肽等原浆毒素。不可随便食用不认识的蘑菇，以防误食中毒。

12.生西红柿中的有害物质

龙葵素是生西红柿中的有害物质。西红柿成熟后，生物碱苷被西红柿自身增多的酸水解，生成无毒的西红柿次碱和糖，变得又酸又甜。

13.烂生姜中的有害物质

黄樟素毒性强，可诱发肝癌、食管癌。

14.畸形草莓中的有害物质

个头很大、颜色漂亮却无滋无味的草莓，由于种植过程喷洒了过量的膨大剂，经常食用对人体肾脏产生潜在危害。

（五）动物性食物中常见的有害物质

1.河豚中的有害物质

河豚毒素，神经毒素。耐热，烹饪加工不易破坏。河豚仅肌肉不含毒素，卵巢、肝脏毒素含量最高。

2.青皮红肉鱼中的有害物质

青皮红肉鱼主要指鲐鱼、金枪鱼、沙丁鱼、秋刀鱼等富含组氨酸的海产鱼。当鱼新鲜度下降后，大量组氨酸在细菌作用下变为有毒的组胺。过敏体质、哮喘、心脏病患者不宜食用富含组胺的鱼。死的黄蜡、甲鱼、河蟹含有大量组胺，不可食用。

3.鱼胆中的有害物质

淡水鱼鱼胆中含有毒性很强的胆汁毒素，且耐热、耐酸、耐酒精，烹饪加工难以破坏。

进入人体后可引起脑、心、肝、肾等器官的损害。

4.血毒鱼中的有害物质

鳗鲡和黄鳝血液中含有蛋白质毒素，生食此类鱼血会导致中毒，但加热后毒素会被破坏。

5.蟾蜍中的有害物质

蟾蜍耳下腺、皮肤腺内有蟾毒素的白色浆液，人体吸收后可引起心、脑、肝、肾及肺损害，对迷走神经有兴奋作用。中毒后有恶心呕吐、腹痛腹泻、水样便等胃肠道症状和伴有头痛头晕、嗜睡、四肢麻木以及心悸、心律失常等表现。蟾蜍毒汁污染眼部可致结膜炎，甚至失明。污染皮肤可致皮炎。

6.鲜海蜇中的有害物质

鲜海蜇含有毒素，只有经过食盐加明矾盐渍三次（俗称“三矾”）、脱水三次，才能使毒素排尽。正常的海蜇应该是肉色、略硬、无刺激性气味。食用海蜇时，切丝之后用凉开水反复冲洗、晾干，以预防食物中毒。切勿食用那些外观鲜亮、形状饱满的海蜇。

7.贝类中的有害物质

贝类摄食有毒藻类而带有毒素，尤其是生活在“赤潮”海域的贝类。有麻痹性贝类毒素如石房蛤毒素、腹泻性贝类毒素、神经性贝类毒素。毒素在烹饪加工中不易被破坏。

8.牲畜腺体中的有害物质

家畜甲状腺和肾上腺中含大量甲状腺素和肾上腺素，摄入后易导致人体内分泌激素紊乱而引起一系列中毒症状。

9.动物肝脏中的有害物质

鲨鱼、熊、狗的肝脏含有大量脂溶性维生素 A，会导致中毒。

（六）食品中的有毒金属

1.汞

（1）汞的来源

鱼贝类中汞的来源：工业废水（造纸、涂料、化工等）中无机汞（低毒性）→河、海（微生物作用）→有机汞（强毒性）→食物链→鱼贝类→人体。农作物中汞的来源：土壤、含汞农药、含汞灌溉水。畜禽中汞的来源：含汞饲料。

（2）汞的毒性

甲基汞中毒，会侵犯中枢神经系统。

2.镉

（1）镉的来源

食品中镉的来源：工业“三废”（冶炼、化工、电镀、陶瓷、印刷行业等）→水体、土壤、空气→水生动、植物和农作物（鱼贝类污染最严重）。容器中镉的来源：玻璃、陶瓷、搪瓷上色颜料及塑料稳定剂中含镉（遇酸易溶出污染食品）。

（2）镉的危害

镉进入人体后积累在肾、肝、骨骼中，引起肝、肾、消化器官损伤，严重时骨骼中的钙被镉取代而导致骨痛病。

3.铅

(1)铅的来源

食品加工机械设备、食具、容器及包装材料的釉彩及油墨中含铅;食品添加剂中含铅;工业废气、汽车尾气中含铅。

(2)铅的危害

人体中铅90%蓄积在骨骼,当抵抗力差时,会侵害脏器。铅中毒主要损伤神经系统、造血器官、肾脏。铅中毒可导致儿童智力下降,免疫力丧失。

(七)霉变食物中的有害物质

1.赤霉病麦毒素

湿热环境下镰刀菌感染麦子,产生有毒代谢产物。

2.黄变米和黄粒米毒素

稻谷储存时因含水量高,导致霉变,产生黄变米毒素和黄粒米毒素,使米粒变黄。

3.3-硝基丙酸

甘蔗储存不当霉变,由甘蔗节菱孢霉产生神经毒素。

(八)食物过敏

某些特殊人群对食物中的一些成分的不正常生理反应称为食物过敏。

1.食物中的过敏源

引起食物过敏的过敏源大都为食物中的蛋白质。常见诱发过敏的食物如下。

(1)奶及奶制品

牛奶导致儿童过敏性哮喘发生率为最高。对需要乳类喂养的婴幼儿来说,应积极主张母乳喂养,以减少牛奶喂养所致食物过敏的发生机会。

(2)鸡蛋

鸡蛋诱发过敏性疾病的病例不少,其中有少部分表现为过敏性哮喘。如果只吃蛋黄、不吃蛋清,则可降低哮喘发作率。

(3)海产品及水产品

食用不新鲜的海产品可使食物过敏的发生率升高。

(4)花生、芝麻和棉籽等油料作物

这类食物不要生吃,要经过加工后方可食用,以降低食物过敏的发生率。

(5)豆类

黄豆、绿豆、红豆、黑豆、芸豆、青豆等多种豆类,炒熟、煮透后其致敏性降低，故食用前应充分热加工。

(6)小麦、谷类

据报道，经常与这类食物接触的面包师过敏性哮喘发生率高，又称面包师哮喘。面粉不易储放时间过久。

(7)水果

少数水果可能诱发食物过敏，如桃子、苹果、香蕉、芒果、猕猴桃等。

(8)蔬菜

蔬菜引起的食物过敏的发生率很低，偶尔可见。

(9)肉类

牛肉、羊肉、猪肉等有时会引起食物过敏。

(10)其他

如开心果、山胡桃等坚果，咖啡、啤酒等饮料和酒类，巧克力及花粉制成的保健品等，可见到由这些食物引起的食物过敏病例。

2.食物引起过敏反应的途径

(1)直接食入。

(2)有些食物在烹煮时散发在空气中的气味可引起吸入性过敏反应。

(3)有些食物即使只有接触，也可能造成皮肤发痒、红肿的过敏反应，尤其是富含蛋白酶的水果，如猕猴桃、木瓜、菠萝、芒果。

四、常用烹调方法对营养素的影响

合理营养是通过合理烹调来实现的。在烹调食物时应坚持合理配菜和平衡膳食的原则。常用的食物原料所含的营养成分是不全面的，正确、恰当的搭配可以使其中的营养素达到互补，充分发挥食品内各种营养素的作用，提高菜肴的营养成分，满足均衡营养的需求。在选择烹饪原料、调配膳食、烹调加工时，除了充分考虑烹调原料的营养特点外，还要考虑不同烹调方法对营养素的影响。

(一)煮

水溶性维生素、无机盐溶于汤汁，多糖、蛋白质部分水解，脂肪无变化。B族维生素损失30%，维生素C损失60%。

(二)蒸

可溶性物溶出损失少。长时间蒸，维生素C损失多。

(三)炖

与煮相似，但时间更长，使可溶性营养素、香气物质溶于汤汁。此烹饪方法适合含大量结缔组织的原料，使坚韧胶原蛋白变为可溶性。

(四)焖

维生素、蛋白质、脂肪有一定损失。长时文火加工,能增进消化吸收。

(五)烤

燃料烤,受热不均,油脂遇高温产生强致癌物 3,4-苯并芘。维生素 A、B 族维生素、维生素 C 损失大。电炉、微波炉烤比明火烤营养素损失少,有害物质产生少。

(六)卤

焯水后水溶性营养素溶于水损失。

(七)熘

挂糊煸炒营养素损失少。

(八)爆

旺火高油温快速加热,营养素损失少。

(九)炸

挂糊炸营养素损失少,不挂糊炸则由于高温长时油炸,脂肪、蛋白质,尤其是维生素损失大。

(十)炒

旺火热油速炒营养素损失少。先荤后蔬,尤其能减少蔬菜中维生素的损失。

(十一)熏

熏制食物防腐力增强,但产生大量强致癌物 3,4-苯并芘。

(十二)煎

油脂渗入多,饱腹作用强,但烹饪油温高,不挂糊时营养素易损失,尤其维生素损失大。

五、烹饪过程中食物营养素的保护措施

在烹饪加工过程中,使用科学正确的加工方法可最大限度地保护营养素,保证营养素的供给,满足人体的生理需要。

(一)主食在制作过程中营养素的保护措施

1.面食品

面食品的加工方法较多,如蒸、烙、炸、煮等。面食品种也多,如馒头、烙饼、油饼、油

条、面条、面包等。一般在制作过程中，面食里的蛋白质、脂肪、碳水化合物、矿物质的损失较少，但维生素随加工制作方法的不同，会受到不同程度的破坏和损失，尤其是B族维生素损失较大，蒸、烙、煮等方法对维生素破坏较少。面食加碱或高温油炸，使维生素破坏严重。煮面条时，会有2%～5%的蛋白质及部分B族维生素损失到汤中，若将汤抛弃，营养素损失较大，因此最好连汤带面一起吃。不同加工方法面食品中维生素的保存率见表4-14。

表4-14　　不同加工方法面食品(每100 g)中维生素的保存率

食品	原料	制作方法	硫胺素			核黄素			烟酸		
			烹前/mg	烹后/mg	保存率/%	烹前/mg	烹后/mg	保存率/%	烹前/mg	烹后/mg	保存率/%
馒头	标准粉	发酵、蒸	0.27	0.19	70	0.07	0.06	86	2.0	1.8	90
大饼	富强粉	烙	0.35	0.34	97	0.07	0.06	86	2.4	2.3	96
面条	富强粉	煮	0.29	0.2	69	0.07	0.05	71	2.6	1.8	69
窝头	玉米面	蒸	0.33	0.33	100	0.14	0.14	100	2.1	2.3	110
油条	标准粉	炸	0.49	0	0	0.06	0.03	50	1.7	0.9	53

2.米制品

大米在制作过程中，由于淘洗、加热、加碱，可损失部分水溶性维生素、蛋白质和矿物质，若淘洗次数多、浸泡时间长、水温高，则损失更大。目前市场上出现了卫生、安全、密封的“免洗大米”，可直接下锅，有效地保存了营养素。

米饭制作方法不同，营养素损失也不同。如果采取先洗米，再去汤，后蒸饭方法，营养素损失较多，而直接蒸饭可减少损失。煮粥时人们往往加碱增加其黏稠度，但大量破坏了维生素，所以煮粥一般不要加碱。糙米在制作中硫胺素的损失率见表4-15。

表4-15　　糙米在制作中硫胺素的损失率

含量与损失率	原有	淘洗后	煮后	加碱后
硫胺素含量/mg	0.2	0.14	0.11	0.05
硫胺素损失率/%	—	30	45	75

(二)蔬菜在烹调过程中营养素的保护措施

蔬菜含有大量水分、丰富的维生素和矿物质，加工烹调不当，易使其营养素遭到破坏，尤其是维生素C的损失最为严重，所以在菜肴制作中合理地保护维生素是极为重要的。

1.合理洗切

蔬菜生长期间施肥、虫害，易受农药和寄生虫、虫卵的污染。蔬菜可采用整棵浸洗的方法，以减少农药的残留量，然后逐叶洗净。应采取“先洗后切”的原则，以减少水溶性维生素的损失。原料切块要大，如切得过碎，营养素容易被氧化而损失过多。原料还应现切现烹，现烹现吃，否则也易损失营养素。如蔬菜炒熟放置1小时，维生素损失约为10%，放置2小时，维生素约损失14%，时间再长，损失还多。

2.沸水烫料

有时为除去食物原料中的异味或调整各种原料烹调成熟的时间，许多原料要做烫料处理。烫料时要火大水沸，加热时间宜短，操作宜快，原料要分批下锅，这样不仅能减轻原料色泽的改变，而且还可减少维生素的损失。若在冷水中烫料，维生素损失多，如土豆放在热水中煮熟，维生素C可保存90%，如果放在冷水中煮熟，维生素C只能保存60%。蔬菜经水烫后，虽然会损失一部分维生素，但也可除去较多的草酸，有利于钙的吸收。炒新鲜蔬菜时，应尽量不要采用烫料，更不能挤去菜汁。对需要挤汁的，如饺子馅，挤去的菜汁可以加到馅中。

3.烹调方法选择

蔬菜应采用急火快炒的原则，因缩短了加热时间，可使原料中的营养素得到保护。如叶菜类用急火快炒的方法，维生素C的平均保存率为60%～70%，胡萝卜素的保存率可达76%～94%。另外在烹制蔬菜过程中可加入少许食醋，对蔬菜中维生素C的保存和钙、铁的吸收均有好处。烹调时为了使青菜保持青绿色泽，有的厨师在烹制蔬菜中加入少量食碱，这样会使大量水溶性维生素遭到破坏，应尽量避免。

烹制蔬菜时往往用淀粉勾芡，一方面可使汤汁浓稠、味美可口，另一方面又保护了维生素，因为淀粉中的谷胱甘肽含有的硫氢基(—SH)具有保护维生素C的作用。

(三)肉类等动物性食物在烹调中营养素的保护措施

肉类等动物性食物是人体蛋白质的主要来源。制作方法得当，营养素保存率较高；制作方法不当，营养素会有一定损失。

1.烹调方法选择

动物性食物的烹调方法很多种，如炸、炒、熘、爆、烧、炖、蒸、煮等。一般爆、炒、蒸、熘等方法营养素损失较少，而炸、煎、明火烤等方法营养素损失较多。爆，动作快，旺火热油，原料先经蛋清或湿淀粉挂浆拌匀，形成薄膜，再下油划热，然后快速翻炒，营养素损失小。熘，一般是原料经油炸后再熘，原料外面裹有一层糊，油炸时糊受热形成焦脆的外壳，保护了原料的营养素。炒，旺火热油，加热时间短，营养素损失少。炸，油温高，蛋白质可严重变性，脂肪热解，破坏了部分维生素等。明火烤，如烤鸭，可使维生素 A、B 族维生素受到损失，同时还可产生 3,4-苯并芘等致癌物，影响身体健康。

2.上浆挂糊

蘸上一层黏性的淀粉糊，称为上浆挂糊。浆较薄，一般用于爆、炒等烹调方法；糊较厚，一般多用于炸、熘等烹调方法。烹调时，浆、糊在原料表面形成一层保护层，可以使原料中的水分和营养素不至于大量溢出，其次保护了营养素不被更多氧化，还使蛋白质不变性过甚，同时维生素少受高温影响，以防分解破坏。

3.油温

实验证明，油温在 150～200 ℃时炸或炒的食物，营养素的保存率相对较高，如用此油温炒肉丝，其硫胺素保存达 90%左右，核黄素保存近 100%。若油温达 250～350 ℃时脂肪的热解和聚合反应加强，可产生脂肪酸的聚合物，如二聚体、三聚体，对人体具有一定的毒性。过高温度还增加了维生素的损失率，使肉中的蛋白质焦化，可使色氨酸产生 γ-氨甲基衍生物，这种物质有强烈的致癌性。

4.烹调用具

烹制菜肴的最佳用具是铁锅，它具有下列优点：散热慢而传热快，菜肴能得到充分的加热；可减少菜肴中营养素的破坏，特别是维生素保存率高；可给人体补充一部分铁质。

工作任务二　技能训练

在学生分组的前提下，各小组组长以实训任务书（表 4-16）为参照，对每个组员的选择合理的烹调方法保护营养实训进行督导，注意小组实训中的可取以及改进之处，分别发言总结。教师在此基础之上有针对性地进行指导。

表 4-16　　选择合理的烹调方法保护营养实训任务书

班级		学号		姓名	
实训项目	选择合理的烹调方法保护营养	实训时间		4 学时	
实训目的	通过对烹调方法与烹饪加工工艺对营养素的影响、降低营养素损失、食物中毒及预防相关内容的讲解，学生能够选择出合理的烹调方法来保护海鲜菜品的营养，以达到灵活运用的训练要求				
实训方法	教师先讲解，然后学生分组讨论，教师进行指导点评。要求学生能够选择出合理的烹调方法来保护海鲜菜品的营养				
实训过程					
1.操作要领 (1)对烹调方法与烹饪加工工艺对营养素的影响、降低营养素损失、食物中毒及预防等相关知识进行深入分析、讨论 (2)依据营养膳食结构原则，制定海鲜特色菜单 (3)执行定性、标准化的烹饪 2.操作程序 (1)资料搜集与分析 (2)海鲜菜单的定制 (3)合理烹调方法的选择 3.模拟情景 选择合理的烹调方法来保护海鲜菜品的营养					
要点提示	(1)考虑食品原料的卫生 (2)营养素的损失与破坏因素 (3)烹调对营养素的影响与控制				
能力测试					
考核项目	操作要求			配分	得分
资料搜集与分析	材料准备充足；小组讨论热烈			20	
海鲜菜单的定制	菜品搭配科学、营养			35	
合理烹调方法的选择	充分考虑烹调的合理性；执行标准化烹饪			45	
合计				100	

实训项目四

营养膳食菜单编制

实训目标

1.了解营养膳食菜单的编制原则。

2.完成营养膳食菜单的编制。

工作任务一 营养菜单设计与举例

一、人们饮食观念的变化

以前，由于产品匮乏，食品短缺，老百姓的餐桌非常单调，除了主粮和几样“大路菜”以外，几乎见不着其他副食品，只有到过年、过节时餐桌才丰盛一些。那时人们在婚丧嫁娶款待亲友宾朋时，为表达对宾客的情谊，宴会往往提供大量的食物，赴宴者大吃一通，甚至暴饮暴食。这是经济、文化、科学落后时期导致的。

如今，人们的生活发生了质的变化：产品丰富了，不管是吃的还是喝的，不论是主、副食品还是特殊食品，可以说应有尽有；人们在饮食方面越来越注重食物的营养、健康。因此，合理的营养膳食成为人们在饮食中追求的主要目标之一。

基于以上的变化，应该说宴会菜品的营养设计，是宴会经营者要考虑的重点因素。但是目前有一种错误观点，认为偶尔或难得参加一次宴会，不管营养如何，对身体都不会构成负面影响。持这种观点的有厨师，有饭店经营管理者，也有研究饮食的专家。这种错误观点是导致宴会改革难以普遍推行的思想根源之一。

首先，符合平衡膳食、合理营养的科学饮食应重视每天的每顿饭，人体营养状况如何，关键在于每天从食物中摄取营养素的配比与数量，所以宴会膳食不分对象，不分餐次，都要讲究营养。其次，许多顾客由于业务或工作上的需要，经常赴宴，如果不讲究营养，就会对他们的身体造成危害。许多经常赴宴者大腹便便，过度肥胖，主要原因是营养摄入过量，而肥胖又是众多疾病产生的根源。

二、宴会菜品营养设计的依据

宴会作为饮食文明的重要举措，合理配膳越来越受到人们的关注。合理配膳要求饮食种类要齐全，营养素（蛋白质、脂类、碳水化合物、矿物质、维生素、水、膳食纤维）的比例和数量要适当。

中国营养学会于1989年通过的我国居民应遵循的科学膳食的基本准则——《中国居民膳食指南》，大约每10年会根据居民健康状况和社会经济发展水平进行修订。该指南对人民的健康具有重要的指导意义，同时对宴会菜品的营养设计也具有指导作用。中国营养学会制定了《中国居民膳食营养素参考摄入量》（DRIs）。DRIs对不同营养素的平均需要量、推荐摄入量、可耐受最高摄入量等提出了一套完整的科学数据。依据2018年实施的新版DRIs，参考《中国居民膳食指南（2016）》，再结合实际，可以总结出宴会菜品营养设计的宏观指导原则。

（一）宴会菜品原料应多样

人类的食物是多种多样的。各种食物所含的营养成分不完全相同。除母乳外，任何一种天然食物都不能提供人体所需的全部营养素。平衡膳食必须由多种食物组成，才能满足人体各种营养需要，达到合理营养、促进健康的目的。因而宴会菜品原料应广泛多样。

通常菜品原料包括以下五大类：

1.谷薯类

谷薯类主要提供碳水化合物、蛋白质、膳食纤维及B族维生素。

2.动物性食物

动物性食物主要提供蛋白质、脂类、矿物质、维生素A和B族维生素。

3.豆类及其制品

豆类及其制品主要提供蛋白质、脂类、膳食纤维、矿物质和B族维生素。

4.蔬菜、水果

蔬菜、水果主要提供丰富的维生素、矿物质和膳食纤维。

5.纯热能食物

纯热能食物主要提供能量。植物油还可提供维生素E和必需脂肪酸。

宴会菜品要注意控制动物性食物的比例及减少烹调时用油量，增加蔬菜、菌类、水果、粗粮、奶类、豆类或其制品的搭配，以达到菜肴营养素互补、提高营养素利用率的目的。谷薯类是点心制作的重要原料，应综合运用到宴会菜品中去。

(二)宴会菜品的数量要适当,使营养不过剩

传统宴会讲究形式隆重,菜肴多样,就餐者对脂类与蛋白质摄入过高,营养过量,就餐时间长,既伤胃肠又不符合现代饮食要求。人体需要食物的营养及热能是有定量的。因此,应根据就餐人数实际需要来合理、科学地设计宴会菜品,从而使宴会菜品的组合与数量符合人体营养需求。

(三)控制宴会菜品的脂类含量

脂类含量过高是目前宴会菜品的突出问题。除动物性食物所含脂类较高外,其主要原因是烹调用油量过多。这又是烹饪技术造成的,如油炸、油煎、油爆、油氽、走油等常用的技法,都会使用大量油,甚至许多菜肴炒熟后,为了保持光泽度,还要淋油。《中国居民膳食指南(2016)》建议少吃肥肉和荤油,它们是高能量和高脂类食物,摄入过量往往会引起肥胖,还易引发某些慢性病。因此,一方面,宴会菜品脂类含量在烹调时要加以控制;另一方面,在设计宴会菜品时,注意蒸菜、烧菜、煮菜、炖菜、烩菜、水氽菜的应用,因为这些菜品所需烹调用油相对较少。

(四)宴会酒品应适量

在举办宴会时,人们往往饮酒。若适量饮用低度酒或果酒,不仅对身体有益,还会活跃宴会气氛。过量饮酒会使食欲下降,食物摄入减少导致摄入营养素较少,严重时还会造成酒精性肝硬化;此外,还会增加患高血压、中风等风险。

(五) 宴会菜品应清洁卫生

除宴会菜品应卫生、健康外,还要注意进餐的卫生条件,包括进餐环境、餐具和共餐者的健康卫生状况。提倡分餐制,减少疾病传染的机会。

三、宴会菜品营养设计举例

北京某饭店曾利用计算机设计宴会营养菜品,菜单介绍如下:

宴前:清茶

冷菜:拌金针菇　碧绿油菜　拌海带丝　美味酱鸭　五香爆鱼　双味河虾

热菜:菠萝虾球　干烧鲜鱼　粉蒸排骨　叫化童鸡　素炒什锦　干贝瓜球

汤:鲈鱼羹

点心:萝卜丝饼

甜品:杏仁豆腐

客人落座,先端上清茶,大家边喝边谈。然后送上三荤、三素的凉菜。其中,素菜包括金针菇、油菜、海带丝,荤菜包括鸭、鱼、虾。这六道凉菜清淡可口,是典型的淮扬风味。接着上席的是六道热菜,四荤、二素。其中,荤菜是菠萝虾球、干烧鲜鱼、粉蒸排骨、叫化童鸡,素菜是素炒什锦、干贝瓜球。汤是鲈鱼羹,点心是萝卜丝饼,另加一道甜品杏仁豆腐。每道菜都“先看后分”,每人分到的菜量少而精,几乎都能用净。整席菜肴花样繁多、品种齐全、科学搭配,基本上可以达到平衡膳食的目的。

工作任务二　技能训练

在学生分组的前提下，各小组组长以实训任务书（表4-17）为参照，对每个组员的营养膳食菜单编制实训进行督导，注意小组实训中的可取以及改进之处，分别发言总结。教师在此基础之上有针对性地进行指导。

表 4-17　　营养膳食菜单编制实训任务书

<table>
<tr><td>班级</td><td colspan="2"></td><td>学号</td><td></td><td>姓名</td><td></td></tr>
<tr><td>实训项目</td><td colspan="2">营养膳食菜单编制</td><td colspan="2">实训时间</td><td colspan="2">4学时</td></tr>
<tr><td>实训目的</td><td colspan="6">通过对宴会营养膳食菜单的编制原则内容的讲解，学生能够根据需要完成营养膳食菜单的编制，达到灵活运用的训练要求</td></tr>
<tr><td>实训方法</td><td colspan="6">首先教师讲解，然后学生分组讨论，最后教师进行指导点评。要求学生通过学习宴会营养膳食菜单的编制原则与要求，完成相应的宴会菜单设计</td></tr>
<tr><td colspan="7">实训过程</td></tr>
<tr><td colspan="7">1.操作要领
(1)对宴会营养膳食菜单的编制原则、寿宴的旧菜单等资料进行搜集，小组进行讨论
(2)对参加寿宴人群的饮食结构进行调查与分析
(3)对菜品、原料、酒品等因素综合考虑，形成菜单的初步构思
(4)对菜单的封面样式选择、图案文字说明等工作进一步讨论，确定宴会菜单最终内容
2.操作程序
(1)相关知识的讨论
(2)菜单适用群体分析
(3)菜单设计初步构思
(4)菜单的装潢设计
3.模拟情景
设计寿宴菜单一套</td></tr>
<tr><td>要点提示</td><td colspan="6">(1)宴会菜品的数量应适当，原料应多样
(2)保证菜品的营养均衡</td></tr>
<tr><td colspan="7">能力测试</td></tr>
<tr><td>考核项目</td><td colspan="3">操作要求</td><td>配分</td><td colspan="2">得分</td></tr>
<tr><td>相关知识的讨论</td><td colspan="3">对各宴会营养膳食菜单的编制原则深入理解，小组讨论热烈</td><td>15</td><td colspan="2"></td></tr>
<tr><td>菜单适用群体分析</td><td colspan="3">分析出参加人群的饮食结构特点，考虑全面</td><td>25</td><td colspan="2"></td></tr>
<tr><td>菜单设计初步构思</td><td colspan="3">菜单体现营养健康的理念，各要素合理</td><td>35</td><td colspan="2"></td></tr>
<tr><td>菜单的装潢设计</td><td colspan="3">确定菜单的封面样式选择及图案文字说明内容</td><td>25</td><td colspan="2"></td></tr>
<tr><td>合计</td><td colspan="3"></td><td>100</td><td colspan="2"></td></tr>
</table>

第五部分

饮品搭配

引导案例

加强与客人的沟通

某中餐厅，正值午餐时间，服务员小徐在包间热情地为客人提供餐前服务。客人点好菜后，又点了一瓶红葡萄酒。小徐问道："先生，您点的红葡萄酒需要添加雪碧吗？"客人答："加，我们自己来兑吧！"小徐回答说："好，马上送来。"于是，她就走开了。另一位服务员看到小徐挺忙的，就去帮她拿酒水，并将酒与雪碧兑到一起。客人一看就火了，大声叫嚷起来："不是说了嘛，我们自己来兑，不是所有的杯都加雪碧的，你们看怎么办，赔一瓶吧！"气氛顿时尴尬，小徐觉得应以优质的服务来弥补自己工作上的失误，将不良影响降低到最低程度，使客人满意而去。在随后的就餐中，小徐服务得更加细心周到，渐渐消除了客人的不满。客人临走时，还表扬小徐的服务态度好，并说下次会再来。

辩证性思考：

并不是所有的客人都喜欢红葡萄酒兑雪碧这种饮法，因此，员工在为客人服务之前，需要征求客人的意见，确认客人的要求，再进行操作，这样才能赢得客人的满意。

实训项目一

酒品的选用

实训目标

1.了解中国酒品的相关知识。

2.掌握酒水的选用与搭配方法。

工作任务一　酒水知识与搭配

一、酒水概述

自古以来,人们就有饮酒的习惯。适量饮酒,可以兴奋神经、增进食欲、舒筋活血、祛湿御寒。酒还可以作为烹饪调料,并且具有药用价值。每逢节假日或喜庆日子,家人团聚或款待亲友,若以美酒佐餐,定能活跃餐桌气氛,丰富人们的生活。

(一)酒与酒度

1.酒与酒的成分

酒是一种用粮食、果品等含淀粉或糖的物质经发酵、蒸馏而成的含乙醇、带刺激性的饮料。凡酒精(乙醇)含量为0.5%～65%(体积分数)的饮料,均可称作酒类。

酒中最重要的成分是乙醇,它的特性在很大程度上决定了酒的特性。酒中还含有另一种成分甲醇,它能溶于酒精和水中,有刺鼻性气味。甲醇有毒性,对人体的神经系统有害。因此,我国规定了白酒中的甲醇含量,即粮谷类原料酿造的白酒中甲醇不得超过0.6 g/L,其他原料酿造的白酒中甲醇不得超过2 g/L。

酒中还有其他多种物质,主要包括水、总醇类、总醛类、总酯类、糖、杂醇油、矿物质和微生物等。这些物质虽然在酒中所占比重小,但却与酒的质量以及色、香、味、体等具有很大的关联,决定了酒的口味差别。

2.酒度

酒精在酒品中的含量用酒度来表示,酒度的表示法也因国家和计量方法的不同而不同。

(1)计量表示法

①容量百分比:惯用的酒度表示法,即在 20 ℃ 室温条件下,每 100 mL 的酒液中含有酒精的毫升数,以"% vol"或"V/V"表示。

②质量百分比:即在 20 ℃室温的条件下,每 100 mL 的酒液中含有酒精的克数,以"% by wgt"或"W/W"表示。

(2)不同国家和地区的酒度表示法

①标准酒度:标准酒度是法国著名化学家盖·吕萨克发明的,故又称为盖·吕萨克酒度,它指在 20 ℃ 室温条件下,每 100 mL 的酒液中含有酒精的毫升数。标准酒度表示法简易明了,被广泛采用,通常以百分比表示或简写为 GL。

②英制酒度:英制酒度是 18 世纪英国人克拉克创造的一种酒度计算方法。

③美制酒度:美制酒度用酒精纯度表示,1 个酒精纯度相当于 2%的酒精含量,即可认为是标准酒度的 2 倍。

(二)酒的分类

1.按生产工艺划分

(1)发酵酒

发酵酒也称为酿造酒,又称为原汁酒。它是在含有糖分的液体中加入酵母进行发酵而生成的含酒精的饮料。发酵酒的主要酿造原料是谷物和水果,其特点为酒度低,保质期短,不宜长期贮存。主要品种有黄酒、啤酒、米酒和水果酒等。

(2)蒸馏酒

蒸馏酒是把原料发酵后,以一次或多次蒸馏过程提取高酒度的酒液,其酒度不低于 24 度。主要品种有白兰地、威士忌、金酒、伏特加、朗姆酒、特基拉酒等。

(3)配制酒

配制酒又称为再制酒。配制酒是用发酵酒、蒸馏酒或食用酒精、药材、香料、植物等,浸泡、配制而成的酒,其酒度在 22 度左右,个别配制酒的酒度高些,但一般都不超过 40 度。配制酒可分为开胃酒、甜食酒和利口酒三大类。

2.按酒精含量划分

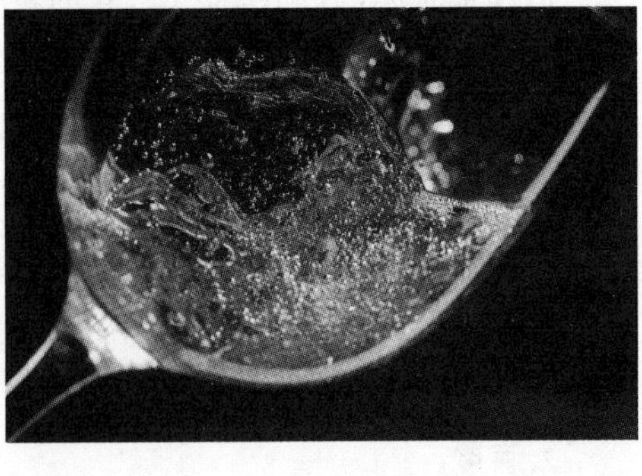

(1)低度酒

即酒液中酒精含量在 20%以下的酒。

(2)中度酒

即酒液中酒精含量为 20%~40%的酒。

(3)高度酒

即酒液中酒精含量在 40%以上的酒。

3.按制酒原料划分

(1)果酒

果酒是用含有较高糖分的水果为原料生产的酒,分成葡萄酒、白兰地等。

(2)粮食酒

粮食酒是以含有丰富淀粉的粮食为原料生产的酒，如啤酒、黄酒、米酒等。

(3)代粮酒

代粮酒是用粮食和水果以外的原料，如野生植物淀粉原料或含糖原料生产的酒，习惯称为代粮酒或代用品酒。例如，用木薯、糖蜜等为原料生产的酒。

4.按西餐餐饮搭配习惯划分

(1)餐前酒

餐前酒也称为开胃酒，是指在进餐前饮用的能刺激胃口、增加食欲的酒。开胃酒常用药材浸制而成，具有酸、苦、涩的特点，起到生津开胃的作用。较为常见的餐前酒有味美思酒、比特酒和茴香酒等。

(2)佐餐酒

佐餐酒也称餐酒，是指进餐时饮用的各种葡萄酒，是西餐配餐的主要酒类。佐餐酒包括红葡萄酒、白葡萄酒和玫瑰红葡萄酒。在西餐的正餐中，只有葡萄酒可以作为佐餐酒。

(3)甜食酒

甜食酒是指在进食甜食时饮用的酒品，其口味较甜，常以葡萄酒为基酒加葡萄蒸馏酒配制而成。甜食酒的糖度和酒度均高于一般的葡萄酒。常见的甜食酒有马德拉酒、波特酒和雪利酒等。

(4)餐后酒

餐后酒是指餐后饮用的各种配制酒，如利口酒，这类酒较为香甜，具有清新口气、帮助消化的作用。

(三)酒的酿造

酒的生产工艺主要分为以下四种。

1.发酵工艺

任何酒的生产都必须经过发酵，这是酿酒过程中最重要的一步。简单地说，此工艺的关键就是将酿酒原料中的淀粉糖化，继而酒化的过程。

2.蒸馏工艺

蒸馏是酿酒的重要过程。蒸馏的原理很简单，即根据酒精的理化性质(酒精的汽化温度为 78.3 ℃)，只要将发酵过的原料加热到 78.3 ℃以上，就能获得酒精气体，冷却之后即液体酒精。采用蒸馏方法来提高酒度，酒精含量可以提高 3 倍，即把酒精含量为 15 度的酒液进行一次蒸馏，可得到 45 度的酒液。但原则上，通过这种方法永远也得不到 100％的酒精。

3.陈化工艺

将酒液储存在木桶或窖池中放置一段时间以促进酒液的成熟，从而形成完美的香气和良好的品质。但有少数酒可以不需陈化，如金酒、伏特加等。

4.勾兑工艺

勾兑工艺是将不同年份、不同品质特点的酒，在装瓶前进行混兑，以达到统一的良好的品质。酒的最终风格的形成有赖于勾兑工艺。

（四）酒的保健功用

酒的医疗保健作用主要有驱寒、帮助消化、安神镇静、舒筋活血等。

二、酒水在宴会中的作用

（一）正确选择酒水可以增强宴会饮食的科学性

中式宴会用酒讲究的是以食助饮，佐酒是一门高雅的饮食艺术。和世界上许多善饮的民族一样，我们祖先在几千年前就创立了一整套佐食、佐饮的理论和方法。酒有开胃功能、药用功能、助兴功能和礼仪用途等。酒对人体有不少有益的作用。如葡萄酒中含有丰富的营养成分，其中包括大量的维生素以及矿物质。另外，酒液中的醇类物质可以提供人体所需要的一部分热能。除了葡萄酒外，啤酒、黄酒、原汁果酒、配制酒也都具有不同的营养价值，受到人们的高度评价。酒中的酒精、维生素 B2、酸类物质等都具有明显的开胃功能，它们能刺激和促进胰腺液的分泌，增加口腔中的唾液、胃囊中的胃液以及鼻腔的湿润程度。因此，适当、适时、适量饮用酒品佐食，可以增进食欲。中式宴会的菜肴通常很丰盛，在宴会开始和进行中饮用适量的低糖、低酒精、少气体的酒品，可以让客人保持良好的食欲。

（二）正确选择酒水可以烘托宴会饮食的气氛

以酒待客是礼仪之道，因此，在社会交往中，酒一直占有重要地位。凡是重大的奠祀、喜事和社会上的其他交往，如迎宾待客、洽谈生意等都离不开酒。从酒规席礼来看，“无酒不成席”“酒逢知己千杯少”“薄酒三杯表敬意”已为社会所认同。如何斟酒、敬酒、祝酒，也都约定俗成。酒水服务是餐厅服务人员必备的基本功，国宴上的酒礼更能显示出一个国家的文明程度。

但是，饮酒切忌过量。因为酒精进入身体后，一部分由胃黏膜吸收，其余经小肠进入血液，分布全身。长期酗酒，可引起慢性酒精中毒，使记忆力与理解力下降，会出现手颤、幻觉等症状，诱发全身性神经炎、食道炎和消化性溃疡。酗酒还会加重肝炎、高血压、冠心病等疾病。

三、葡萄酒知识

(一)葡萄酒的生产

葡萄酒被称为“发酵酒之王”,它是当今世界上广受欢迎的饮品之一。根据国际葡萄与葡萄酒组织规定,葡萄酒是破碎的或未破碎的新鲜葡萄果实或葡萄汁经过完全或部分发酵后获得的饮料,其酒精含量不能低于8.5%。但是,根据气候、土壤条件、葡萄品种和一些葡萄酒产区特殊的质量因素或传统,在一些特定的地区,葡萄酒的最低总酒精含量可降低到7.0%。

(二)葡萄酒的分类

(1)按生产方法划分:原汁葡萄酒、强化葡萄酒、加香葡萄酒。

(2)按颜色划分:红葡萄酒、桃红葡萄酒、白葡萄酒。

(3)按所含糖分划分:干葡萄酒(含糖量小于4 g/L)、半干葡萄酒(含糖量为4～12 g/L)、半甜葡萄酒(含糖量为12～50 g/L)、甜葡萄酒(含糖量大于50 g/L)。

(4)按酒液中有无气泡划分:气泡葡萄酒、无气泡葡萄酒。

(5)按酒标上有无年份划分:佳酿葡萄酒、普通葡萄酒。

(三)中国著名葡萄酒简介

1.张裕葡萄酒

张裕葡萄酒产于烟台张裕集团有限公司。该厂家至今已有一百多年的历史,它是中国第一个工业化生产葡萄酒的厂家,也是目前中国乃至亚洲最大的葡萄酒生产经营企业之一。张裕葡萄酒于1915年荣获巴拿马太平洋万国博览会金奖,之后在全国乃至世界名酒评比中也多次获奖。张裕葡萄酒的品种齐全,种类很多,价格多样化,基本满足了各个层次的消费者。如张裕干红葡萄酒、张裕高级解百纳干红葡萄酒、张裕干白葡萄酒、张裕天然白葡萄酒等,滋味醇厚,风味独特。

2.王朝葡萄酒

王朝葡萄酒产于中法合营王朝葡萄酒有限公司,曾先后8次获国家级金奖,14次获国际金奖。它的酒液色泽鲜艳,呈红宝石色,澄澈透明,香味和谐,入口醇厚,圆润柔细,余香清晰,具有独特的典型风格。

3.长城葡萄酒

长城葡萄酒产于中粮集团有限公司。长城葡萄酒酒色微黄带绿、透明晶亮,果香悦人,新鲜爽口。长城葡萄酒为国家名酒、国宴用酒。

4.通化葡萄酒

通化葡萄酒产于通化葡萄酒股份有限

公司。它是以长白山脉野生山葡萄为主要原料，采用先进的科学技术和独特的传统工艺精制而成，以其醇厚的酒质、山葡萄独特的果香、清澈透明的感观、幽雅和谐的口味深受广大消费者欢迎。

(四)葡萄酒与菜肴的搭配

葡萄酒与菜肴搭配的基本规律为“红配红、白配白，桃红香槟都可来”，具体如下：

(1)红酒可以与浓重的菜肴搭配，如肉禽类等。白葡萄酒可以与清淡的菜肴搭配，如海鲜类。而桃红葡萄酒和香槟酒可以和所有菜肴搭配。

(2)带糖醋调味汁的菜肴应配以酸性较高的葡萄酒，清淡的干白葡萄酒要比干红葡萄酒酸些，长相思干白葡萄酒是好选择。

(3)鱼类菜肴应根据所用的调味汁来决定搭配的葡萄酒。奶白汁的鱼菜可选用干白葡萄酒，浓烈的红汁鱼则配以醇厚的干红葡萄酒为妙，而陈酿干白葡萄酒是熏鱼的好搭配。

(4)油腻和奶糊类菜肴选择中性和厚重的干白葡萄酒非常合适，霞多丽干白葡萄酒的黄油香味能给奶糊类食物增加其独特的风味，但要避免搭配果香味较重的葡萄酒。

(5)辛辣刺激类菜肴选择葡萄酒很合适，较甜的葡萄酒与辣味形成较好的对照。

(6)丰盛油腻的食物应和同样味重的干红葡萄酒搭配，口感厚重、架构丰满、富含高单宁酸的赤霞珠葡萄酒是理想的选择。

中国有世界上最丰富的菜系，几乎所有的中国菜肴都可以搭配葡萄酒，尤其是流行最广的家庭菜肴，更适宜与各类葡萄酒进行搭配，以上海地区部分家常菜肴与葡萄酒的搭配为例，见表 5-1。

表 5-1　上海地区部分家常菜肴与葡萄酒的搭配

菜肴分类	家常菜肴名称	搭配酒种
开胃冷菜（清淡口味）	炸土豆条、萝卜丝拌海蜇、糟毛豆、姜末拌茄子、蒜香黄瓜、素火腿、小葱皮蛋豆腐、凉拌海带丝、白斩鸡	白葡萄酒
口味冷菜（浓郁口味）	咸菜毛豆子、油炸臭豆腐、五香牛肉、雪菜冬笋丝、黄泥螺、糖醋辣白菜、酱鸭掌	红葡萄酒
河鲜类（清淡口味）	泥鳅烧豆腐、清炒虾仁、清蒸河鳗、清蒸鲥鱼、盐水河虾、清蒸刀鱼、蒸螃蟹、葱油鳊鱼、醉鲜虾	白葡萄酒
河鲜类（浓郁口味）	红烧鳜鱼、炒螺蛳、酱爆黑鱼丁、豆瓣牛蛙、红鲫鱼塞肉、葱烤河鲫鱼、炒虾蟹	桃红葡萄酒、白葡萄酒

（续表）

菜肴分类	家常菜肴名称	搭配酒种
肉禽类（清淡口味）	榨菜肉丝、冬笋炒牛肉、魔芋烧鸭、韭黄鸡丝、清蒸鸭子、韭黄炒肉丝、芦笋炒肉丝、蘑菇鸭掌	桃红葡萄酒、白葡萄酒
肉禽类（浓郁口味）	糖醋排骨、红烧牛肉、红烧蹄髈、红烧狮子头、红烧蹄筋、炖羊肉、油面筋塞肉、花生肉丁、干菜焖肉	红葡萄酒
风味菜（辛辣口味）	宫保鸡丁、水煮牛肉、椒盐牛肉、椒麻鸡片、油淋仔鸡、干烧鱼块、回锅肉、红油腰花、鱼香肉丝	红葡萄酒
海鲜菜（清淡口味）	葱姜肉蟹、炒乌鱼球、白灼斑节虾、葱油蛏子、生炒鲜贝、滑炒贵妃蚌、刺身三文鱼、蛤蜊炖蛋、葱姜海瓜子	白葡萄酒
海鲜菜（浓郁口味）	糖醋黄鱼、茄汁大明虾、干烧鱼翅、红烧鲍鱼、干烧明虾、红炖海参、蚝油干贝、红烧鱼肚、红烧螺片	红葡萄酒、白葡萄酒

（四）葡萄酒的饮用艺术

1.饮用酒杯

饮用葡萄酒时，应使用大小适当且上部微微收口的杯子，这种杯子称为郁金香杯，它能保持酒的香味。杯子用水晶或无色的玻璃制成，不需要雕琢和装饰即可看到酒的颜色。选用此高脚杯，在转动酒杯观察时，不会由于手的温度而影响杯中的酒。酒杯要用温水清洗，不用或少用洗涤剂，清洗完后认真擦拭干净。擦干的杯子应立刻放起来或挂起来，确保不染上其他气味。

2.饮用温度

各种酒的最佳饮用温度是不同的，最理想的温度是：利口酒、香槟酒及有气泡的酒为 6～9 ℃；干型、半干型葡萄酒为 8～10 ℃；桃红葡萄酒和轻型红酒为 10～14 ℃；鞣酸含量低的红葡萄酒为 15～16 ℃；鞣酸含量高的红葡萄酒为 16～18 ℃。

3.开瓶方法

在开瓶前要去掉瓶塞上的包装，并擦一下瓶的上部。如果瓶塞没有完全出来或者卡在了瓶口，必须更深地向下转动瓶起子的螺旋部分。避免晃动酒瓶，慢慢地拉出瓶塞。香槟和带气的酒有压力，开启时要格外小心。当固定瓶塞的铁丝箍拿掉后，瓶塞要保持在原来的位置上。可使用一条餐巾保护手，以防万一。

年份短的和鞣酸含量多的红葡萄酒与空气接触后，更有利于酒香的散发，喝起来更惬意。喝利口酒和白葡萄酒时，需提前一个小时左右打开，红葡萄酒（除陈酿的酒）要提前一个半小时打开。打开的酒，有时会有股不好的气味，这是因为瓶塞发霉，把这种味道传给了酒，俗称“瓶塞味酒”。在餐馆服务时，客人是完全可以拒绝这种酒的。

在陈年的酒中会有鞣酸和着色物形成的沉淀，为防止在斟酒时因沉淀物被搅动而使得酒水显得混浊，最好事先把酒瓶直立放置几小时，使沉淀物完全沉降于瓶底，然后再把酒倒向广口瓶内，看到沉淀物要到达瓶颈时，立刻停止而将沉淀物留在瓶内。

葡萄酒与空气接触后会发生氧化。因此，没喝完的酒，应在它还没有“变坏”的两三天内喝完。为了能保持酒的良好口感，除了要进行很好的密封外，还应该把酒放在低温处。瓶子打开后，白葡萄酒可以存放两天，红葡萄酒可以存放三四天。

4.服务程序

第一步，为客人点酒。

第二步，将瓶标朝向客人，进行示瓶。

第三步，进行酒温度的降低或提升。

第四步，开瓶。

第五步，请主人尝酒。

第六步，为客人斟酒。

四、啤酒知识

（一）啤酒的生产

啤酒是以大麦芽为主要原料，以大米或玉米为辅料，配以有特殊香味的啤酒花，经发酵而制成的一种含二氧化碳的低酒精饮料，酒精含量一般不超过4%。

（二）中国著名啤酒简介

1.青岛啤酒

青岛啤酒的特点为色泽淡黄，澄清透明，泡沫洁白、细腻、持久，有独特的酒花香味和麦芽香味，口味纯正，香醇爽口，苦味细腻柔和。

2.北京啤酒

北京啤酒从20世纪60年代起入选国家“国宴用酒”。北京啤酒泡沫洁白、细腻、持久，具有幽雅的酒花香味和麦芽香味，口味纯正，清淡爽口，是北方群众喜爱的啤酒。

3.上海啤酒

上海啤酒泡沫洁白、细腻、持久，香味纯正，口味纯净、爽口。它是中国淡爽型啤酒的典范。

(三)啤酒的饮用

适宜的温度可以使啤酒的各种成分协调平衡，产生最佳的口感。啤酒在冰镇后饮用的最佳温度为 8～10 ℃。啤酒不能冷冻保存。啤酒的冰点为－1.5 ℃，冷冻的啤酒不仅不好喝，而且会破坏啤酒中的营养成分。同时，容易使瓶子爆裂，造成伤害事故。

饮用啤酒可采用各种形状的酒杯，但杯具容量大小要适宜。必须保持酒杯清洁、无油污，因为油脂是啤酒泡沫的大敌，能消除泡沫。因此盛啤酒的容器、杯具要热洗冷刷，不可使用布巾擦干玻璃杯，因为布里的漂白剂或清洁剂的残留物可能会破坏啤酒味道。服务时，切勿用手指触及杯沿及杯内壁。

开启啤酒瓶时不要剧烈摇动瓶子，要用开瓶器轻启瓶盖，并用洁布擦拭瓶身及瓶口。倒啤酒时以桌斟的方法进行。斟倒时，瓶口不要贴近杯沿，顺杯壁注入，泡沫过多时，应分两次斟倒。杯中酒液应占 3/4，泡沫占 1/4。

啤酒不宜细饮慢酌，否则酒在口中升温，会加重苦味。喝啤酒的方法有别于喝烈性酒，宜大口饮用，让酒液与口腔充分接触，以便品尝啤酒的独特味道。不要在喝剩的啤酒杯内倒入新开瓶的啤酒，这样会破坏新啤酒的味道。

五、白酒知识

(一)白酒的生产

白酒是以高粱、玉米、大麦、小麦、红薯等为原料，经过发酵、制曲、多次蒸馏、长期贮存制成的高酒精度的液体。由于各种白酒的制曲方法不同，发酵、蒸馏的次数不同和勾兑技术的不同，形成了不同风格的白酒。

(二)白酒的命名

(1)以地点命名，如茅台酒、汾酒等。

(2)以原料命名，如五粮液、高粱酒等。

(3)以生产工艺命名，如三花酒、二锅头等。

(4)以曲的种类命名，如洋河大曲、泸州老窖特曲等。

(5)以历史人物、典故命名，如杜康酒、孔府家酒等。

(三)中国著名白酒简介

1.茅台酒

茅台酒产于贵州省仁怀市茅台镇,1915 年在巴拿马万国博览会上荣获金奖,在历届全国评酒会上均被评为国家名酒。茅台酒具有醇香突出、酒体醇厚、幽雅细腻、回味悠长、空杯留香持久的风格,属酱香型白酒。

2.汾酒

汾酒产于山西省汾阳市杏花村,在历届全国评酒会上均被评为国家名酒。汾酒具有清澈透明、清香纯正、爽口绵长的风格,属清香型白酒。

3.五粮液

五粮液产于四川省宜宾市,因采用五种粮食为酿酒原料而得名。五粮液是我国名酒之一,具有喷香浓郁、清冽甘爽、甘甜绵软、回味悠长的风格,属浓香型白酒。

4.泸州老窖特曲

泸州老窖特曲产于四川省泸州市,自 1952 年起,在历届全国评酒会上均被列为国家名酒,荣获国家金奖。泸州老窖特曲具有窖香浓郁、清冽甘爽、回味悠长、饭后尤香的风格,属浓香型白酒。

5.剑南春

剑南春产于四川省绵竹市,连续三届蝉联国家名酒称号。剑南春具有芳香浓郁、醇和回甜、清冽净爽、余香悠长的风格,属于浓香型白酒。

6.洋河大曲

洋河大曲产于江苏省宿迁市洋河镇,连续三届蝉联国家名酒称号。洋河大曲具有甜、绵、软、净、香的风格,属于浓香型白酒。

7.古井贡酒

古井贡酒产于安徽省亳州市古井镇,连续四届被评为国家名酒。古井贡酒具有浓香馥郁、芳香持久、醇和甘爽、回味悠长的风格,属于浓香型白酒。

8.董酒

董酒产于贵州遵义市董公寺镇,因创始于董公寺而得名。董酒四次被评为国家名酒。董酒既有小曲酒的柔绵醇和、回甜,又有大曲酒的芳香浓郁,并带药香,酒香、药香融为一体,香气幽雅舒适,入口醇化浓郁,饮后甘爽味长。董酒属于其他香型白酒。

9.西凤酒

西凤酒产于陕西省凤翔县柳林镇,四次被评为国家名酒,具有醇香秀雅、甘润的风格,属于凤香型白酒。

10.全兴大曲

全兴大曲产于四川省成都市，三次被评为国家名酒，具有醇和协调、绵甜甘冽、落喉净爽的风格，属于浓香型白酒。

11.双沟大曲

双沟大曲产于江苏省泗洪县双沟镇，两次被评为国家名酒，具有窖香浓郁、绵甜甘爽、香味协调、尾净余长的风格，属于浓香型白酒。

12.郎酒

郎酒产于四川省古蔺县二郎镇，两次被评为国家名酒，具有酱香突出、醇厚净爽、回味留香的风格，属于酱香型白酒。

此外，中国著名的白酒还有二锅头、白沙液、孔府家酒、杜康酒、三花酒、酒鬼酒等。

六、黄酒知识

黄酒是以稻米、黍米、黑米、玉米、小麦等为原料，经过蒸料，拌以麦曲、米曲或酒药，进行糖化和发酵酿制而成的酒。

(一)黄酒的分类

1.按含糖量划分

(1)干黄酒

“干”表示酒中的含糖量少。在绍兴地区，干黄酒的代表是元红酒。

(2)半干黄酒

“半干”表示酒中的糖分还未全部发酵成酒精。在生产上，这种酒的加水量较低，相当于在配料时增加了饭量，故又称为加饭酒。其酒质厚浓，风味优良，可以长久贮藏。半干黄酒是黄酒中的上品。我国大多数出口黄酒属此类型。

(3)半甜黄酒

半甜黄酒含糖分较高，酒香浓郁，酒度适中，但这种酒不宜久存。

(4)甜黄酒

甜黄酒的含糖量高，由于加入了米白酒，酒度也较高。

(5)加香黄酒

加香黄酒是以黄酒为酒基，经浸泡或复蒸芳香动、植物或加入芳香动、植物的浸出液而制成的黄酒。

常见黄酒中，花雕酒为半干黄酒，封缸酒(绍兴地区又称为香雪酒)为甜黄酒，善酿酒为半甜黄酒。

2.按酿造方法划分

(1)淋饭酒

它是指将蒸熟的米饭用冷水淋凉，然后拌入酒药粉末，搭窝，糖化，最后加水发酵而成的酒。淋饭酒口味较淡。有的工厂用淋饭酒作为酒母，即淋饭酒母。

(2)摊饭酒

它是指将蒸熟的米饭摊在竹篦上，使米饭在空气中冷却，然后再加入麦曲、酒母、浸米浆水等，混合后直接发酵而成的酒。

(3)喂饭酒

按这种方法酿酒时，米饭不是一次性加入，而是分批加入。

3.按产地、原料、工艺划分

(1)绍兴酒

绍兴酒产于浙江绍兴地区，以糯米为原料，采用淋饭酒、摊饭酒的工艺酿成。它是中国黄酒的代表。其中，除绍兴地区外，其他地区按绍兴酒工艺酿成的糯米酒，均称为仿绍酒。如北京元红酒、福建红曲酒等。

(2)北方黄酒

北方黄酒又称华北黄酒、黍米黄酒，主要产于华北、东北及黄河流域一带。它以黍米为原料而酿成，如即墨老酒、杏花黄酒、大连黄酒。

(3)清酒

清酒又称大米清酒，是从日本引进的酒类，最早在长春试产成功并投入生产，后又发展到济宁、德阳等地。它以大米为原料，采用酒酵母为糖化酵剂，按日本清酒工艺酿造而成。

4.按酿酒用曲的种类划分

黄酒可以分为小曲黄酒、生麦曲黄酒、熟麦曲黄酒、纯种曲黄酒、红曲黄酒、黄衣红曲黄酒、乌衣红曲黄酒等。

(二)黄酒的饮用与服务

黄酒传统的饮法是温饮，将盛酒器放入热水中烫热或隔火加温。温饮的显著特点是酒香浓郁、酒味柔和。但加热时间不宜过久，否则会使酒精挥发，淡而无味。一般在冬天盛行温饮，也可以是在常温下饮用。在一些地区，流行加冰后饮用，即在玻璃杯中加入一些冰块，注入少量黄酒，最后加水稀释，也可放一片柠檬在杯中。

此外，在饮黄酒时，若配以不同的菜肴，则更可领略黄酒的特有风味。以绍兴酒为例，干型的元红酒宜配蔬菜类、海蜇皮等冷盘；半干型的加饭酒宜配肉类、大闸蟹等；半甜型的善酿酒宜配鸡、鸭肉等；甜型的香雪酒宜配甜菜类等。

七、鸡尾酒知识

(一)鸡尾酒的制作

鸡尾酒是由两种或两种以上的酒或饮料、果汁、汽水调配而成的一种饮品。具体来说，鸡尾酒是由基本成分(烈酒)、添加成分(利口酒和其他辅料)、香料、添色剂及特别调味用品，按一定分量配制而成的一种混合饮品。鸡尾酒讲究色、香、味、形的兼备，故又称艺术酒。

(二)鸡尾酒的分类

世界上鸡尾酒有三千多种，分类方法也多种多样。这里将介绍最常见的几种。

1.按饮用时间和地点分类

(1)餐前鸡尾酒

餐前鸡尾酒主要指以增加食欲为目的的混合酒，口味分甜和不甜两种。被称为混合酒鼻祖的马天尼(Martini)和曼哈顿(Manhattan)便属此类。

(2)俱乐部鸡尾酒

在享用正餐(午餐、晚餐)时，代替头盆、汤菜时提供。这种混合酒色泽鲜艳，富有营养并具有刺激性，如三叶草俱乐部(Clover Club)。

(3)餐后鸡尾酒

几乎所有餐后鸡尾酒都是甜味酒，如亚历山大(Alexander)。

(4)晚餐鸡尾酒

即晚餐时饮用的鸡尾酒，一般口味很辣，如苦艾(Absinthe)。

(5)香槟鸡尾酒

在庆祝宴会上饮用，先将调制混合酒的各种材料放入杯中调好，饮用时斟入适量香槟酒即可。

2.按混合方法分类

(1)短饮类鸡尾酒

短饮类鸡尾酒酒精含量较高，香料味浓重，放置时间不宜过长，如马天尼、曼哈顿均属此类，通常用短杯提供。

(2)长饮类鸡尾酒

长饮类鸡尾酒用烈酒、果汁、汽水等混合调制而成，酒精含量低，是一种温和的混合酒。长饮类鸡尾酒可放置较长时间而不会变质。通常用高杯饮用，所用杯具是以酒品的名称命名，如柯林斯(Collins)放在柯林斯杯中。

(3)热饮类鸡尾酒

热饮类鸡尾酒与其他混合酒最大的区别是用沸水、咖啡或热牛奶冲兑，如托迪(Toddy)、格罗格(Grog)等。

3.按所用基酒分类

根据所用基酒不同，鸡尾酒分为白兰地类、威士忌类、金酒类、伏特加类、朗姆酒类、特基拉酒类以及其他类。

(三)鸡尾酒的基本结构

1.基酒

基酒主要以烈性酒为主，又称鸡尾酒的酒底，有白兰地、威士忌、金酒、伏特加、朗姆酒和特基拉酒六大基酒。也有些鸡尾酒用开胃酒、葡萄酒、餐后甜酒等做基酒；个别特殊的鸡尾酒不含酒的成分，纯用软饮料配制而成。

(1)白兰地

狭义的白兰地是以葡萄为原料经发酵、蒸馏而成的。广义的白兰地是以水果为原料经发酵、蒸馏而成的。为了避免混淆，广义的白兰地在“白兰地”之前冠以原料水果的名称。白兰地以科涅克最为有名。科涅克(Cognac)，又名干邑，是法国西南部的一个小镇。科涅克所产的葡萄比波尔多、勃艮地区的酸，含糖量也少，其酿成的酒平均度数只有 9.2 度。

白兰地的饮用与服务具体如下：

①饮用场合：一般作为餐后酒，也可在休闲时饮用。

②饮用标准分量：酒吧标准用量是 25 mL 或 1 盎司(1 盎司＝28.35 g)一份。

③饮用杯具：大肚球形杯。

④饮用方法：净饮，将 1 盎司的白兰地倒入酒杯中。饮用时，用手心温度将白兰地稍微温下，让其香气挥发，慢慢品饮；加冰块饮用，将少量冰块放进酒杯中，再放 1 盎司白兰地；加冰水或汽水饮用。

(2)威士忌

威士忌是蒸馏酒中一类重要的酒品，主要生产国家大多是英语国家，其中以苏格兰威士忌最负盛名。英国人最喜欢喝威士忌，称其为"生命之水"。其著名品牌有白牌、海洛、劳根白马王等，美国的波本威士忌也很著名。

威士忌的饮用与服务具体如下：

①饮用场合：消遣休闲时饮用。

②饮用杯具：古典杯或专用威士忌酒杯。

③饮用标准分量：40 mL 一份。

④饮用方法：净饮，将威士忌直接倒入酒杯中；加冰块饮用，先在酒杯中放四五块冰，然后将威士忌酒倒入酒杯中；兑饮，将威士忌倒入酒杯中，再将冷藏过的矿泉水或汽水倒入酒中。

(3)金酒

金酒又称琴酒或杜松子酒。金酒无色透明，口味甘洌，杜松子香味浓郁，酒体风格独特，一般酒度为 38～43 度，少数超过 45 度。干金酒是调配混合酒的必备基酒。

金酒的饮用方法具体如下：

①兑饮：英国干金酒不作为纯饮用，可兑汤力水，再加上柠檬片，即成为著名的"金汤力"；用水杯或直身平底杯。

②纯饮：荷兰金酒主要用于纯饮，可适当冰镇，作为餐前或餐后酒饮用；用利口酒杯。荷兰金酒不纯饮时，仍可兑汤力水，并加入冰块和柠檬片饮用。

③加冰：将冰块放入杯中，再加入金酒。

(4)伏特加

伏特加起源于俄罗斯,其特点是无色、无味。入口后不酸、不甜、不苦、不涩。它可佐餐,可餐后饮,可加水、冰、果汁,也可以用作鸡尾酒的基酒。

伏特加的饮用方法具体如下:

①净饮:纯饮伏特加时,可用利口酒杯。

②加冰:加冰块时用古典杯,少量冰块放杯中和伏特加混合,加一片柠檬。

③兑饮:可加苏打水、果汁饮料或番茄汁。

(5)朗姆酒

朗姆酒是以甘蔗汁、甘蔗糖浆为原料,经过发酵、蒸馏而得的酒。因此,朗姆酒实质上是制糖业的副产品,其产地以西印度群岛居多。

朗姆酒的饮用方法具体如下:

①纯饮:陈年浓香型朗姆酒可作为餐后酒纯饮,用利口酒杯。

②加冰:可加冰块,用古典杯。

③兑饮:白色淡香型朗姆酒适宜做调制混合酒,可兑果汁饮料、碳酸饮料并加冰块。

(6)特基拉酒

特基拉酒又称龙舌兰酒,因产于墨西哥的特基拉小镇而得名,也只有产于该地的龙舌兰酒才可称作特基拉酒。它是墨西哥的国酒,主要原料为龙舌兰。

2.辅料

辅料用来搭配酒水,一般有橙汁、菠萝汁、柠檬汁、番茄汁、汤力水、苏打水、干姜水、雪碧、可乐等,有时也需少量的开胃酒或甜酒,但分量很少。

3.配料和装饰物

鸡尾酒常用的配料有糖、盐、糖浆、橄榄、丁香、蜜糖、红石榴汁、淡奶、可可粉、鲜牛奶、糖盐、咖啡、鸡蛋、青柠檬汁、小洋葱、玉桂枝、玉桂粉、豆蔻粉、辣椒油、胡椒粉等。装饰物有樱桃、橙子、柠檬、菠萝、香蕉、黄瓜、西芹叶、鲜薄荷叶、苹果、桃干等。

八、宴会酒水设计

宴会中使用的酒水主要指酒类和饮料。由于酒水的类别甚多,客人喜好各有不同,因而配酒水的随意性较大。过去中式宴会用酒水多由厨师选定,其费用计入筵席费用,酒水与冷菜一起上。现在的宴会用酒水,一是客人自带,二是在点菜时点取,其费用单列。根据这一情况，目前设计宴会酒水难度较大。设计时要注意：

(1)预订宴会时需要征求主办人的意见，由客人确定酒水的品种和数量，餐厅事先准备，按酒水的属性配菜，届时依据饮用的多少与菜品一并计价。

(2)按照如今夏、秋季普遍爱饮啤酒，冬、春季普遍爱饮白酒，四季搭配红酒与果汁的习惯以及本餐厅经常供应的酒水排菜，虽不十分准确，但也相距不太远。

(3)顾客自备酒水时，服务人员应为顾客当好参谋，主动介绍本次宴会饮用什么酒水比较合适，本地有何名酒，有何特色及补养功能，只要推荐合理，通常客人会乐于采纳。

此外，服务员要掌握酒水选用的一般规则，宴会酒水的档次应与宴会的档次、规格协调一致。高档宴会选用的酒品应是高质量的，如在我国举办的许多国宴，往往选用茅台酒，因为茅台酒被称为“国酒”，其身价刚好与国宴相匹配；普通宴会则选用档次一般的酒品。如果不遵循这一原则，低档宴会选用茅台酒，则酒的档次高于整桌菜肴，往往掩盖了菜肴的风采，让人感到食之无味；如果高档宴会选用低档酒品，则会破坏宴席的良好气氛，让人对菜肴的档次产生怀疑。总之，宴会用酒应与宴会档次相匹配。

一般来讲，中式宴会往往选用中国酒，不同的宴席在用酒上也注重与其地域相宜，如接待外地客人的宴会选用本地产的名酒。

在中式宴会上，人们以往的习惯是用高度白酒佐餐，这有很大的害处。酒精含量过高的酒对人体有较大的刺激，饮用过多，会使胃口骤减，对菜品的味感迟钝，甚至会产生不同程度的中毒现象。有的烈性酒辛辣味过头，使人饮用后食不知味，从而喧宾夺主，失去了佐助的作用。因而在进餐过程中品饮高度酒，甚至劝饮、争饮等做法，都是不科学的。目前，人们已经认识到这个问题，国内许多的厂家陆续开发新品种，生产中低度白酒，以适应宴会用酒的需要。

另外，配制酒、药酒、鸡尾酒的成分复杂，香气和口味往往比较浓烈，这一类酒在佐食时对菜肴的风味会有干扰作用，一般不作为佐助酒品饮用。甜型酒品虽然具有适口感，但它的口味都集中在舌尖，甜味与咸味相互冲突，从而会使人分析混乱，不太适合作为佐餐饮品。

工作任务二　技能训练

在学生分组的前提下，各小组组长以实训任务书（表5-2）为参照表，对每个组员的酒品的选用实训进行督导，注意小组实训中的可取以及改进之处，分别发言总结。教师在此基础之上有针对性地进行指导。

表5-2　　酒品的选用实训任务书

班级		学号		姓名	
实训项目	酒品的选用	实训时间		4学时	
实训目的	首先通过对酒水相关知识的学习，学生可以根据酒水的特点，掌握酒品与菜品的搭配方法				
实训方法	首先教师讲解，然后学生分组讨论，最后教师进行指导点评。要求学生掌握各类酒水的特点，掌握酒品的选用与菜品搭配艺术				
实训过程					
1.操作要领 (1)对各类酒水的特点、搭配菜肴的原则等相关内容进行搜集，小组进行讨论 (2)对参加婚礼的人群及其饮食结构进行调查与分析 (3)菜品的设计要合理，搭配科学，满足人群需求 (4)酒品的选用要符合菜肴的品用 2.操作程序 (1)相关知识的讨论 (2)菜单适用群体分析 (3)菜单结构的设计 (4)酒水的选择说明 3.情景模拟 选择合适的酒水搭配婚礼菜单					
要点提示	(1)婚礼菜单的菜品设计科学 (2)酒品的搭配合理，满足需求				
能力测试					
考核项目	操作要求		配分	得分	
相关知识的讨论	对各类酒水与菜品的搭配原则深入理解，小组讨论热烈		15		
菜单适用群体分析	分析出参加人群的饮食结构特点；考虑全面，体现营养健康的理念		25		
菜单结构的设计	菜单设计精美，各要素合理		35		
酒水的选择说明	酒品的搭配合理，满足需求		25		
合计			100		

实训项目二　茶与咖啡的选用

实训目标

1.了解茶与咖啡的文化。

2.掌握饮品的选用与搭配艺术。

工作任务一　茶、咖啡知识与搭配

一、茶知识

茶、咖啡、可可是世界性的三大饮料。我国是世界上最早发现和使用茶叶的国家，也是茶树资源最为丰富的国度。唐代的茶学家陆羽写了世界上第一部有关茶叶的著作《茶经》，对茶叶的生产发展、饮茶风气做了全面介绍，促进了茶在国内外的传播，使饮茶之风遍及全球。由此而来的茶礼、茶仪、茶俗、茶风、茶艺、茶会、茶道、茶德等，都充分地展现了茶文化的艺术魅力。

（一）茶叶的类型

1.茶叶的命名

（1）根据茶叶的形状命名

如形似瓜子片的安徽六安瓜片，形似山雀舌的杭州雀舌，形似珍珠的浙江嵊州珠茶，形似眉毛的浙江、安徽、江西的眉茶、秀眉、珍眉，形似小笋的浙江长兴紫笋，形状圆、直如针的湖南岳阳君山银针、安化的松针，形曲如螺的江苏苏州碧螺春，形似丝线扎成各种花朵形状的江西婺源的墨菊、安徽黄山的绿牡丹等。

（2）根据茶叶产地的山川名胜命名

如浙江杭州的西湖龙井，普陀山的普陀佛茶，安徽黄山的黄山毛峰，江苏金坛的茅山青峰，湖北的神农余峰，江西的庐山云雾、井冈翠绿、灵岩剑峰、天舍奇峰，云南的苍山雪绿等。

（3）根据茶叶的外形色泽与形状命名

如银毫、银峰、银芽、银针、银笋、玉针、雪芽等。

（4）根据茶叶的香气、滋味特点命名

如具有兰花香的安徽舒城的兰花茶，滋味微苦的湖南江华苦茶，四川青城山的苦丁茶等。

（5）根据茶叶的采摘时期和季节命名

如清明节前采制的称为明前茶；雨水前采制的叫雨前茶；四五月采制的称为春茶；六七月采制的称为夏茶；九十月采制的称为秋茶；当年采制的称为新茶；不是当年采制的称为旧茶等。

（6）根据茶叶的加工制造工艺命名

如用铁锅炒制的称炒青；用烘干机具烘制成的称烘青；利用太阳光晒干的称晒青；用蒸汽处理后制成的称蒸青；冷蒸压而成形的称紧压茶、砖茶、饼茶；根据茶叶加工时发酵的程度加以区分，如发酵茶（红茶）、半发酵茶（乌龙茶）和不发酵茶（绿茶）。

（7）根据茶叶的包装形式命名

如袋泡茶、小包装茶、罐装茶等。

（8）根据茶树的品种名称命名

如乌龙茶中的水仙、乌龙、大红袍、铁观音等。

（9）根据制茶时添加的果汁、中药功效命名

如荔枝红茶、柠檬红茶、菊花茶、人参茶、甜菊茶、减肥茶、戒烟茶、明目茶、益寿茶等。

2.茶叶的分类

我国茶叶可分为基本茶类和再加工茶类两大类。

（1）基本茶类

基本茶类指绿茶、红茶、乌龙茶、白茶、黄茶和黑茶六大类。

（2）再加工茶类

再加工茶类指花茶、紧压茶、萃取茶、果味茶、中药保健茶以及含茶饮料等。常见茶叶见表5-3。

表5-3　常见茶叶

类别		品种
蒸青绿茶		煎茶、玉露
晒青绿茶		滇青、川青、陕青
炒青绿茶	眉茶	炒青、特珍、珍眉、凤眉、秀眉
	珠茶	珠茶、雨珍
	细嫩绿茶	龙井、大方、碧螺春、雨花茶、松针
烘青绿茶	普通烘青	闽烘青、浙烘青、徽烘青、苏烘青
	细嫩烘青	黄山毛峰、太平猴魁、华顶云雾、高桥银峰
白芽茶		白毫银针
白叶芽		白牡丹、贡眉
黄芽茶		君山银针、蒙顶黄芽

（续表）

类　别	品　　种
黄小芽	北港毛尖、沩山毛尖、温州黄汤
黄大芽	霍山黄大茶、广东大叶青
闽北乌龙	武夷岩茶、水仙、大红袍、肉桂
闽南乌龙	铁观音、奇兰、黄金桂
广东乌龙	凤凰单丛、凤凰水仙、岭头单丛
台湾乌龙	冻顶乌龙、包种、乌龙
小种红茶	正山小种、烟小种
工夫红茶	滇红、祁红、川红、闽红
红碎茶	叶茶、碎茶、片茶、沫茶
湖南黑茶	安化黑茶
湖北老青茶	面茶、里茶
四川边茶	南路边茶、西路边茶
滇桂黑茶	普洱茶、六堡茶
花　茶	玫瑰花茶、珠兰花茶、茉莉花茶、桂花茶
紧压茶	黑砖、方茶、茯砖、饼茶
萃取茶	速溶茶、浓缩茶、罐装茶
果味茶	荔枝红茶、柠檬红茶、猕猴桃茶
保健茶	减肥茶、杜仲茶、降脂茶

3.茶具的种类

茶具种类繁多，造型优美，既有实用价值，又富艺术之美。茶具可分为煮水器、备茶器、泡茶器、盛茶器、涤洁器五大类。

（二）中国名茶鉴赏

1.绿茶

绿茶是我国产量最多的一类茶叶，花色品种之多居世界之首，占世界茶叶市场绿茶贸易量的70%左右。我国传统绿茶——眉茶和珠茶，以香浓、味醇、形美、耐冲泡而深受消费者的欢迎。

绿茶的基本工艺流程分为杀青、揉捻、干燥三个步骤。杀青方式有加热杀青和蒸汽杀青两种。绿茶是不发酵茶。名品绿茶有西湖龙井、太湖碧螺春、六安瓜片、君山银针、黄山毛峰、信阳毛尖、太平猴魁、庐山云雾、蒙顶甘露、湖州紫笋。

2.红茶

红茶的基本特征是叶红汤红。红茶

是经过发酵的茶，其名品有祁门红茶、风庆红茶等。19 世纪，我国的红茶制法传到印度和斯里兰卡等地，他们仿效中国红茶的制法又逐渐发展了将叶片切碎后再发酵、干燥的红碎茶。红碎茶是目前世界上消费量最大的茶类之一。

3.乌龙茶

乌龙茶属半发酵茶，是介于不发酵茶和全发酵茶之间的茶，其外形色泽青褐，因此也称青茶。乌龙茶冲泡后，叶片自红至绿，素有"绿叶红镶边"之美称。乌龙茶可分为闽北乌龙、闽南乌龙、广东乌龙和台湾乌龙四类。其名品有武夷岩茶、武夷水仙、铁观音、大红袍、冻顶乌龙等。

4.白茶

白茶属轻微发酵茶。白茶常选用芽叶上白茸毛多的品种，如福鼎大白茶，芽壮多毫，满披毛毫，十分素雅，汤色清淡，味鲜醇美。白茶因采用原料不同，分芽茶和叶茶两类。

5.黄茶

黄茶的品质特点是黄汤黄叶。黄茶依原料芽叶的嫩度大小可分为黄芽茶、黄小茶和黄大茶三类。

6.黑茶

黑茶的原料较精，加工制造工序中堆积发酵时间较长，叶色黝黑或黑褐，故名黑茶。黑茶是藏族、蒙古族、维吾尔族等少数民族人民日常生活的必需品，有"宁可一日无食，不可一日无茶"之说。

7.花茶

花茶是利用绿茶作为基本原料进行再制的加工茶，分为玫瑰花茶、茉莉花茶、玉兰花茶、珠兰花茶、桂花茶等。其品质香气浓郁，滋味醇浓，汤色明亮。

（三）茶与人体健康

1.茶的营养成分

（1）蛋白质、氨基酸类

茶叶中的蛋白质含量较高，一般占茶鲜叶干重的 20%左右。茶叶中已发现的氨基酸有 28 种，其中以茶氨酸含量最高。

（2）碳水化合物、类脂类

茶叶中含葡萄糖等碳水化合物能溶于水的仅占 4%～5%。茶叶属低热量饮料，适合糖尿病及忌糖患者饮用。茶叶中还含有少量的脂肪。

（3）维生素类

茶叶中含有丰富的维生素类物质。嫩茶比老茶含量高，绿茶比红茶含量高。

（4）矿物质

茶叶中含有大量的有机化合物，如钙、镁、磷、铁、钾、锌、锰、氟、硒等。

(5)生物碱类

茶叶中所含的生物碱主要由咖啡碱、茶叶碱、可可碱、腺嘌呤等组成,其中咖啡碱含量最高。

(6)茶多酚类

茶叶中有茶多酚类化合物,具有降血脂、降血糖、抗氧化、防衰老、抗辐射、杀菌消炎、抗癌、抗突变等作用。

(7)有机酸类

茶叶中含有多种有机酸,对维持体液起着一定的平衡作用。

(8)皂苷类

茶叶中的皂苷化合物具有抗炎症、抗癌、杀菌等多种功效。

2.茶的疗效作用

(1)兴奋提神

在感到疲乏时喝上一杯茶,可刺激功能衰退的大脑中枢神经,使之由迟缓转为兴奋,集中注意力,以达到兴奋集思之功效。

(2)醒酒

喝浓茶可刺激麻痹的大脑中枢神经,有效地促进代谢,因而发挥醒酒的效能。酒后喝几杯浓的绿茶或乌龙茶,一方面,可以补充维生素 C;另一方面,茶叶中的咖啡因具有利尿作用,能使酒精迅速排出体外。

(3)利尿、止痢和预防便秘

饮茶具有明显的利尿效应,使尿液中的尿酸得以排除。茶叶的止痢效果优于其他价格昂贵的化学药物,而且有较长的作用时间。茶叶中的微量茶皂素也具有促进肠蠕动的作用,对便秘具有一定的治疗效果。

(4)防龋齿

茶叶能杀死在齿缝中存在的乳酸菌及龋齿细菌,还有清除口臭的效果。

(5)抗癌、抗突变

大量的实验结果肯定了茶叶的抗癌、抗突变的作用,并对人体致癌物亚硝基化合物的形成具有阻断作用。在不同茶类中,绿茶的活性最高,其他依次为黑茶、花茶、乌龙茶和红茶。

(6)降血压、降血脂

茶叶能使血管壁松弛,增加血管的有效直径,通过血管舒张而使血压下降。叶绿素可抑制胃肠道对胆固醇的吸收,它们共同起着消解脂肪、降低血脂、防止肥胖的作用。

(四)茶艺

1.泡茶

泡茶既要讲究实用性、科学性,又要讲究艺术性。

(1)泡茶用水

一是甘而洁,二是活而鲜,三是贮水得法。一般都用天然水。自来水使用过量氯化物消毒，气味很重，应先将水贮存在罐中，放置 24 小时后再用火煮沸泡茶。泡茶宜选软水或暂硬水为好。在天然水中，雨水和雪水属软水，溪水、泉水、江水属于暂硬水，部分地下水为硬水，蒸馏水为人工软水。

(2)泡茶器皿

花茶宜选择较大的瓷壶泡沏，然后斟入瓷杯饮用。乌龙茶宜选用紫砂茶具。四川、安徽地区流行喝盖碗(盖碗由碗盖、茶碗和茶托三部分组成)茶。绿茶多用有盖瓷壶泡。品饮名优绿茶和细嫩绿茶宜用玻璃杯，茶杯均宜小不宜大，否则容易使茶叶烫熟而失去滋味。配套茶具有放茶壶用的茶船(又称茶池，分盘形、碗形两种)、盛放茶汤用的茶盅(又称茶海)、赏茶时盛用的茶荷、擦拭杂水用的茶巾、舀茶用的茶匙、放置茶杯用的茶盘和茶托、存放茶叶用的罐等贮茶器具。

(3)茶水比例

泡茶三要素(茶叶量、水量、冲泡时间及次数)中，茶叶量为首。冲泡红茶和绿茶，茶与水的比例掌握在 1∶50 或 1∶60，即每杯放 3 g 左右茶叶，加沸水 150～180 mL。如饮用普洱茶、乌龙茶，每杯放量 5～10 g。如用茶壶冲泡，以茶叶的投入量约占茶壶容积的一半为宜。

(4)泡茶水温

茶叶中的有效物质在水中的溶解度与水温密切相关，60 ℃水浸出的有效物质只相当于 100 ℃的沸水浸出量的 45%～65%。高级绿茶，特别是芽叶细嫩的名优绿茶，一般用 80 ℃的沸水冲泡。如饮泡各种花茶、红茶、中低档绿茶，则要用 90～100 ℃的沸水冲泡。如果水温低，茶叶中有效成分析出少，茶叶味淡。冲泡乌龙茶、普洱茶和沱茶，必须用 100 ℃的沸水冲泡。而黑茶要求水温更高，需将砖茶敲碎熬煮。

2.绿茶的冲泡技法

冲泡高档细嫩的名优绿茶，一般选用玻璃杯或白瓷杯，而且无须用盖，其目的一则便于赏茶观姿，二则防止嫩茶泡熟，失去鲜嫩色泽和清香滋味。普通绿茶，重在品赏滋味或用于佐食点心，也可选用茶壶泡，即“嫩茶杯泡，老茶壶泡”。泡饮之前，先欣赏茶的色、香、形，称为赏茶。采用透明玻璃杯泡饮细嫩名茶，可便于观察茶在水中的缓慢舒展、游动、变幻过程，称为茶舞。

视茶叶的嫩度及茶条的松紧程度，分别采用上投法、下投法。上投法即先冲水，后投茶，适用于特别细嫩的茶。先将 75～85 ℃的热水冲入杯中，然后取茶投入，茶叶便会徐徐下沉。下投法即先投茶，后注水，适用于茶条松展的茶。细嫩绿茶的冲泡手法很有讲究：要求手持水壶，常先注入少量热水，使茶叶浸润一下，稍后再注水至离杯沿 1～2 cm 处即可。在冲泡时如待客，可将泡好茶的茶杯或茶碗放入茶盘中，捧至客人面前，以手示意，请客人品饮。

知识拓展

西湖龙井是绿茶中的名品。“龙井茶、虎跑水”被称为杭州双绝。

1.赏干茶

西湖龙井素以色绿、香郁、味甘、形美四绝著称于世。按产地不同有“狮”“龙”“云”“虎”“梅”之别，品质以“狮峰”为最佳。西湖龙井干茶的外形扁平光滑，状似莲心、雀舌，色泽嫩绿油润、味淡雅清香。

2.品泉

西湖泉水众多，水质以虎跑泉最优，含有较多的对人体有益的营养元素，水色清澈明亮，滋味甘洌醇厚。“小杯啜乌龙，虎跑品龙井”。虎跑泉水分子密度高，表面张力大，泉水高出杯沿 2～3 mm 而不外溢。

3.温润泡

选用玻璃杯或青花白瓷茶盏。每杯撮上 3 g 茶，加水至茶杯或茶碗的 1/5～1/4。水温则掌握在 80 ℃左右，让茶叶吸收湿热和水分，以助舒张。水温过高，嫩茶叶会产生泡熟味；水温太低，则香气、滋味透发不出来。

4.再冲泡

提壶高冲，水柱沿杯、碗壁冲入，茶与水的比例掌握在 1∶50，水温仍在 80 ℃左右。

5.品茶

品饮时，先慢慢端起清澈明亮的杯子，细看杯中翠叶碧水，观察多变的叶姿。然后，将杯送入鼻端，深深地嗅闻龙井茶的嫩香，使人舒心清神。继而缓缓品味，清香、甘醇、鲜爽油然而生。

3.红茶的冲泡技法

红茶品饮有清饮和调饮之分。

(1)清饮法

清饮法不加任何调味品，使茶叶发挥应有的香味；适合于品饮工夫红茶，重在享受它的清香和醇味。高档红茶的冲泡，以选用白瓷杯为宜，将 3 g 红茶放入杯中。倘若用壶泡，则按 1∶50 的茶水比例，确定投放量。然后冲入沸水到八分满为止。红茶经冲泡 3 min 后，即可先闻其香，再观察汤色。然后缓缓啜饮，细细品味。好的工夫红茶一般可冲泡两三次，而红碎茶只能冲泡一两次。

(2)调饮法

调饮法即在茶汤中加调料，以佐汤味。常见的是在红茶茶汤中加入糖、牛奶、柠檬片、咖啡、蜂蜜或香槟酒等。如果品饮的红茶属条形茶，一般可冲泡两三次；如果属红碎茶，通常只冲泡一次，第二次再冲泡，滋味就会显得淡薄。调饮法用的红茶，多数为用红碎茶制的袋泡茶，茶汁浸出速度快，浓度大，也易去茶渣。品饮红茶，以选用咖啡茶具较为适宜。

4.乌龙茶的冲泡技法

乌龙茶的品饮特点是重品香，不重品形，先闻其香，后尝其味。品尝乌龙茶讲究环境、心境、茶具、水质、冲泡技法和品尝艺术。

(1)茶叶的用量

茶叶的用量以装满紫砂壶容积的1/2为宜,约重10 g。

(2)泡茶的水温

要求水沸立即浸泡,水温为100 ℃。

(3)冲泡的时间和次数

乌龙茶较耐泡,一般泡饮五六次。冲泡时间要由短到长,一次冲泡,时间短些,约2 min;随着冲泡次数增加,时间可相对延长。

(4)冲泡和斟茶

各地泡茶各有讲究。广东潮汕和福建漳泉等地区流行喝"工夫茶"。茶具小巧玲珑,茶壶用绯绛色的陶土特制而成。泡茶用的水以泉水、井水为佳。一般选用半发酵后即烘炒类型的茶,泡制时先将水烧开,然后烫壶烫杯,再把茶叶装入壶中约七成满。还要配上一些茶末,水烧开后冲茶,冲时要掌握"高冲""低洒""括沫""淋盖""烧杯热罐""澄清"等要领,泡好后饮用。冲好茶先敬客人、尊长。在座若是三人以上,其他人则待下轮再喝。三四轮后,再加茶叶,或者完全更换,重新再泡。循环往复,可以喝上半天。

5.普洱茶的冲泡技法

将10 g普洱茶倒入茶壶或盖碗,冲入500 mL沸水。先洗茶,再冲入沸水,浸泡5 min,将茶汤倒入公道杯中,再将茶汤分别斟入品茶杯,先闻其香,观其色,而后饮用。饮用普洱茶可使用特制的瓦罐在火塘上烤后加盐品饮,也可加猪油或鸡油煎烤成油茶,还可打成酥油茶。

6.白茶的冲泡技法

以冲泡白毫银针为例,茶具选用无色、无花的直筒形透明的玻璃杯。先赏茶,再将2 g茶置于玻璃杯中,冲入70 ℃的热水少许,浸润10 s左右,随即用高冲法,由同一方向冲开水(水温85～100 ℃),静置3 min后,即可饮用。

7.黄茶的冲泡技法

以君山银针冲泡为例,先赏茶、洁具、擦干杯中水。置茶3 g,将70 ℃的热水先快后慢冲入茶杯,至1/2处,使茶芽湿透。稍后,再冲至七八分杯满为止。加盖,5 min后,去掉盖。在水和热的作用下,茶叶的形态、茶芽的沉浸、气泡的发生等都是其他茶冲泡时罕见的,只见茶芽在杯中上下浮动,最终个个直立,并且在芽尖上有晶莹的气泡称为"三起三落",这是冲泡君山银针所特有的氛围。

8.花茶的冲泡技法

品饮高档名优花茶,宜选用透明的玻璃杯冲泡。茶叶用量与水之比为1∶50,宜用85 ℃左右的热水冲泡,时间3～5 min,冲泡次数以两次为宜。可透过玻璃杯欣赏茶芽精美别致的造型,称为"目品"。3 min后,揭开杯盖,顿觉芬芳扑鼻而来,精神为之一振,称为"鼻品"。茶汤在舌面上往返流动一两次,品尝茶叶和汤中香气后再咽下,此味会令人神醉,此谓"口品"。中低档花茶选用洁净的白瓷杯或白瓷茶壶冲泡,水温要求100 ℃,冲泡5 min后即可斟饮。北方居家品饮花茶,常采用茶壶共泡而后分饮,具有方便、卫生的特点,一家老小团聚，泡上一壶茶，一边品饮，一边唠家常，给家里增添了几分温馨的气氛。四川人品饮花茶很有地方特色，常用一套三件套茶具（茶碗、茶托、茶盖）泡茶，边饮品边摆“龙门阵”，悠然自得。

9.黑茶的冲泡技法

饮用黑茶较多的地区是西藏、内蒙古、新疆等地。黑茶中紧压茶的调制方法与其他茶的冲泡技法有几点不同：一是饮用时需先将紧压茶打碎；二是不宜冲泡，要用烹煮的方法才能使茶汁浸出；三是烹煮时大多加上作料，采用调饮方式饮茶。

（五）茶道

茶道是茶文化的灵魂，它是指导茶文化活动的最高原则。茶道是一种相对于茶艺的表现形式，二者共同构成了中国茶文化的核心。如果说茶艺是指制茶、烹茶、品茶等，那么茶道则是茶艺过程中所贯彻的精神。前者有名有形，是茶文化的外在表现形式，后者则是精神、道理、规律、本源与本质，是看不见、摸不着，只能通过心灵去体会的内在表现形式。二者相结合，艺中有道，道中有艺，才会实现物质与精神高度统一的效果。

中国茶道精神的核心就是“和”，即天和、地和、人和。它意味着宇宙万事万物的有机统一与和谐，并因此产生实现天人合一之后的和谐之美。“和”的内涵非常丰富，作为中国文化意识集中体现的“和”，主要包括和静、和敬、和俭、和气、和爱、和美、和谐、宽和、中和、和平、和缓等意义。一个“和”字，不但包含“敬”“清”“廉”“俭”“美”“乐”之义，而且涉及天时、地利、人和等许多层面，由此可认为它是茶文化的本质，即茶道的核心。

（六）茶俗

俗话说：“开门七件事，柴米油盐酱醋茶。”茶又称“茗”，不论自饮还是待客，它都是最盛行的日常饮品。平时，人们都习惯泡上一壶茶，饭前和饭后喝上一杯。中国人有以饮茶聚会的习俗。

1.来客茶礼

中国人讲究以茶待客，泡茶献客。江浙一带，家里来客或逢喜事，主人会给来客或帮忙的人沏茶，并双手奉上，否则便被认为是失礼。茶有讲究，来客是至亲或稀客，应泡糖茶；一般客人则沏红茶或绿茶。如第一杯奉甜茶，第二杯应为茶叶茶。饭前糖茶，饭后应奉茶叶茶。过节时，给客人第一杯都是糖茶。主人斟过茶之后，应给客人吃点心。江南人沏茶，水斟至七分上下，主人需不断为客人斟茶，忌杯中茶水见底，否则即失礼。哈尼族人家中来客，主人先敬一碗“闷锅酒”，然后再从火塘中取出茶罐，向客人敬浓茶。闽西客家人多备有嫩茶。嫩茶为待客之用，客来以小茗壶冲泡嫩茶，用小杯敬茶品茗。

2.喜庆茶礼

浙江一带有以茶为彩礼的习俗，男家向女家送彩礼时，纳百金若干，不拘数，谓“送茶”或“受茶”。结婚时有“交杯酒”“闹茶”及“新娘奉茶”等习俗。江苏、江西、安徽、山东、河北一带，婚嫁行聘礼称“下茶”。土家族迎亲时，带一只羊和两块茶砖，表示吉祥富贵。婚礼中喜用茶，除了作为普通的习俗外，还在于“茶不移本，植必生子”，象征着孝顺、子孙繁盛。云南拉祜族的婚俗中仍行茶礼，“没有茶就不能算结婚”已成为当地风俗。婚礼上更少不了邀请亲友们喝茶。

二、咖啡知识

(一)咖啡历史

关于咖啡的起源,相传伊索比亚高地一位名叫柯迪的牧羊人,发觉他的羊在无意中吃了一种植物的果实后,变得充满活力,由此发现了咖啡。最早有计划栽培及食用咖啡的是阿拉伯人。约公元 1000 年,绿色的咖啡豆被放在滚水中煮沸而成为芳香的饮料。16 世纪,咖啡经由威尼斯及马赛港逐渐传入欧洲。几百年来,咖啡的饮用习惯由西方传至东方,如今已风靡全球。

(二)咖啡的主要产国及特性

1.巴西

巴西的咖啡生产量约占世界总产量的 1/3,有着极其重要的地位。但由于巴西咖啡工业一开始即采取低价策略,故所生产的咖啡质量较为一般,极优等级较少。巴西咖啡以对多斯(Santos)较著名。

2.哥伦比亚

哥伦比亚作为世界第二大咖啡生产国,生产量占世界总产量的 12%,其咖啡豆质量优良。主要的品种特选级(Supremo)是等级最高的咖啡,香味丰富而独特,具有酸中带甘、苦味中等的风味。曼德林(Medellin)、阿曼吉亚(Armenia)、马尼札雷斯(Manizales)为哥伦比亚中部中央山脉所产的三个主要品种,在咖啡市场上被称为 MAM。

3.牙买加

牙买加是闻名于世的蓝山咖啡的出产地。牙买加的咖啡质量两极化,低地所生长的咖啡质量普通,仅用来制作混合廉价咖啡,但高地所生产的咖啡则被视为世界上最高级的品种,主要品种有蓝山(Blue Mountain)和高山(High Mountain)。蓝山咖啡被视为世界上最有名、最昂贵、最具争议性的咖啡之一。它因生长于高海拔的蓝山山脉而得名,口味芳醇丰富、浓郁、适度,咖啡的甘、酸、苦三味搭配完美,为咖啡中的极品。但由于产量极少且价格昂贵,故市面上很少见到真正的蓝山咖啡,多是味道接近而已。

4.危地马拉

在危地马拉中央高地地区生长着一些口味非常独特的咖啡。其酸度较强,浓度中等,口感丰富,味道芳醇而稍带炭烧味。主要的品种有安提瓜(Antigua)、科万(Coban)、韦韦特南戈(Huehuetenango)。其中安提瓜具有丰富而复杂的口味,带着一些可可香,被认为是危地马拉质量最好的咖啡之一。

5.夏威夷

夏威夷岛西南海岸的康娜(Kona)岛上出产一种非常有名且传统的咖啡——康娜。上品的康娜在其适度的酸中带着些许的葡萄酒香,具有非常丰富的口感和令人无法抗拒的香味。

工作任务二 技能训练

在学生分组的前提下，各小组组长以实训任务书（表 5-4）为参照，对每个组员的茶与咖啡的选用实训进行督导，注意小组实训中的可取以及改进之处，分别发言总结。教师在此基础之上有针对性地进行指导。

表 5-4 茶与咖啡的选用实训任务书

<table>
<tr><td>班级</td><td></td><td>学号</td><td></td><td>姓名</td><td></td></tr>
<tr><td>实训项目</td><td colspan="2">茶与咖啡的选用</td><td colspan="2">实训时间</td><td>4 学时</td></tr>
<tr><td>实训目的</td><td colspan="5">通过茶文化与咖啡文化的学习，学生可以根据其特点，掌握茶、咖啡等的选用与搭配艺术</td></tr>
<tr><td>实训方法</td><td colspan="5">首先教师讲解，然后学生分组讨论，最后教师进行指导点评。要求学生掌握茶与咖啡的发展历史、分类与特点，并学会如何选用</td></tr>
<tr><td colspan="6">实训过程</td></tr>
<tr><td colspan="6">1.操作要领
（1）对茶、咖啡等饮品的相关内容进行资料的搜集，小组进行讨论
（2）对参加寿宴的人群及其饮食结构进行调查与分析
（3）菜品的设计要合理，搭配科学，满足人群需求
（4）茶水的选用要符合菜肴的品用
2.操作程序
（1）相关知识的讨论
（2）菜单适用群体分析
（3）菜单结构的设计
（4）茶水的选择说明
3.情景模拟
选择合适的茶，以搭配寿宴菜单</td></tr>
<tr><td>要点提示</td><td colspan="5">（1）寿宴菜单的菜品设计需科学
（2）茶水搭配合理，满足客人需求</td></tr>
<tr><td colspan="6">能力测试</td></tr>
<tr><td>考核项目</td><td colspan="3">操作要求</td><td>配分</td><td>得分</td></tr>
<tr><td>相关知识的讨论</td><td colspan="3">对各类饮品与菜品的搭配原则深入理解；小组讨论热烈</td><td>15</td><td></td></tr>
<tr><td>菜单适用群体分析</td><td colspan="3">分析参加人群的饮食结构特点；考虑全面，体现营养健康理念</td><td>25</td><td></td></tr>
<tr><td>菜单结构的设计</td><td colspan="3">菜单设计精美，各要素需合理</td><td>35</td><td></td></tr>
<tr><td>茶水的选择说明</td><td colspan="3">茶水搭配合理，满足客人需求</td><td>25</td><td></td></tr>
<tr><td>合计</td><td colspan="3"></td><td>100</td><td></td></tr>
</table>

实训项目三

软饮料的选用

实训目标

1.了解饮用水、果汁饮料、含乳饮料、碳酸饮料、运动饮料的功效。
2.掌握软饮料选用的相关知识。

工作任务一　软饮料知识与搭配

一、软饮料的营养价值和特点

软饮料是指酒精含量低于0.5%(质量比)的天然的或人工配制的饮料。人们日常饮用的软饮料一般包括饮用水、碳酸饮料、果汁饮料、含乳饮料、植物蛋白饮料、运动饮料等。不同的软饮料由于成分不同,其营养价值也不同。饮用水包括自来水、白开水、矿泉水、纯净水、蒸馏水等。碳酸饮料也被称为汽水,指在一定条件下充入二氧化碳的饮料制品。果汁饮料以水果为原料,经过加工制成,通常果汁含量大于5%,也有100%含量的果汁。果汁饮料还分为浓缩果汁、果肉饮料、果粒饮料等。为保证果汁饮料长期加工,通常不用鲜果直接加工,而是通过浓缩果汁进行二次加工制得。含乳饮料包括配置型乳饮料和发酵型乳饮料。植物蛋白饮料包括豆乳类饮料、杏仁饮料、核桃饮料等。运动饮料是根据人体运动的生理消耗而配置的、针对特殊人群的饮料,主要含有电解质、维生素、氨基酸等成分。

大部分软饮料80%以上的成分都是水,含糖量通常为10%～20%,还含有一些矿物质和维生素以及各种添加剂。浓缩果汁含水量各有不同,通常在40%以上,含糖量在30%左右。植物蛋白饮料则要求蛋白质含量不低于0.5%。部分软饮料的营养价值对比见表5-5。

表5-5　部分软饮料的营养价值对比

软饮料种类	营养价值	营养保健特点	备注
自来水、矿泉水	水、钾、钠、钙、镁等矿物质	提供水和矿物质	天然水
白开水	水、钾、钠、钙、镁等矿物质	提供水和矿物质	去除部分碳酸根离子、钙、镁;卫生、方便、经济实惠
纯净水、蒸馏水	纯水	提供水	去除了大多数矿物质和微量元素
碳酸饮料	水、糖、二氧化碳	高糖、高磷	提供糖分,补充能量,儿童易引起龋齿

（续表）

饮料种类	营养价值	营养保健特点	备注
运动饮料	糖、钾、钠、钙、镁、B族维生素、维生素C、氨基酸等	供给能量和无机盐，促进体能恢复	职业运动员和健身人群的最佳饮品
功能性饮料	糖、无机盐、维生素植物蛋白、生物活性成分等	不同配方，特点不同，如低钠高钙饮料、低糖饮料、降脂饮料等	针对不同人群配制，注意看营养标签的标识内容
果蔬汁	水、糖、维生素C、胡萝卜素	水和维生素C	含少量膳食纤维

知识拓展

美国研究人员在著名国际医学杂志《循环》上发表了一篇文章，表明甜饮料每年造成十几万人死亡，这是研究者统计1980～2010年51个国家超过61万人的膳食数据后的发现。

甜饮料中糖的害处包括促进肥胖、糖尿病、脂肪肝、高血压、痛风、龋齿等。也有研究发现，摄入过多甜饮料的人，膳食中容易缺乏维生素和矿物质；喜欢甜饮料的儿童容易养成偏食、挑食习惯；甜饮料饮用过多还会影响肠道菌群的平衡。还有一些研究表示，从包括甜饮料在内的人工增甜食物中摄入较多的糖，或许还与绝经后妇女的乳腺癌、子宫内膜癌、肠癌、骨质疏松、老年认知退化等疾病的风险有关。

所以，为了确保身体健康，最好的方式是戒除对甜饮的嗜好。可以先让自己吃足各种新鲜的蔬菜水果、杂粮薯类，用健康的碳水化合物来填满自己的肠胃。如此坚持一段时间，对甜饮料的渴望自然会逐渐下降，被甜饮料和各种不健康食物所影响的身体活力状态，或许可以得到有效的修复。

二、软饮料的选择建议

软饮料多种多样，需要合理选择，如含乳饮料和纯果汁饮料含有一定量的营养素和有益膳食成分，适量饮用可以作为膳食的补充。有些软饮料添加了一定的矿物质和维生素，适合热天户外活动和运动后饮用。有些软饮料只含糖和香精香料，营养价值不高。多数软饮料含有一定量的糖，大量饮用会造成体内能量过剩。含糖饮料饮用后应及时漱口刷牙，以保护牙齿。有些人尤其是儿童、青少年，每天喝大量含糖的饮料代替喝水，这是一种不健康的习惯，应当改正。此外，为了延长软饮料产品的保质期或改进品相，瓶装软饮料往往添加了人工防腐剂和色素成分，过多饮用必然对身体不利，因此应尽量选择新鲜的果蔬饮料。

首先，对于大多数的健康人群来说，每天正常的饮水量应该是1 200 mL左右。

其次，便宜又健康的白开水是饮水的最佳选择。它的来源简单、安全，还含有身体所需的部分营养素。如果确实要选择一些其他软饮料的话，可以分成三个等级进行推荐。第一级，健康的饮料，包括矿泉水、淡柠檬水，还有豆浆和牛奶。第二级，可以喝酸奶、乳酸饮料、100%果汁、低糖软饮料等，它们大多含有丰富的营养素，如钙、纤维素等。但因其含有较多的糖，不利于孩子饮食健康，可能会影响食欲或引起肥胖，这些软饮料喝起来要适可而止。第三级，不健康饮料，包括含有极少量果汁（小于10%）的果汁饮料、果醋、碳酸饮料、珍珠奶茶等。这些软饮料营养价值很低，并含有大量的糖分和添加剂，有的甚至还含有反式脂肪酸、磷酸等不利于身体健康的成分。最好少喝或不喝，尤其是儿童和慢性病人。

最后，请不要迷信一些功能性饮料，如促进体力恢复的、防止上火的，甚至还有增强记忆力或提高视力的，它们的主要成分仍然是大量的糖分，对身体健康和体重控制都是有害无益的。即使确实含有一些减少疲劳、增强记忆的成分，也是微乎其微，难以真正发挥作用。

工作任务二　技能训练

在学生分组的前提下，各小组组长以实训任务书（表 5-6）为参照，对每个组员的软饮料的选用实训进行督导，注意小组实训中的可取以及改进之处，分别发言总结。教师在此基础之上有针对性地进行指导。

表 5-6　软饮料的选用实训任务书

<table>
<tr><td>班级</td><td></td><td>学号</td><td></td><td>姓名</td><td></td></tr>
<tr><td>实训项目</td><td colspan="2">软饮料的选用</td><td>实训时间</td><td colspan="2">4 学时</td></tr>
<tr><td>实训目的</td><td colspan="5">通过对果汁饮料、含乳饮料、碳酸饮料、运动饮料等的营养价值相关内容的学习，学生可以根据其特点，掌握软饮料选用的相关知识</td></tr>
<tr><td>实训方法</td><td colspan="5">首先教师讲解，然后学生分组讨论，最后教师进行指导点评。要求学生掌握果汁饮料、含乳饮料、碳酸饮料等软饮料的特点，并学会如何选用</td></tr>
<tr><td colspan="6">实训过程</td></tr>
<tr><td colspan="6">1.操作要领
(1)分析果汁饮料、含乳饮料等不同类型软饮料的特点，并搜集菜肴搭配原则的相关资料，小组进行讨论
(2)对参加迎宾宴的人群及其饮食结构进行调查与分析
(3)菜品的设计要合理，搭配科学，满足人群需求
(4)软饮料的选用要符合菜肴的品用
2.操作程序
(1)相关知识的讨论
(2)菜单适用群体分析
(3)菜单结构的设计
(4)软饮料的选择说明
3.情景模拟
为迎宾宴搭配合适的软饮料</td></tr>
<tr><td>要点提示</td><td colspan="5">(1)迎宾宴菜单的菜品设计需科学
(2)软饮料搭配合理，满足需求</td></tr>
<tr><td colspan="6">能力测试</td></tr>
<tr><td>考核项目</td><td colspan="3">操作要求</td><td>配分</td><td>得分</td></tr>
<tr><td>相关知识的讨论</td><td colspan="3">对各类软饮料与菜品的搭配原则深入理解，小组讨论热烈</td><td>15</td><td></td></tr>
<tr><td>菜单适用群体分析</td><td colspan="3">分析参加人群的饮食结构特点；考虑全面，体现营养健康理念</td><td>25</td><td></td></tr>
<tr><td>菜单结构的设计</td><td colspan="3">菜单设计精美，各要素需合理</td><td>35</td><td></td></tr>
<tr><td>软饮料的选择说明</td><td colspan="3">软饮料搭配合理，满足人群需求</td><td>25</td><td></td></tr>
<tr><td>合计</td><td colspan="3"></td><td>100</td><td></td></tr>
</table>

第六部分

消费心理

引导案例

善解人意的推销

海南××大酒楼,某日下午一点,服务员接待了三位客人用餐。入座后他们并不点菜,却一味地叹气。当服务员上前询问他们点什么菜时,只听见一位客人抱怨说:“气都气饱了,还吃得下去?”服务员观察他们的装束和随身携带的产品说明书,分析他们可能是销售人员,便说:“你们是不是推销产品不顺利啊?”客人苦笑着说:“是啊,好不容易‘打进’某商贸公司了,可每次去要货款,都吃闭门羹,真是气死人了。”服务员马上体贴地说:“你们这行真不容易!这样吧,我给你们上几个清爽的家常菜,再来份苦瓜蛋汤,又清热又爽口。”客人们接受了建议,吃好饭,服务员请他们休息一会再出去。客人对服务员善解人意的服务十分满意,走时表示下次一定会再来。

辩证性思考:

点菜服务是一门艺术,需要服务人员细心观察、用心思索客人的需求。案例中,服务员细心观察顾客,对顾客的身份做出了准确的判断,为推销开了一个好头。接着,又有针对性地向顾客推荐了令其满意的菜品,这与该服务员对菜肴的熟悉不无关系。点菜中,服务员用心设计自己的服务语言,恰到好处地运用语言艺术,具有说服力,是推销成功的重要因素。

实训项目一

饮食基础需求

实训目标

1.了解人的基本需求。

2.掌握多方面个体饮食的需求。

工作任务一　人体饮食需求心理分析

餐饮服务是一项“与人打交道”的工作，心理学是一门“研究人的心理与行为规律”的科学。要做好与人打交道的餐饮服务工作，必须掌握“研究人的心理与行为规律”的科学。

一、人的基本需求分析

《韩非子》曰：“夫安利者就之，危害者去之，此人之情也。”韩非子认为：对那些安全的、有利的东西“就之”，即走近、趋向、请求的反应，对那些危险的、有害的东西“去之”，即离去、躲避、害怕的反应。通常，“趋利避害”“趋吉避凶”“趋乐避苦”等是人之常情。

人的行为动力模式告诉我们：需要产生动机，动机驱动行为，行为指向行为目标，行为目标实现，人的需要获得满足。因此，研究人的行为首先要研究人的心理；研究人的心理首先要研究人的需要；研究人的需要，就要研究人所需求与所回避的是什么，即什么是利，什么是害。

社会心理学家马斯洛的“需要层次”认为，人是有需求的，且人的需求具有多样性与多层性特点。人的需要可归纳为五大类，依次排列如下：

1.生理需要

生理需要是人类最原始、最基本的需要，这类需要如得不到满足，人的生存与繁衍就会成问题。人类只有解决了生存问题，才能考虑从事其他活动。

2.安全需要

安全需要包括人身安全、生活保障、人际环境的融洽、心理安全等。

3.社交需要

社交需要即爱和归属的需要。人们希望得到友谊、温暖，归属于某个团体，相互关心照顾。

4.尊重需要

尊重需要指希望自己有稳定的地位，有成就，得到社会的承认，受到他人的尊重。

5.自我实现需要

自我实现需要要求挖掘潜能，实现理想与抱负，充分发挥自己的能力。

马斯洛认为，人的需要不仅多种多样，而且是分层次的。优势需要才是决定人的某种行为的驱动力。不同的人，在不同的情境，其优势需要是不一样的。人的需要呈现三种模式：一是梯形模式，主要适用于低层次需要（生理需要、安全需要）尚未满足的人；二是菱形模式，主要适用于低层次需要已相对获得满足的人，他们的优势需要是中层次的交往与爱的需要；三是倒梯形模式，主要适用于低、中层次需要已相对获得满足的人，他们的优势需要是尊重需要与自我实现需要。

追求幸福与回避痛苦是人的两种最基本的欲求。人的低层次需要（生理需要、安全需要）获得满足，人就会产生舒适感、方便感和安全感，即生理与心理上的快感；如果得不到满足，则产生不舒适感、不方便感、不安全感。人的中层次需要（社交需要）获得满足，人就会产生亲切感；如果得不到满足，则会产生孤独感。人的高层次需要（尊重需要、自我实现需要）获得满足，人就会产生自豪感；如果得不到满足，则会产生自卑感。而在每一层次需要上，人都要获得新鲜感，害怕枯燥、单调。舒适感、方便感、安全感、亲切感、自豪感和新鲜感是人获得幸福的源泉。

二、服务心理的“四双原理”

“服务即交往，交往即服务。”要懂得服务，首先要懂得人际交往；要懂得人际交往，就要懂得在服务交往中客我双方的心理与行为规律。这些规律可从以下四方面来归纳。

（一）双重关系

在餐饮服务的人际交往中，人与人之间有着双重关系：一方面是人们所扮演的社会角色之间的关系，另一方面是扮演这些角色的那些人之间的关系。

1.角色关系

社会角色，是人在社会中的一种职能，一种对每个人处在这个社会地位所期待的、符合社会规范的行为模式。人在社会中扮演着不同的社会角色，就具有了不同的权利和义务。

员工与客人这一组社会关系反映的是在服务工作中服务与被服务的关系。从这个意义上说，角色与角色之间的关系是“不平等”的：员工是服务者，为他人做事，让他人获益；客人是服务对象，有不同的需求。如果说这是“不平等”，那是合理的、必要的、无可非议的“不平等”。处理好角色关系，一定要按规范（社会规范与工作制度）来处理问题。

2.人际关系

世界上没有抽象的社会角色，扮演角色的都是具体的人。人与人之间构成了人际关系。人是独立的，人格是平等的。处理人际关系的最高原则是相互尊重。不可否认，至今仍有少部分人对餐饮服务行业抱有偏见，认为服务业是“低人一等”“矮人三分”的职业。这是把“人”与“角色”这两个概念混为一谈了。服务人员应当为自己争平等，这是指人格的平等，而不是指角色的平等。人格的平等绝不意味着员工可以在为客人服务时，去与客人争平等。

角色关系与人际关系，这种双重关系是难舍难分、无法分开的。角色由人扮演，人要扮演角色。一个人可以扮演多种不同的社会角色，一个社会角色也可由不同的人来扮演。人是有个性的，人与人是不一样的；角色是无个性的，要按统一的规范来要求，这就构成了两者的复杂关系。处理好客我关系，要有角色意识。员工在服务工作中自始至终要清楚地意识到彼此所扮演的角色，自己的一言一行都要与扮演的服务者这一角色相符合，要严格按角色规范工作。离开特定角色关系，强调“你是人，我也是人”，同客人争平等是不合情理的。同时员工要有“超角色意识”，即“人的意识”，就是把角色和作为角色扮演者的人区别开来，不能把一个人和他所扮演的某种角色混为一谈。

（二）双重服务

从心理角度分析，服务有其功能方面与心理方面的双重作用。

1.功能服务

为客人解决实际问题的服务称为功能服务。服务首先要满足客人期待的实用性与享受性的需求。要记住，客人来到餐厅，首先是人来了，带来了身体上和生理上的需求。实用性是指服务不能只靠耍嘴皮子、摆花架子，而要落实到具体的实际问题上去，让客人吃饱吃好。享受性是指设施、设备、环境气氛、服务项目、服务态度、服务技能等硬、软件服务，客人产生方便感、舒适感和安全感。功能服务是重要的，但功能服务主要满足生理需要，缺乏个性。每个客人所接受的实用性、享受性的服务都一样，那么客人无法感受到其中哪一些是专门为自己而做的。

2.心理服务

心理服务即服务的情绪性，是对于服务的内心感受、心理体验。客人来到餐厅，不仅是“人”来了，“心”也来了。服务的情绪性是通过人际交往而产生的，是员工与客人之间发生的人际关系的总和。服务的情绪性是指服务提供者通过态度、动作、表情、言谈等交往方式，使客人在心理上得到接纳、尊重、理解，从而产生亲切感、自豪感和新鲜感。因此，功能服务是以“以物对人”为中心展开的，而心理服务是以“以人对人”为中心展开的。功能服务满足了客人对产品效用及附带利益的物质需求，心理服务满足了客人购买产品的精神需求。

（三）双重因素

从满足客人心理需求来分析，可分三个层次：不满意——避免不满意（一般）——满意。因此心理服务可分为两类因素，即必要因素与魅力因素。客人与服务提供者之间会出现以下几种情况：缺乏必要因素——不满意；具备必要因素，缺乏魅力因素——不能说不满意，也不能说满意（一般）；既有必要因素，又有魅力因素——满意。

1.必要因素

必要因素是“避免不满意”的因素，是“少了它就不行”的因素，是共性因素，即“人家有，我也有”的因素。要做好服务工作，首先要具备必要因素，避免不满意。从顾客心理分析，必要因素就是要平等待客，一视同仁。平等、公正地对待每一位客人，不使他们感到被轻视、被蔑视，甚至被敌视，能得到一视同仁的服务。“来者都是客”，每个客人因消费水平不同而导致功能服务不一样，而就心理服务而言，客人的要求是相同的。从服务的角度讲，服务的必要因素就是提供标准化、规范化、程序化的服务。

2.魅力因素

魅力因素是“赢得满意”的因素，是“有了它更好”的因素，是个性因素，即“人无，我有”的因素。一个产品如果缺乏魅力因素，必然不能畅销。除了应了解、满足客人的共性需求，还应关注他们的个性需求。只有提供针对性的服务，客人才会感到被重视，从而使客人感到特别满意，甚至是惊喜。服务的魅力因素就是提供个性化、亲情化与细微化的服务。

（四）双重满意

服务目的就要使客人获得利益、得到满意。要使客人得到一次满意的经历，这就要靠员工提供富有人情味的服务；只有提供了优质服务，才可能使客人高高兴兴。因此要使客人满意，首先要使员工满意。只有做到了员工第一，让员工得到满意，才可能做到客人第一，让客人满意。

现代人际关系理论认为，人际交往时，“彼此平等”是出发点，“双胜无败”是应达到的目标。员工与客人都是独立的具有个性的人，在法律上、在人格上相互平等、相互尊重。就客我服务交往关系的结局来看，要实现“双胜无败”的目标，即客我双方都是胜利者。双方的胜利都不是以“打败对方为前提”的。客人和员工都得到了最想得到和应该得到的东西，这就是“尊重”。客我满意、双胜无败，这是服务的最高境界。

知识拓展

顾客共性饮食需求心理分析

“知己知彼，百战不殆。”顾客在饮食活动中的需求呈多样性、多层性，这些需求有物质性需求，也有精神性需求；有生理性需求，也有社会性需求；有共性的需求，也有个性的需求。要做好优质服务，就要了解顾客的需求，尊重顾客的需求。用恰当、合理的方式去满足顾客的需求。

了解顾客饮食需求可从三方面进行分析：

(1)了解顾客的共性饮食需求心理。顾客作为一个餐饮消费的客人，必然会有客人的共同餐饮消费心理需求。

(2)了解顾客的个性饮食需求心理。人都是独立的个体，每个人必然会有其与众不同的个性心理及其餐饮消费心理。

(3)了解顾客的团体差异饮食需求心理。每个人分别属于某一个团体，必然会带上其特有的团体差异心理和行为特征。

这三方面的需求心理也可用三句通俗的语言来表达，即“每一个人和别人都一样，每一个人和别人都不一样，每一个人和一部分人都一样”。

人类的饮食历程经历了一个发展的过程。

1.五阶段论

(1)饥饿阶段：原始时代，饥不择食、食不求精，饱一顿饿一顿。

(2)温饱阶段：懂得将食物进行培育、加工、储存，以保证吃够、吃饱。

(3)美食阶段：讲究食物的色香味形，在满足品种数量之余，满足自己的个性嗜好，去粗取精，讲究烹饪加工。

(4)营养阶段：重视进食对人体的营养作用，希望达到养身强体的目的。

(5)益寿阶段：希望通过饮食达到益寿延年效果。

2.四阶段论

(1)用“肚子”吃：饮食的目的是填饱肚子；饮食的方式是最原始的茹毛饮血、生吞活剥。

(2)用“嘴巴”吃：发现火与调味品，饮食的目的是品味，满足口福。

(3)用“眼睛”吃：多感官地享受美食，审美需要满足眼福。

(4)用“脑子”吃：讲究养生科学，达到健康长寿之目的。

3.心理味觉

人类的饮食历程说明世上有三种味：物理的味指质感、化学的味指滋味以及心理味觉。心理味觉是一种味外之味，在实际生活中经常左右着味蕾的感觉。对菜品只要带上感情色彩，都是会引起味觉的偏差。

人们常常会向往曾经吃过的某种菜品。北京曾开多家知青饭店，上海也有北大荒餐厅，供应烧老豆腐、粉条渍酸菜、窝窝头。老知青们吃得热泪涟涟，年轻人吃得直皱眉头。人的特殊经历、人的特有情感会体会到味外之味。人的情绪低落时，吃什么都没味道；情绪高涨时，则会“酒逢知己千杯少”。例如，服务员在服务中，偶然听一位就餐者说今天是他的生日，在这位先生将要离店时，餐厅经理亲自送来一个生日蛋糕，这位先生感动不已。对他而言，蛋糕的美味肯定胜过所有的佳肴。

三、共性饮食需求

（一）卫生安全需求

众所周知，“病从口入”，再美味的佳肴，若不卫生也会致病。顾客在饮食活动中，要求人身得到安全保障。在餐厅经营过程中，汤汁滴洒在客人的衣物上，破损的餐具划伤客人的手、口，地面打滑导致客人摔跤，甚至吊灯或餐厅悬挂物掉落击伤客人之类的事故偶尔也会发生。造成的后果往往都非常严重，不但会给经营者带来经济损失，还可能会损害企业形象。为避免这些问题，具体应做到以下几点：

1.保障就餐环境的卫生

良好的卫生环境会给人以安全、舒适、愉快的感觉。餐厅应整洁雅净，空气清净，地面洁净，墙壁无尘、无污染，窗明门净，餐桌、餐椅整齐干净，台布、口布洁净无瑕，厅内无蚊无蝇。只有这样，客人才会放心地消费。

2.保障各类食品的卫生

餐饮经营者必须严格执行《中华人民共和国食品卫生法》的有关规定，严把食品卫生关，防止食物中毒事件的发生。餐厅食品要保证原料新鲜，严禁使用腐败、变质的物品；加工烹饪过程中，要烧透、烹熟；制作凉拌、冷菜时，要将原料洗净、消毒并科学配制；食品饮料确保在保质期内，过期食品坚决禁止供应。

3.保障餐具的卫生

餐厅的餐具为公众所用，难免污染上某

些病菌和病毒。因此，餐厅餐具的卫生就会特别引起客人的关注。餐厅必须配备专门的消毒设备，要有数量足够的可供周转的餐具，以保证餐具件件消毒，保证客人的饮食安全。

4.保障员工的卫生

餐厅员工必须精神饱满、体格健康、衣着整洁、操作规范，这样才能给顾客以健康安全的心理感受，才能满足客人求清洁卫生的心理要求。员工个人卫生将在客人心中引起“晕轮效应”，影响他们对餐厅卫生状况的评价。如果员工体弱多病，精神萎靡不振，头发散乱，指甲长且脏，服饰不整，满身油渍，客人不仅会拒绝接受这样的服务员提供服务，还会因此对整个餐厅的卫生工作产生怀疑。此外，员工如果在操作时不注意卫生，如发丝飘在菜盘上，指甲触到菜汤里，工作用的毛巾脏污，都会令客人大倒胃口。

（二）简捷方便需求

求便利、讲速度是现代人的一大特点。顾客希望在就餐中能得到快捷高效的服务，餐饮企业可设计简捷方便的服务项目。如提供准确、全面的餐馆信息；交通便利，有停车场，可代客泊车；在客人点菜时，有职业点菜师帮助“导吃”；有便于食用的菜肴、主食，不同分量的菜品、拼盘，可增减特殊调味品；有送餐服务。有急事在身的顾客、赶时间搭车船的顾客，求快心理更为突出。即使是没有急事的客人，在餐厅消费过程中，也不愿在桌前久等。希望就座容易，点菜、上菜速度快，服务效率高，快捷准确，减少等待时间。因此，员工的操作要准确、迅速、干脆，客人进店要主动、快速接待。在来不及上菜时，为了不使客人觉得无聊，可以先上饮料，减少客人久等的烦恼。在就餐中，员工应集中精力、细心观察，及时发现、提供服务。客人就餐完毕后，结账服务应及时；如果结账不及时，就可能使客人就餐时的愉快心情化为乌有。帮助打包，对客人的意见要及时处理和回复。

长春某酱骨头馆提倡超前服务，凡事都想在客人前面，他们认为在客人需要和服务员的服务行为之间有一个时间差，这个时间差要求服务员在工作时全身心投入，口、手、心、眼并用，恰当地为客人服务。例如，当客人刚将酒喝完，杯子空在桌子上时，服务员应主动为客人斟酒，如果等到客人招呼或打手势叫服务员斟酒时，服务员的服务已从主动变为被动。上海某美食总汇在经营方式上大胆创新，采用超市自选式餐饮形式，七十多米长的海鲜长廊以及数百种菜肴半成品全部敞开供客人自选。这样做提高了产品质量和数量的透明度，增加了人们的参与意识和就餐情趣。

（三）品尝风味需求

“民以食为天，食以味为先”，“宁吃鲜

桃一口,不吃烂梨一筐”。客人光临餐厅最重要的动机是美食动机:吃不同的东西,吃好吃的东西,吃没吃过的东西,合口味,饱口福。风味是指客人就餐时对产品的色、香、味、形等诸方面产生的总体印象,它是刺激消费者选择菜肴的重要因素。客人对风味的需求各不相同。有的喜爱清淡爽口,有的希望色浓味重,有的追求原汁原味。经营者必须对本餐厅主要客源市场的风味需求有一定的了解,这样才能有的放矢地设计出适合消费者需求的餐饮产品。一家餐厅可以经营单一风味的菜肴,也可以同时经营数种不同风味的菜肴,以适应和满足不同口味需求的客人。

(四)满足舒适需求

很多客人在品尝美味佳肴的同时,更希望得到紧张工作之余的放松,希望餐厅提供的服务设施、服务项目等给自己以身心上的满足和享受。客人要求舒适的需求能否被满足,取决于餐厅的硬件和软件的好坏。这就要求餐饮场所所有的建筑、内部装潢,包括家具、沙发、桌椅、洁具、工艺品、电器、灯具等实物整洁、美观,使客人在这种环境气氛中得到享受。一顿完美的就餐,应当能给客人带来全身心的愉悦。

(五)营养健康需求

人们对饮食的认知已从果腹型发展成了健康长寿型,从温饱型转换为保健型。过去只知道吃饱、吃好,现在还要吃得科学和健康,因此,饮食与营养健康的结合是当今餐饮市场的最大需求。但不少人的营养知识存在盲区,如日常饮食中畜类产品油脂消耗过多,奶类、豆类等优质蛋白明显不足,一些人盲从西方的高脂肪、高热量的饮食习惯,而完全放弃谷物和淀粉的摄入,使人体碳水化合物营养成分缺失。由食品搭配不当、营养过度引起的疾病越来越多。当然,越来越多的消费者重视饮食营养的均衡和合理搭配,注重菜肴的荤素搭配、粗细结合。营养餐饮已成时尚。

合理的营养取决于每一天每一餐的饮食质量。大多数外出就餐的客人希望餐厅提供的菜品能够科学合理、平衡,甚至希望餐饮经营者将每道菜的营养成分及其含量在菜单上标注出来,方便其自主选择。餐饮经营管理者,必须具备基本的营养膳食知识,并结合客人特点进行菜肴组合,以科学的态度给消费者合理配置菜品。科学文明的饮食习惯包括以下几方面:

1.营养搭配要得当

进食品种和营养结构必须合理,“荤素搭配”和“素食为主,荤食为次,水果为辅”对任何年龄阶段的人都是适用的。

2.避免营养过剩或营养不足

营养过剩导致肥胖，诱发各种疾病，既浪费食品，又影响健康；营养不足、盲目节食导致青少年发育不良，成人营养失衡，引起机体代谢的混乱，降低了机体免疫力。

3.养成良好的个人饮食习惯

不良的饮食习惯多见偏食者、暴饮暴食者、滥用补品者。因此，要了解自我的健康状况，不要盲目饮食。

(六)物有所值需求

客人都有物有所值，甚至物超所值的需求。这种需求，不仅考虑所付出的货币与所得到的物质享受要等值，更包括付出的时间、精力与所得到的精神享受要等值。客人都希望自己所购买的产品价廉物美，质、价、量相称，希望以最小的经济支出获得最大限度的满足。客人的经济条件各不相同，但不管属于哪种情况，他们都不愿花冤枉钱。只有当客人认为服务和用餐价格公平合理时，才会在心理上感到平衡，感到物有所值而获得心理上的满足。

(七)欢迎尊重需求

1.客人光顾餐厅希望受到应有的礼遇

当客人进入餐厅时，服务员应主动上前问好，给顾客以尊重，并热情引导客人就座，留下美好的第一印象。如果用餐客人多，一时找不到座位，不要说“没有座位了”，这样等于将顾客拒之门外，也切忌带着客人满厅转着寻找座位，而应视情况给以及时的入座引领。如果客人进入餐厅并已找好座位等待服务，而你此时正忙着接待其他客人，那么在经过他们桌旁时应送上一句“请稍等，我马上就来”，或报以歉意的微笑，意在言明我已经注意到了，即刻就来。这样即使客人没能马上得到服务，也不会觉得被冷落和怠慢。开餐服务过程中，服务员礼貌、规范的服务，管理人员及时的问候以及送客时恰到好处的送别语等，都会令客人感受到餐厅对他的欢迎，给他留下美好、愉快和难忘的印象。

2.客人希望得到一视同仁的服务

在餐厅接待服务中，不能因为优先照顾熟客、关系户或重要客人而忽视、冷落了其他客人。在做好重点客人服务的同时，应同样兼顾餐厅里其他的客人，任何的顾此失彼都会引起部分客人的不满，甚至得到尖锐的批评。

3.客人希望得到特别的关照

当客人听到服务员称呼其姓氏时,他会特别高兴。特别是发现服务员记住了他喜欢的菜肴、习惯的座位,甚至嗜好时,客人更会感到自己受到了重视和无微不至的关怀。对于生理上有缺陷的顾客应给予特别细心的照顾、同情和理解。如果客人有某些不得体之处,也应宽容和谅解。对客人的小孩应给予特殊的关照。对于不同国籍、不同民族、不同宗教信仰的顾客,更应注意尊重其特点和禁忌,以使其获得心理和精神上的满足。服务员热情地接待、欢迎,尊重客人的个性需求,并给予特别的关照时,会让客人感到亲切、温馨,富于人情味。

(八)求知求美需求

求知求美是饮食的高级需求。可借古代文化典籍和人物开发新菜,如"红楼"菜、"儒林"菜、"随园"食单等,吃出文化品位来。南京状元楼餐厅把所有的菜名都经过"文化"的过滤,联系"状元"这一主题。如"三元及第""连中三元""喜报三元""一甲一名""一路连科""鲤跃龙门"等都套用在相应的菜名上。设计的"状元粥",选料固定;"幸运饼"中藏有纸条,上面书有特色的趣味文字,既能体现状元楼的文化品位,也能激发人们的收藏兴趣。

在广州、上海、北京、深圳等大城市,悄然兴起一种"透明"餐厅。深圳的一家酒楼,有十二间餐厅,每间餐厅配有一个厨房,厨房与餐桌仅用一堵玻璃墙隔开,客人可看着厨师烧菜,厨师当着客人的面将鲜活的山珍海味烹饪出锅。这样,顾客可放心地就餐,再也不怕将不新鲜、不卫生的食品吃进肚子里。同时,在候餐的同时,也可一饱眼福,欣赏厨师的烹饪技艺,或许还能学上几招。郑州的唐人街食府,所有食物均在顾客面前加工,客人还可把自己特定的口味告诉厨师进行指定加工,让客人有一种参与意识,有一种家庭般的感觉。天津某酒店的"厨房录像"经营方式别具特色,即在餐厅和包房内均设有大屏幕,显示四个画面:一是厨师配制冷盘的过程;二是从水中捕捞活鱼虾的场面;三是宰生、粗加工的场景;四是厨师在灶房烹饪的场景。通过屏幕,客人可知自己所选的海鲜是否鲜活,可知灶台、餐具以及厨师衣冠是否整洁。

除上述心理需求以外,客人的心理需求还包括显示气派的需求、求新求异的需求等。餐饮经营者在经营的服务过程中,必须认真研究顾客心理,设计具有针对性的产品和服务,真正做到在生理和心理上都能让客人得到最大限度的满足。

工作任务二 技能训练

在学生分组的前提下，各小组组长以实训任务书（表 6-1）为参照，对每个组员的饮食基础需求分析实训进行督导，注意小组实训中的可取以及改进之处，分别发言总结。教师在此基础之上有针对性地进行指导。

表 6-1　　饮食基础需求分析实训任务书

<table>
<tr><td>班级</td><td></td><td>学号</td><td></td><td>姓名</td><td></td></tr>
<tr><td>实训项目</td><td colspan="2">饮食基础需求分析</td><td>实训时间</td><td colspan="2">4 学时</td></tr>
<tr><td>实训目的</td><td colspan="5">通过对人体的基本需求、客人对满意程度的评价内容讲解，分析出饮食消费需求和动机，能够根据消费者个性特征分析其消费行为</td></tr>
<tr><td>实训方法</td><td colspan="5">首先教师讲解目标，然后学生分组讨论，最后教师进行指导点评。要求学生掌握饮食消费行为特点，了解其各方面因素对饮食消费行为的影响</td></tr>
<tr><td colspan="6">饮食需求分析</td></tr>
<tr><td colspan="6">1.操作要领
(1)对饮食消费的原因、外出就餐的频次、就餐消费能力等进行深入分析与讨论
(2)分析消费者对服务态度、环境卫生、就餐营养价值等饮食需求
(3)总结顾客消费行为的特点
2.操作程序
(1)家庭对饮食消费行为影响的分析与讨论
(2)饮食需求与动机的深入分析与讨论
(3)总结顾客消费行为
3.模拟情景
家庭成员的饮食消费模拟</td></tr>
<tr><td>要点提示</td><td colspan="5">家庭因素对饮食消费行为的影响分析要全面且合理
依据基本特点可以有相应的服务策略</td></tr>
<tr><td colspan="6">能力测试</td></tr>
<tr><td>考核项目</td><td colspan="3">操作要求</td><td>配 分</td><td>得 分</td></tr>
<tr><td>家庭对饮食消费行为影响的分析与讨论</td><td colspan="3">对饮食消费的原因、外出就餐的频次、就餐消费能力等影响因素进行分析；小组讨论热烈</td><td>30</td><td></td></tr>
<tr><td>饮食需求与动机深入分析与讨论</td><td colspan="3">对就餐服务态度、环境卫生、就餐营养价值等饮食需求进行深入探讨</td><td>45</td><td></td></tr>
<tr><td>总结顾客消费行为</td><td colspan="3">家庭因素对饮食消费行为的影响总结全面</td><td>25</td><td></td></tr>
<tr><td>合计</td><td colspan="3"></td><td>100</td><td></td></tr>
</table>

实训项目二

群体就餐需求

实训目标

1.了解顾客差异饮食需求特点。

2.掌握在服务过程中的相关心理策略。

工作任务一 顾客差异的饮食需求心理分析与服务策略

一、顾客团体差异饮食需求心理分析

(一)从国家、民族特点进行分析

了解顾客首先应从国家和民族的特点上进行调查研究,有针对性地了解风土人情、风俗习惯、宗教信仰和生活方式上的特点。

有研究者归纳了不同的心理与饮食方式的特点:

(1)美式吃法,思考下咽,是用"脑"来吃的。美式流派把吃建立在医学、健康的前提下,吃什么都用脑思考,计划选择什么该吃,什么不该吃。医学、营养学一有新理论,食品界就有新宠儿。旧方式、旧内容,或继承或贬或弃,由人的大脑理智决定。

(2)日本料理,养眼第一,是用"眼睛"来吃的。日本食物很多是小巧玲珑的,但他们特别注意鲜亮的色彩搭配,用以取悦食者,使其获得视觉上的审美体验。日本食物美艳的色泽带给人以精神上的欢愉之感。

(3)法国大餐,讲究氛围,是用"心"来吃的。法国菜式是花心思设计出来的一种珍味。他们的菜肴要花很多时间、很多作料,经过很多程序去制作,还要很浪漫地去装饰它,使之表现出不同风格。可能只需五分钟吃完的一道菜,厨师却花费五十分钟制作。吃法国菜,要懂得同时饮用各种不同的酒,去配合

各种不同的食物。

(4)中国菜肴,“十味”杂陈,是用“味蕾”来吃的。中国人对“五味”——甜、酸、苦、辣、咸极为敏感。有时还有麻、臭、腐、败、醉的“五味”。“十味”混同吃、兼别吃、原味吃、杂交吃,这就形成千万种微妙的脍炙人口的菜品。

(二)从职业特点、社会角色分析

职业和身份影响着人们的个性形成和发展,构成人与人之间的差异。从职业的不同可以观察到人们经济地位、社会地位和文化素养方面的不同。三百六十行中,有教师、工程师、医生、记者,也有工人、农民、学生、职员等,不同的职业有其相对稳定的职业心理。

例如,产业工人由于同大机器生产相联系,他们乐于合群,相互间有一定的依赖,有较强的群体心理,一般心直口快。他们比较关心带有普遍性的社会问题,诸如物资供应、物价、子女教育等,喜欢娱乐性游览项目。

农民在同土地打交道的过程中养成了俭朴、踏实的心理特点。他们一般不随便花费,不浪费。

教师的心理特点是在长期的教学过程中形成的,他们看问题比较理智、全面,能理解他人的言行。执着的个性使得他们有相当强的自制力,不轻易发火。他们希望得到他人的尊敬。

一个人的兴趣和他的专业或职业有着密切联系。人在社会中职业不同,在饮食消费心理上也各有特点。

(三)从年龄特点分析

1.青年顾客的消费心理特点

青年顾客精力旺盛,活泼好动,思维活跃,兴趣广泛。他们喜欢集体活动,情感强烈但不稳定,注重别人对自己的看法;对新鲜、时尚、浪漫、冒险的活动有浓厚的兴趣和好奇心,想象力丰富;对特色项目和菜肴有浓厚的兴趣,愿意先尝为快。由于情绪色彩较浓,容易感情用事,所以有一些冲动性的消费。

2.中年顾客的消费心理特点

中年顾客年富力强,思维敏捷,判断力强,生理功能趋于稳定,心理素质成熟度高,对服务质量有较强的综合评价能力。中年顾客的消费心理具有求实、求廉和求速的特点。他们在消费时理智胜过冲动,经验重于印象,重视各种需要的满足,重视企业的信誉和服务质量。中年顾客成为回头客的可能性比较大。他们看重与自己年龄身份相称的较舒适的享受,喜欢悠闲轻松,不愿太劳累;对就餐条件比较在意,对服务人员的素质要求较高。

3.老年顾客的消费心理特点

老年顾客的生理功能有了不同程度的衰退,但心理评价功能却比较强。他们在消费中注重产品和服务的经济性、实用性;自尊心强,对服务态度极为敏感。老年顾客有丰富的生活阅历，沉着老练，有怀旧心理。他们一旦做出消费决定，就不会轻易改变。另外，由于体力的影响，他们对设施有一定的要求；鉴于年龄的关系，对自己的身体补养和健康也十分重视。

（四）从性别特点分析

1.男性顾客的消费心理特点

男性顾客一般在消费过程中有较强的理智性，他们善于自控，表现得冷静、果断。消费时注重实质，要求快捷服务，不愿花太多的时间去比较与挑选，适应性较强，消费行为具有一定的规律性。他们对新产品较留意，喜欢知识性强、竞争性强的活动，愿意显示自己的勇敢和承担责任，不喜欢别人以指导者身份对自己喋喋不休。

2.女性顾客的消费心理特点

女性顾客一般情感丰富而细腻，情绪波动性较大，消费行为有浓厚的感情色彩，易受各种因素的影响，由此造成消费的不稳定性。她们观察事物细致，富于想象，喜欢精打细算，自尊心较强；对服务态度敏感，对消费环境较为挑剔，特别注重清洁卫生，易受环境气氛感染；家庭观念较强，对与家庭生活有关的事物比较关心；对价格比较敏感。

二、顾客个性饮食需求心理分析

（一）从个性心理特点分析

1.活跃型顾客

这类顾客活泼大方，表情丰富，爱说爱笑，显得聪明伶俐，反应迅速，理解能力强，喜欢刺激性和多变的生活，喜欢与人交往，随机应变，对一切都表现出极大的兴趣，但易变化，耐不住寂寞。这类顾客乐观并且富有同情心，尊重、理解服务员的辛苦劳作，不大挑剔，对服务中出现的小失误能给予充分的谅解。接待这类顾客，应主动接近，以满足他们爱与人交往的特点，不能不理不睬，但又要避免与其交谈得过于“投机”，避免啰唆呆板，服务速度要快。

2.拘谨型顾客

这类顾客性格较内向，喜怒哀乐深藏于心，心里有事不愿对别人讲，行动谨慎，少言寡语，好静不好动，不愿抛头露面；与人交往显得拘谨腼腆，遇事不愿启齿求人，自我约束能力较强；内心体验深刻，情感丰富细腻，自尊心十分强，敏感、脆弱、多疑，想象力丰富，心境易受影响，易郁郁寡欢；反应速度慢，行动迟缓。这类顾客在消费过程中显得安静、温和、稳重，有紧张心理，不过多地提出要求，不追求时尚，消费较保守，对别人提出的建议常抱怀疑的态度，对新品种的菜品和新增设项目持观望态度，对服务态度较为敏感。接待这类顾客，要尊重他们的选择，不要过多地打搅他们，但当他们有要求时应给予及时的满足。交谈时态度要诚恳，语气要温和，语调要平稳，操作动作不可太急躁。

3.傲慢型顾客

这类顾客态度傲慢，行为任性，表情冷漠，情绪暴躁；在消费过程中，自视高人一等，轻视服务工作，喜欢炫耀自己，孤芳自赏；不能体谅服务员的辛劳，不能容忍服务员有丝毫的怠慢，喜欢提出一些不合理要求，对服务员颐指气使，对服务态度、服务水平、服务环境、设施等比较挑剔，处处表现出一种优越感，希望服务员重视他，以他为中心。接待这类顾客，服务员首先要自尊、自重、自爱，态度不卑不亢，主动征求他们的意见，尊重他们的选择，满足他们的要求，使他们的某种优越感得到形式上的满足。而对那些摆架子、使性子的顾客，服务员要保持良好的心境和内外适度的承受力，不要计较，不要因为他们的态度而影响自己的工作，要耐心、谦逊、冷静，临辱不惊，遇侮不怒，在适当的时候主动交换意见，从自身找原因，使其心悦诚服。

4.急躁型顾客

这类顾客对人热情，感情外向，讲话速度较快，动作迅速，行为有力；自制性较差，不善于克制自己，容易兴奋，易发火动怒，并且一旦发生就难于平静；喜欢显示自己的优点，好胜心强，自信心强，比较固执，好认“死理”，一般不轻易改变自己的决定。他们精力充沛，办事果断干脆，但有时又显得缺乏耐心，在进餐、结账时心急火燎，做事毛手毛脚，经常丢三落四，显得很粗心。接待这类顾客，应注意尽可能避免与他们讨论有争议的事，避免与他们发生争执，一旦出现问题，应避其锋芒，采取冷处理，息事宁人，等对方平静下来后再做必要的解释。服务要迅速及时，离店时提醒他们不要遗忘物品。

5.稳重型顾客

这类顾客不苟言笑，不爱与服务员攀谈，情感深沉、稳定，喜欢清静优雅的环境，有“恋旧”的情绪，不喜欢多变的、没有规律的生活；自制力强，有忍耐力，注意力稳定，兴趣持久，面部表情不明显，常给人一种摸索不透、难以接近的感觉；言行谨慎，动作缓慢，对新事物不太感兴趣，喜欢旧地重游。接待这类顾客应照顾他们喜欢清静的心理特点，选择较为僻静的环境和座位，不要过多打搅他们，交谈应简单明了，谈话速度稍慢，必要时做适当的重复，允许他们有较长时间的思考来做出消费决定，不要催促，不能过于心急。

（二）从饮食消费行为分析

1.简单快捷型顾客

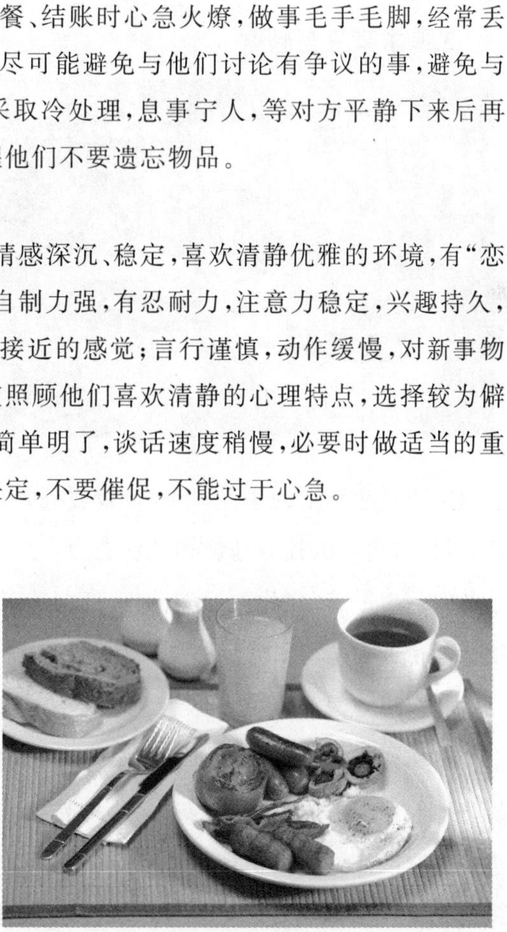

这类顾客以注重服务方式简便、服务速度快捷为主要动机。他们常有一种“在家千日好，出门一时难”的心理，大多时间观念较强，性情较急躁，缺乏足够的忍耐性，最怕排队等候，讨厌员工漫不经心、动作迟缓、不讲效率。随着生活与工作节奏的加快，这类消费群体越来越大。他们希望能节省时间、减少麻烦、方便消费。针对这类客人，在客观条件许可下，要处处为顾客着想，努力为其提供快捷、便利、讲求质量的服务；应在服务网点设置、服务方式的运用、服务规范、服务流程等方面为顾客提供各种便利条件，如设便餐、快餐、自助餐，及带料加工、回勺加热或外卖、外做、外送、电话预约等服务项目，科学地安排营业时间，用现代化的手段装备有关服务设施，不断提高服务质量和工作效率。

2.经济节俭型顾客

这类顾客以注重消费价格的低廉为主要动机。他们都具有精打细算的节俭心理，大多经济收入比较低，购买能力不强，希望能以最少的支出换来最大程度的消费享受，对价格因素特别敏感，特别强调价廉实惠；注重饮食出品或服务的价格，而对菜肴和服务的质量不过分要求，希望得到一视同仁的服务，对员工的故意怠慢十分敏感；对用餐环境并不计较，只要卫生整洁。随着餐饮市场向大众化、中低档化方向发展，这类消费群体将越来越大。因此，这就要求餐饮企业的各种服务项目档次配套合理，以中低档的服务项目去满足经济节俭型顾客的需要。如在餐厅经营中，既要发展风味独特的高档菜肴，又要保留省时省钱的快餐。

3.追求享受型顾客

这类顾客以注重物质生活和精神生活享受为主要动机。他们一般都具有一定的社会地位，或具有较强的经济实力，他们把餐饮消费活动更多的是当成显示自己地位和实力的活动，因此，对菜肴的档次、服务的规格、用餐的环境有很高的要求。他们在消费活动中，注重出品和服务的质量，注重服务人员的服务态度，热衷追求物质生活上的享受，不太计较服务收费标准。他们喜欢进出高档餐馆，品尝高档菜肴，以显示自己的社会地位和经济能力。为了满足他们的需要，酒店不仅要为其提供高水平的饮食出品、现代化的设施设备，还要为其提供全面优质的服务，使其获得最大限度的物质和精神享受。

4.标新立异型顾客

这类顾客以注重菜肴、服务和环境的新颖、时髦、刺激，追求与众不同的感觉为主要动机。他们好奇心强，喜欢标新立异，易受广告和社会潮流的影响，具有一定的冲动性，往往走在消费浪潮的前列。他们对新开发的菜肴、用较少见的原材料制作的菜肴、制作方式独特的菜肴及新奇别致的服务方式兴趣浓烈，而对价格并不十分计较。目前这类客人在都市为数不少。为了满足他们的需要，企业应不断开拓、创新，增加具有现代意识的服务项目和经营品种，提高服务水平，以新、奇、美来吸引顾客，满足其求新爱美的心理需求，如顾客自定价消费、自助式消费，国外的一些倒立餐馆、古堡式餐馆都是以其新奇取胜。

5.期望完美型顾客

这类顾客以注重企业的信誉、出品服务和环境都要求精致，以求获得餐饮消费全过程轻松、愉快、良好的心理感受为主要动机。他们属于唯美主义者，有丰富的就餐经验，对餐饮市场变化和菜肴、服务等都很熟悉。他们以企业的信誉作为选择的依据，注重餐厅的综合实力、经营业绩和社会形象，对价格等并不十分苛求，但是他们不能容忍餐厅的脏、乱、差，更不能接受员工怠慢的服务和在消费时可能产生的纠纷和冲突。

三、了解顾客饮食心理和饮食行为方法与途径

(一)心理预测

对 VIP 客人和团队客人，可在客人抵达之前，通过团队名单等来了解客人的基本情况，重点了解客人的国籍、民族、生活地区、年龄、性别、职业等因素，根据以往积累的知识与资料，对顾客的共性需求可做初步的预测，然后设计出有针对性的菜单和服务计划。但心理预测只能了解客人的共同饮食需求和团体差异饮食需求，对他们的个性需求及散客的饮食需求需通过察言观色来了解。

(二)“三相经”

“三相经”，即听其言，观其行，察其意。据心理学研究，人际交往信息的总效果＝7％的书面语＋38％的口语表情＋55％的脸部表情，可由表及里、由此及彼、由浅入深了解客人的内在心理活动。了解的方式可以是召集、组织座谈会，也可以拜访会晤，更常见的是聊天与个别观察。在察言观色的过程中做到仔细、认真、善于思索，通过表象达到掌握心理之目的。

1.观察衣冠服饰

衣冠服饰能透露出人的工作职业、性情爱好、文化修养、信仰、生活习惯及民族等信息。如文化修养较高的学者、教授，戴眼镜的较多，有书卷气，衣着款式不随波逐流，喜欢深色的衣服。政府公务员、公司职员或企业家、商人讲究效率，给人以精明能干、守信、处事严谨的印象，衣着多为挺括的西服或夹克。艺术界人士大多衣着高雅华丽，显得光彩照人。顾客所佩戴的饰品也是其身份的象征，如胸戴十字架，是一种宗教信仰的表示。戒指的戴法更是一种信号和标志：戴在中指表示在恋爱中，戴在无名指上表示已婚，戴在小指上则表示独身。

2.观察面部表情

人的面部表情是反映内心情感状态的寒暑表，喜怒哀乐等情绪变化均可在面部有所反映。细心观察顾客的眼神变化，就可以窥见其基本的心理状态。例如，顾客较长时间炯炯有神地注视某人或某一事物，说明对其产生了浓厚的兴趣；如果闭目养神，沉默不语，说明已感疲劳，急迫需要休息；目光不怎么接触或有意避开，说明含羞或害怕；正在传达坏消息或诉说痛苦的事情也可能避免接触；眼睛直直地盯着人，表示威胁、恐吓。而微笑作为最基本的表情语言，在人类各种文化中是基本相同的，它是能超越文化的传播媒介之一。

案例

观察入微、善解人意

小周是一家星级酒店的资深服务员。周末，一个三口之家来到餐厅。男主人点了四菜一汤，价格三百多元，可是女主人一听非常惊讶。这时，小周马上微笑地介绍说："再加上一个君子菜炒肉丝好吗？才 10 元钱，君子菜就是苦瓜，很新鲜，不但营养丰富、开胃爽口，而且清心明目。"女士微笑着点头同意。

在班会总结中，小周解释道："一般男士带家人来饭店用餐，大多愿点好菜，而女士希望点高、中、低档多种菜，这和大多数女士在家里主管经济开销有很大关系。所以当女士听到四菜一汤价格三百多元时，不免一怔。我明白她是觉得有点贵了，可是又不愿当面说，所以就向她推荐了一个才 10 元钱的君子菜炒肉丝，这样五菜一汤三百多元她就能接受了。至于我推荐这道菜的原因，也是有依据的。这一家人一落座，我就听出女士有轻微的四川口音，而四川人对麻、辣、苦的菜一般都喜欢，所以，我给她推荐了君子菜炒肉丝。"

3.观察言语特点

"听话听声，锣鼓听音。"根据口音和语种可以基本判断出客人的生活地区、职业和性格。"三句话不离本行"的人，表明他对自己所从事的工作特别专注和熟悉；讲话准确、洗练，注意词语的修饰，言辞有礼的，是文化修养较高的人；讲话快速的，是性格外向的人；讲话慢条斯理、细声细气的，是性格内向的人；豪放的人，语多激扬而不粗俗；潇洒的人，言谈风度生动而不随便；谦虚的人，语言含蓄而不装腔作势；宽厚的人，言必真诚直爽而多赞扬；图虚名的人，言好浮夸；刻薄的人，言好中伤；言语啰唆者，多逻辑思维紊乱。

4.观察体态动作

谦虚的人，躬身俯首，微缩双肩，力求不引人注目；高傲的人，挺胸腆肚，摇头晃脑；矫揉造作的人，装模作样；好媚的人，卑躬屈膝，常露奸笑。手势反映的含义也非常丰富：激动时手舞足蹈；不安时手足无措；平静时动作很小。手脚麻利、步态轻捷的人，多为性格外向、豪爽明快者；步态正规而精神，则可能是政府公务员或军人出身；步履轻盈、挺胸收腹者，或许是演艺人员；步态缓慢而无力，表明此人此时生理或心理上有疲惫感；步态轻松自如，则表明其心情愉快、心旷神怡。

(三)建立客史档案

客人离店后，应建立完善的客史档案。把重要的客人、重要的团队的需求，尤其特殊需求记录下来，输入计算机，形成档案，以便客人在第二次光临时对他的个性一目了然。客史档案内容一般包括常规档案、个性档案与反馈意见档案。

案例

建立客史档案

王先生曾在安徽合肥某大酒店住过一阵子。一年过去了，王先生又去合肥时，他对他的朋友说："到某大酒店用餐，去看看我的老朋友。"一进餐厅，迎宾员一眼就认出了王先生，热情地引导他们入座。接着，服务员小毛上前请王先生点菜，而王先生却说："您为我安排吧。"于是，小毛为客人点了他爱吃的菜肴。点完后小毛又说："请允许我再点两样您爱吃的：水烙馍、全羊汤。"王先生听了惊喜万分。用餐完毕，王先生一再对酒店的优质服务表示感谢。他说："一晃一年过去了，服务员换了很多，想不到我爱吃的菜肴、点心，你们却清清楚楚，真是令人钦佩。"

(四)信息渠道畅通

发现与捕捉信息是了解、管理客人需求的重要的一步，但这种信息要产生效用，就要保持服务系统内部沟通渠道的畅通。不管是运用客史档案等手段，还是通过与客人直接或间接接触所获得的，经过筛选后，要及时地把有价值的信息传递给各有关部门与人员。这需要有制度和规定的工作程序来保证，需要所有员工逐步养成团队协作精神。

四、服务心理策略

"路遥知马力，日久见人心"在正常的人际交往中是一句至理名言，但在服务交往中，由于客我交往是一种"短而浅"的人际交往，因此员工要使客人"马上见人心"。员工要善于把"乐于为客人效劳"的"人心"通过"溢于言表"的方法立竿见影地充分表现出来，让客人体验到人情味。处理好餐饮服务中的客我人际关系，一要解决"原则"问题，二要解决"艺术"问题。下面着重分析餐饮服务中的客我人际交往的"艺术"问题。

(一)客人第一、服务至上

1.客人是"人"

(1)尊重人格

服务员工要真心地把客人当作"人"来尊重,而不能当"物"来摆布,当然也不必当"神"来崇拜。第三产业的服务行业不同于第一、第二产业,第一、第二产业的员工工作的直接对象是"物",生产的成果也是"物";而餐饮服务员工凭借着一定的物质条件(如设施、设备)为客人服务,工作对象是"人",工作的主要成果是精神产品,也隶属于"人"。

员工是人,客人也是人,既然都是人,那就都有一个共同的需要,即都需要受到他人的尊重。"你希望别人怎样待你,你就应该怎样待人""己所不欲,勿施于人"这两种说法,都是一个意思:你希望别人尊重自己,你就应该尊重别人;你不希望别人把你"不当人",你也不能把别人"不当人"。人有其自尊、个性与价值,需要得到关爱、体贴、理解与尊重。当然,我们的员工绝不会有意把客人当作"物"来处置摆布,但如果不能时时、事事、处处把客人当作"人"来尊重,就有可能引起客人的反感与不满。

(2)人有情感

人,有血有肉有感情,有七情六欲。客人上门消费不是为我们企业"送钱"来的,而是为了满足其自身的各种需要而来的。如果我们无视客人的需要与情绪,不让他们的需求得到应有的满足,而只想从他们那里挣到更多的钱,那么客人会觉得我们只不过是把他们当成一个"钱袋"来处理。要处理好"脑袋"与"钱袋"、"面子"与"票子"的关系。不了解如何满足客人的"脑袋"和"面子",你永远不可能成功。

(3)善待人性

金无足赤,人无完人,人不可能十全十美。人性具有复杂性:不仅有优点,而且有弱点。因此对客人不能苛求,而要抱着一种宽容、谅解的态度。有了这样的心理准备,就不至于见到客人中有一些不太好的表现就大惊小怪,甚至不可容忍。当然客人中有个别素质低劣、居心不良者,对此类人,员工也要有心理准备。

2.客人是"客人"

(1)客人是服务对象

在餐饮服务的客我双方交往中,双方都扮演着不同的社会角色。员工是提供服务者,客人是接受或享受服务者，即客人是服务的对象。这里强调“客人”，即客我关系中的另一面——角色关系与角色交往。

一些员工常常忘记“客人是客人”。有时把客人当陌生人来对待，不是热情、耐心、细致、周到地服务，而是冷漠、粗心、马虎地应付；有时把客人当讨厌的人、麻烦的人来对待，表现出厌烦、讨厌；有时把客人当作评头论足的对象、争输赢的对象、说理争论的对象、接受教育，甚至改造的对象，甚至把客人看成干扰与破坏自己安逸的“罪人”，更有甚者，把客人当仇人来对待，吵骂污蔑，甚至是人身攻击。

(2)客人的人格特点

①客人是具有自由化情绪的人。高素质的人也会变成低素质的客人，他不愿受约束，人性的某些弱点在公共场合暴露无遗。

②客人是寻求享受的人。客人要求宽松、舒适、温馨的环境和产品；客人有着美好的期望心理，有着众多的需求动机，他们是“花钱买享受”，不是“花钱买气受”。这种享受不仅包括物质享受，更包括精神享受。而精神享受的一个重要点，就是进行轻松愉快的人际交往。

③客人是爱讲面子的人。中国人讲面子，客人尤其讲面子。客人是希望被特别关注的人。

(3)员工是服务提供者

在员工与客人的这种服务与被服务的社会角色关系中，员工必须而且只能为客人提供服务。客人购买与消费的是服务，员工生产与提供的也是服务，客人评价的更是服务。满足客人的需要、做好服务工作是员工的职责。我们要高度认识服务的重要性与必要性。凡有人群的地方必有服务行为。随着时代的发展，服务成了现代文明的基本准则与标志，服务产业成了兴旺长盛的朝阳产业。不可否认，至今还有一些人，包括员工中的一些人对服务行业抱有偏见，他们认为干服务工作是“伺候人”，因此“低人一等、矮人三分”，总觉得“客人坐着我站着，客人吃着我看着，客人玩着我干着”，不能与客人“平起平坐”，心中不平衡，其实他们把客人与服务员工的关系弄混了。

(二)良好形象，愉悦客人

心理学有个第一印象心理效应：人对初次接触的事物与人物所形成的印象特别深刻，

而且会影响对其他知觉对象的印象。

形象问题是个重要的问题。人在对物的知觉中，物的外观形象即空间、形状、色彩、光线、音响、气味、温度等因素首先起作用。客人来到餐饮场所，会用眼去观察餐饮场所的造型、选材、色调和建筑风格，去观察餐饮场所的外部环境和内部环境，审视环境是否美观雅致、清洁整齐；用鼻去闻空气是否清新，有无异味；用耳去听环境是否宁静；用皮肤去感觉温度是否宜人、物体触感是否舒适，然后才通过思维对事物做出评价。第一印象由此开始建立。所以餐饮企业要重视"装点门面"，给客人提供一个良好的感知形象。餐饮场所大门和庭院可结合区域特色布设草坪、花园、喷泉、水池、雕塑，使客人觉得环境清新优雅、心旷神怡。大厅布置既要有时代感，又要有地方或民族特色，要富于美感。布局简洁合理，各种设施要有醒目易懂的标志，使人一目了然。餐厅的门面、出入口、空间、光线、色调、音响、温度、设施、客人与员工的行走路线设计都要给人以美好的感官形象，从而烘托出安全、安静、亲切、整洁、便利和舒适的气氛，使客人一进门就能产生一种宾至如归、轻松舒适的感受。

人际交往中的第一印象首先会受到交际双方的长相、容貌、衣着、举止、言谈等外表因素的影响，进而人的内在的知识、素质将起更大的作用。员工的美首先表现在外表美，主要是长相美、服装美、化妆美、举止美，但更为重要的是内在的心灵美。餐饮企业对一线员工的长相都有一定的要求：亭亭玉立或伟岸挺拔、五官端正、面容姣好、皮肤白洁。"三分长相，七分打扮。"员工要做到淡妆上岗，增强美容观念，使人体自然美与人工修饰美融为一体，给客人以健康、庄重的心理感觉。美容使人的天然美更为突出，使美中不足之处得到弥补。男员工头发要梳理，胡须要刮净，指甲修剪，切忌不修边幅。女员工切忌浓妆艳抹，上岗不能佩戴首饰。

员工上岗要穿工作服，工作服要有特色：在面料、质地、色调、款式上给人以标识与美感。服饰要清洁、整齐，特别要集中保持衣领与袖口处的干净。皮鞋要上油擦亮。表情要和蔼可亲、温文尔雅，举止要热情、端庄有礼，做到举止规范而不呆板，言语亲切而不忸怩，声调柔和而不做作，神态活泼而不轻佻，态度热忱而不卑怯，动作利索而不懒散，表现出较高的素质与修养。

(三)平等待客，一视同仁

顾客是服务产品的消费者与产品质量的评价者。服务产品质量的评价体系由三部分构成，即员工自我评价、顾客评价与第三者（认证机构、社会团体与舆论）评价，其中最主要的是客人评价。

客人对服务质量的优劣评价在于其主观感受性，这种主观感受会受到客人的个性、情绪、认知等多种心理因素的影响，但基准在于客人的一种被服务时与被服务后的感受。这种感受是由客人的“期望”（需求的体现）和员工服务的“现实”（服务的结果）之间的关系决定的。实际与期望相平时，会使客人感到名副其实、如愿以偿，即“满意”；实际优于期望时，客人会认为“出乎意料的好”，即“惊喜”；实际与期望在低水平上相平时，客人则不会有过多的感慨，可称之为“一般”“过得去”，也不会有更大的不满；而期望极高，实际状况极差，便是“背离期望”“名不副实”，客人会强烈地不满。

员工与客人的关系就如圆心与圆周的关系，要保持“等距离原则”。如果说每一位客人都是站在“圆周”位置上的，那为客人服务的员工则必须站在“圆心”的位置上，不能偏离。偏离了“圆心”，就会对有的客人距离近，对有的客人距离远。而厚此薄彼、亲此疏彼，是服务与管理上的大忌。客人花费了一定的货币（钱）与“心理货币”（闲暇时间、精力、体力等），就要求员工满足他期望的功能服务与心理服务。客人在接受服务过程中不希望被蔑视、被忽视、被轻视，而希望得到重视；不希望被亏待，而期望被宽待、被善待、被优待；不希望被冷落、摆布，而希望被热情地理解与尊重。员工上岗后，要排除个人感情的干扰，严格要求自己把每一位客人当作真正的客人来接待服务，做到对每一位客人都既没有明显的疏远，也没有过分的亲近。

但在实际服务工作中，部分员工由于客人意识与服务意识不强，或者由于责任心不强抑或是工作中的疏忽大意，在对客服务上常常不能一视同仁，有厚此薄彼的倾向。在餐饮服务业中常出现的各种不一视同仁的现象。因此，服务业的员工要牢记“来的都是客”，要把每一个客人都接待服务好。

（四）针对个性，特别关照

人都希望表现自己，突出自己，肯定自己，成为自己。要获得客人的好评，员工就要为每一位客人提供有针对性的，即针对个人的服务，这就是个性化的服务。

1.超常服务

员工应在不违背服务原则的前提下，针对每一位客人的特殊需要提供相应的服务，满足客人超出常规的需求。一种情况是客人提出在服务规范中没有的合理要求，这正是为客人提供针对性服务的大好时机；另一种情况是客人本人虽然没有提出特殊要求，但他有这方面的需要，这就靠员工用眼去观察，用心去发现，然后提供有针对性的服务。

案例

个性化服务

六月初，三位客人入住某酒店，休息一会便到中餐厅吃晚饭。领头的客人在五十岁上下，他坐下后接过菜单，一看菜肴品种还真不少。三位客人一下子点了十来个菜，但客人似还嫌不够，于是询问服务员可否做一个清蒸甲鱼。服务员坦率地说："甲鱼已经售完了，但如果三位客人想吃，我们一定设法满足。不过请你们先吃别的菜，我们立刻派人到市场专程采购。""好，反正今晚没事，就慢慢吃吧，不过麻烦你们了，不好意思。"客人对服务员的殷勤周到很是感激。

2.超前服务

员工要眼观六路，耳听八方，时刻"心里想着客人，眼里看着客人"，及时主动寻找为客人提供服务的机会。在客人暂时用不着服务时，员工也要时刻准备着，伺机而动。对客人发出的"请为我提供服务"信号的反应，能明显地反映出不同服务人员的素质。不称职的员工心不在焉，脑瓜迟钝，甚至根本收不到；一般的员工能在客人发出信号后，及时地提供相应的服务；优秀的员工则在客人尚未发出信号又有需要之际就做出了判断，服务到位，他们除了有强烈的服务意识之外，还具有丰富的服务经验。

3.领悟服务

客人想让员工服务却又不便明说的某种难言之隐，这时需要员工能敏感察觉、心领神会，做出恰当的服务。如有的客人在筵席上明明没吃饱，但看到他人不吃主食了，自己也不好意思吃了。这时员工就该把盛着小点心的盘子移到他面前，巧妙地说："我们做的小点心很好吃，请您尝尝。"员工能够做到把内心需求"说穿"，然后"心领神会"地帮助客人，客人一定会感到十分满意。

（五）富有人情味，尤显尊重

1.亲切感

消除孤独感、获得亲切感，获得情感上的交流和关爱是人的一种高级心理需求。人际交往中，和蔼可亲、热忱大方的人，使人易接近；而给人以冷冰冰感觉的人，则使人难以接近。要使客人产生亲切感，员工一定要是"柔性"的，而不是"刚性"的；使人感到亲切，而不是以冷漠的态度对待客人。具体地说，一定要让客人觉得你和蔼可亲，关键要"声情并茂"，通过外在的语言、表情与动作把内心和蔼可亲的态度、情绪表现出来。

2.自豪感

在人际交往中有别人对别人、别人对自己、自己对自己等几种情况。人最关切的最重要的是自己对自己的满意。对客人来说，他所关心的并不是餐饮企业与员工，他关心的是他自己。人感到自豪还是自卑，与别人如何对待他很有关系：得到肯定性反应，就会感到自豪；得到否定性反应，则会感到自卑。让客人获得自豪感的关键是"让客人对他自己更加满意"，即"您重要！"

尊重客人要体现在细微之处。服务质量打拼的就是服务细节，要去寻找提炼细节的关键时刻，要把客我交往的接触点变成提高产品质量的关键点，变成餐饮企业的闪光点。

让客人100%满意，然后加上惊喜。客人光临时，迎宾人员就要立即热情接待；客人要点菜，如果员工一时忙不过来，不能立即为他服务，就要先向他打个招呼。要尊重客人的风俗习惯、宗教信仰、个人爱好和忌讳，不能要求客人"入乡随俗"，要保护客人的隐私。

在人的自豪感中，最主要、最敏感，也是最脆弱的一种情感是自尊心。自尊心是人的一根最敏感的神经。为客人服务时，我们以客人乐于接受的方式，要善于尊重、保护客人的自尊心，以增加客人的自豪感。尤其要巧妙地扬客人之长，隐客人之短。不能让客人出丑，也不能对客人的短处表现出你的兴趣与注意，更不能去讽刺嘲笑。客人由于缺乏经验而"出洋相"，人只能"眼中看穿"，不能"口中说穿"。如果能在客人陷入窘境时，帮助他渡过难关，保住他的"脸面"，他会从内心感谢你。

(六)互补交往，心态平衡

1.三种"自我"心态

人的行为由如下三种"自我"心态支配。

(1)"儿童自我"

这是一个不动脑筋、易动感情的"感情自我"，它不会根据社会的、他人的利益和自己的长远利益来考虑"合理不合理""应该不应该"的问题，它只考虑"喜欢不喜欢""高兴不高兴"的问题。

(2)"家长自我"

这是个只动脑筋、不动感情的专门教导约束孩子的"权威自我"，是一个"照章办事"的行为决策者。

(3)"成人自我"

这是个能冷静地动脑筋的"理智自我"，它面对现实、冷静理智。人的行为因为"喜欢"而出现，这是受"感情"支配；服从他人"要求"而做，则是受"权威"支配；而独立思考后认为自己"应该"做，则是受"理智"支配的。

2.五种行为模式

三种心态会有如下五种行为模式。

(1)儿童任性式

儿童任性式表现为天真、任性、反抗、不受约束的儿童行为。

(2)儿童服从式

儿童服从式表现为“听话”“乖孩子”式的拘谨行为,按照某种规范、按他人提出的要求来行动。

(3)家长命令式

家长命令式又称“严父式”,表现为下命令、教训别人、指责别人的威严行为。

(4)家长抚慰式

家长抚慰式又称“慈母式”,表现为以宽容、怜悯、谅解的态度待人,关心人、爱护人的行为。

(5)成人理智式

成人理智式表现为以平等的态度待人,通过共同协商、探讨来解决问题的行为。

人的行为模式的运用一定要考虑到时间、地点、场合和彼此所扮演的角色。五种不同的行为模式并无绝对好坏之分,关键在于能否恰当、灵活地去运用。

人际交往是人与人之间相互作用的过程。交往中,当一个人采取某种行为刺激时,期待着对方做出迎合、满足的反应就是“相补”反应,否则就是“相阻”反应;双方都做出相补反应,交往就能进行下去,否则交往就会出现障碍。平等性交往有以下三种形式:一是成人理智式—成人理智式的交往。二是家长命令式—儿童服从式的交往。例如,客人对员工道:“快过来点菜!”一派命令的口吻。员工则顺从地回答:“好,先生我马上来。”三是儿童任性式—家长抚慰式的交往。例如,客人发现丢失了结婚戒指,心情焦急地说:“哎哟,我的戒指不见了!”员工安慰道:“太太,请不要着急,我们帮您找一下。”

在人际交往中要诱导对方成人理智行为。欲改变他人的行为方式,最好是首先改变我们自己的行为方式。在服务工作中,我们既不能去选择交往的对象,也无法去改变对象的个性。无法改变“他这个人”并不等于无法改变“他的行为”。他人的行为不仅与他本人的个性有关,而且也与我们如何去对待他有关。

(七)敏捷准确,快速高效

服务质量,第一表现为技能技巧水准是否准确、娴熟;第二表现为时间水准,即准时性、适时性是否恰到好处。影响时间水准有如下九种因素,相应可采取九种对策。

(1)有事可做的等待与孤独空耗的等候相比,前者要快于后者。

对策:在必须等待的服务过程中(如点菜后的上菜、总台的结账等),应让客人“有事可做”,如浏览书报、杂志、菜谱,提供饮料茶水,增加文娱节目等。

(2)对已纳入服务程序之中的等待与尚未纳入程序中的等候相比,前者要短于后者。

对策:尽早使顾客进入服务程序之中,或创造一种气氛,使客人感到餐饮企业在为他着想。如在客人多时,员工可“接一顾二联系三”,即接待第一位顾客时照顾第二位客人,同时联系第三位客人。

(3)焦急的心情会使等候的过程格外长。

对策:及时不断地向客人传递有关信息,或做好客人的情绪稳定工作,消除客人的焦虑心理。

(4)知道结果或有限定的等候时间,比不确定时间的等候,感觉上要过得快,因为有心理准备。

对策:"限时服务",在规定的时间里完成服务。如客人落座后2分钟内服务,点菜后第一道菜15分钟内上菜,客人离餐后4分钟内清桌、摆台;客房点菜早上25分钟、中午30分钟、晚上35分钟内送达;酒吧在客人落座后30秒内服务,3分钟内将酒水送上,结束后2分钟内清桌。

(5)有清楚明确的解释与不加任何说明的两种等待,前者感觉要短。

对策:让客人迅速了解此时存在的情况,以利于双向沟通。

(6)客人公平的等待与不公平的等待相比,前者要比后者短。

对策:对客人要一视同仁,不能厚此薄彼,维护公正和稳定的服务秩序。如有特殊情况,则要做必要的说明与解释。

(7)越是昂贵或有价值的服务项目等候时间就越长。

对策:提供名副其实的等价服务,与等候时间成正比。

(8)一群人等候比起一个人等候,时间要相对缩短。

对策:提供一群人进行交谈的气氛。对一个人则要以微笑等表情来打动人,使其心情轻松。

(9)钟表表盘设计以5分钟为一格,尚未走完5分钟时,等候的客人对等待的感觉并不明显,而表盘上指针一跨过大格,感觉就会强烈起来。

对策:力争使客人等候的平均时间不要超过5分钟。

(八)客我满意,双胜无败

1.客我交往的两种结局

客我交往的出发点应该是彼此尊重,客我交往的最后结局应该是客我满意,双胜无败。客我交往有两种结局:

(1)双赢

客人的最终消费行为与员工的服务行为都正确,使客人得到最想得到与应该得到的利益,员工也得到最想得到与应该得到的得益,双方的需求都获得了满足,大家都赢得了胜利。这是客我人际关系的最高境界与最好结局。

(2)双败

客人的最终消费行为与员工的服务行为都不正确,客人没有得到应有的利益,从此不但不再光临餐厅,而且造成很差的效应;而员工的不正确的服务行为将导致企业门庭冷落,最终被激烈的市场竞争无情地淘汰,员工与企业也将最终丧失自己应该获得的利益。双败的结局是最差的境界、最坏的结局。

2.特殊情况的处理策略

在客我交往中应正确处理好几种情况,以达到客我满意、双胜无败的境界与结局。

(1)员工“不正确”

员工“不正确”即员工服务工作有缺陷,造成顾客不满与失望。

①服务缺陷的原因:

a.员工的原因:工作态度上,对客人冷漠、消沉或者急躁、粗暴;工作上,懒惰、马虎、敷衍塞责、得过且过;言语上,使用不文明、不文雅、过于随便的语言与不恰当的体态语言;服务技能上,生疏、笨拙、毛手毛脚;工作效率上,动作缓慢、反应迟钝;对客交际上,忽视文化差异,冒犯客人忌讳;服务质量标准太低或不按操作规范服务等。

b.酒店的原因:餐饮环境嘈杂、拥挤、不洁;菜品味道不纯正、分量不足、不够新鲜、有异物、有异味、原料受污;服务项目太少;价格不透明、硬性搭配、虚假折扣;服务设施和设备老化、不完善、质量低劣,不能发挥正常的服务功能;客我交际过程中出现一些误会等。

②补救性服务:

服务有了缺陷,客人肯定不满意。从功能上说,没解决客人的实际问题,没把事情办好;从经济上说,客人没得到应有的享受,有“吃了亏”的感觉;从心理上说,客人没得到尊重。从服务心理来看,为客人提供补救性服务有以下五个要点。

a.必须尽最大努力去满足客人的需要。即使不能完全按照客人原来所提出的要求去做,也要在征得客人同意后用变通的方法去解决客人的问题,使客人得到替代的满足。

b.既要向客人表示歉意,又要争取客人的谅解。有时是受条件限制,有时是实在无法完全按照客人的要求去做,即使面对无法改变的现实,还应尽可能地引导客人往好处去想。

c.对那些觉得吃了亏的客人,要让他们在物质上、经济上,更要在心理上得到补偿。最理想的是稍许超出客人的期望值。

d.对怨气很大的客人,应让他们发泄、消气,让他们“出了气再走”,而不是把他们“推出门了事”,把怨气带回家,向亲朋宣泄。

e.认真处理投诉。

③正确处理投诉:

员工“不正确”,客人会投诉。客人在投诉时有三种投诉心理:求发泄、求尊重和求赔偿。处理要求是:心理准备、态度正确,认真倾听、记录要点,确认问题、同情理解,评估问题、不做解释,采取措施、相互协商,处置行动、关注结果,询问意见、表示歉意。

投诉是桥梁,投诉是挑战,投诉是信号。投诉的客人是质检部经理不花钱的“啄木鸟”:帮助发现问题与不足,提高改善宾客关系的机会,培养忠诚顾客,改善服务质量,提高管理水平。有个统计:如果投诉处理得当,60%的客人将与酒店继续保持商业关系;如果投诉被迅速处理,则该比率将上升到95%。

“息怒”技巧:不要让客人在公开场所发泄;语气亲切,语调温和,轻声柔气;眼神亲切,看着客人，微笑；通过请客人坐下、喝茶、抽烟来控制客人的身体动作；不要火上加油，切忌摆道理、下结论、装傻乞怜、转嫁责任。

(2)客人“不正确”

客人的交际行为不正确时，从后果来讲可分为两类：一类是对企业、对他人、对客人本身不会有千万不利的后果或与服务无关的“不正确”行为。比如对客人的“出洋相”、不懂装懂等“不正确”行为，员工根本不要去过问，更不要出于“好心”去“说穿”，帮助他“纠正”，更不能有意无意地背后讥笑或当面嘲笑一番，这样员工的行为也“不正确”了，变为“双败”了。在这种情况下，员工的眼睛可以把它看穿，但是语言或身体动作不能把他揭穿。

第二类是对企业、对他人、对客人本身会造成不利后果的不正确行为，如逃账、顺手牵羊等。客人是人，人总是有弱点和失误，事实上，客人并不是总是对的。“客人永远不会错”这句话并不是对事实所做出的判断，它是为了实现优质服务而提出的一种理念。客人是花钱买服务、买享受来的，不是来接受批语与教育的，不是来认错的。这个理念就是提醒员工不管发生什么事情，只要客人还是“客人”时，都不要说客人“不对”，更不要逼迫客人承认自己“不对”。作为员工，不去说客人“不对”是对的；说客人“不对”则是不对的；要客人向自己认错，向自己赔礼道歉，更是不对的。

当客人错时，重要的是在“事实上”分清，而不是在责任上的分清。如想逃账的客人其行为当然是不正确的，应当把钱追回来。去追钱的时候，可以说客人“忘了”，也可以说员工自己“没及时地送账单”。这是把“面子”即自尊心让给客人。钱追回来了，“在事实”上分清了就叫“得礼让人”“把对让给客人”。用这种“艺术”的办法，让客人在不丢“面子”、保护自尊心的情形下，把事实上的“不对”悄悄地变成“对”，这样客我双方都胜利了。而如果员工直截了当揭露了客人的不正确行为，表面上你“战胜”了，实际上伤害了客人自尊心，客人不满意，也是打败了自己，这是一种“两败俱伤”的结果。

(3)用法律保护自己

不管碰到怎样的客人，发生怎样的情况，要坚持服务标准，按规范操作，做到始终如一、不卑不亢、不怨不怒、以柔克刚、以静止动，提倡忍让、委屈精神。接待低素质宾客时，心理要有热情，行动要显得温馨，面带三分笑，说话、做事要冷静，做到以“冷”止“热”，不使矛盾产生，不使矛盾扩大。特别是接受无理投诉时要“冷热交融”，他们“热”时，我们要“冷”，他们“冷”时，我们要“热”，尽量使忽“冷”忽“热”转化为“温”。对低素质的客人要尽量避免正面接触，避开锋芒，从侧面进行解释、服务。

对素质较低的客人，也可采取预防性服务。消费时把他们集中到一个相对集中、损失相对较小的位置，挑选素质高、技能好、应变能力强的员工担任服务。服务过程中要密切注意动向，一旦发现他们的不良行为，应理直气壮、巧妙地向他们指出，以维护餐厅的利益不受侵害。面对少数有挑衅性的、故意找碴儿的客人，也要增强自我保护意识，善于保护自己，不要使自己成为失败者。要区分是不文明行为还是违法行为，碰到有可能发生违法行为时，要主动、快速回避，并向有关部门报告，要求得到支持，以制止违法行为的发生，保障自己的人身权利不受侵害，学会用法律保护自己。

工作任务二　技能训练

在学生分组的前提下，各小组组长以实训任务书（表 6-2）为参照，对每个组员的群体就餐需求分析实训进行督导，注意小组实训中的可取以及改进之处，分别发言总结。教师在此基础之上有针对性地进行指导。

表 6-2　　群体就餐需求分析实训任务书

<table>
<tr><td>班级</td><td colspan="2"></td><td>学号</td><td></td><td>姓名</td><td></td></tr>
<tr><td>实训项目</td><td colspan="2">群体就餐需求分析</td><td colspan="2">实训时间</td><td colspan="2">4 学时</td></tr>
<tr><td>实训目的</td><td colspan="6">通过对顾客差异饮食需求特点的内容讲解，学生掌握不同年龄、不同性别及异常饮食消费的心理特征，根据相应特征分析不同消费者的饮食心理</td></tr>
<tr><td>实训方法</td><td colspan="6">首先教师讲解目标，然后学生分组讨论，最后教师进行指导点评。要求学生能够掌握在服务过程中的相关心理策略</td></tr>
<tr><td colspan="7">实训过程</td></tr>
<tr><td colspan="7">1.操作要领
(1)对网上订餐的消费群体进行分析与讨论
(2)探讨大学生网上订餐的心理需求
(3)大学生网上订餐的行为特征分析
(4)针对不同群体的服务策略分析
2.操作程序
(1)网上订餐现状分析与讨论
(2)大学生饮食消费心理分析与讨论
(3)大学生网上订餐的饮食消费行为特征分析与讨论
(4)总结服务策略
3.模拟情景
大学生网上订餐的实际情景</td></tr>
<tr><td>要点提示</td><td colspan="6">(1)对大学生这个群体的饮食消费心理分析要全面且合理
(2)当下网上订餐对大学生饮食消费行为的影响因素
(3)依据基本特点可以有相应的服务策略</td></tr>
<tr><td colspan="7">能力测试</td></tr>
<tr><td>考核项目</td><td colspan="3">操作要求</td><td>配　分</td><td colspan="2">得　分</td></tr>
<tr><td>网上订餐现状分析与讨论</td><td colspan="3">对网上订餐现状分析充分，小组讨论热烈</td><td>20</td><td colspan="2"></td></tr>
<tr><td>大学生饮食消费心理分析与讨论</td><td colspan="3">对大学生饮食消费心理的分析全面</td><td>25</td><td colspan="2"></td></tr>
<tr><td>大学生网上订餐的饮食消费行为特征分析与讨论</td><td colspan="3">对大学生网上订餐消费行为的影响因素分析合理、到位</td><td>35</td><td colspan="2"></td></tr>
<tr><td>总结服务策略</td><td colspan="3">树立营养价值观，控制饮食规律，养成正确饮食消费行为</td><td>20</td><td colspan="2"></td></tr>
<tr><td>合计</td><td colspan="3"></td><td>100</td><td colspan="2"></td></tr>
</table>

第七部分

技巧应用

引导案例

“遗失”的酒店菜单

袁先生女儿出嫁，在一家星级酒店办十桌婚宴。由于举行婚礼的餐厅不够大，其中一桌只好设在靠近餐厅的301号包间。当一道象征吉祥平安的汤菜“太平燕”上桌时，按当地习俗必须燃放鞭炮，然后一对新人要到各桌向来宾敬酒。然而，音箱放出的鞭炮声响过一阵之后，301号包间的餐桌上仍然不见“太平燕”。

“服务员，我们这桌没有‘太平燕’，这是怎么回事?”客人中一位年长者询问服务员。

服务员看完工作台上的菜单，不慌不忙地说：“你们这一桌本来就没有定‘太平燕’这道菜。”

“不对，婚宴必有‘太平燕’!”

“没有听说你们这桌是婚宴，隔壁那个302号包间才是婚宴啊。”

“我们是大厅这场婚礼的客人，怎么不是婚宴呢?”还是那位年长者提出质疑。他想弄清楚情况，起身离开包间去找婚宴主人袁先生。

袁先生看完服务员递来的菜单，脸色大变，他明白了事情的原委，立即对这个包间的客人解释道：“酒店上错菜了。我们定的菜金是4 300元，有龙虾、鲍鱼、海参、象鼻蚌和佛跳墙等高档菜，还有婚宴必不可少的‘太平燕’和‘早生贵子汤’(含红枣、花生、桂圆和莲子)，而这桌菜明显是家常菜。对不起你们了!”

餐厅马经理得到消息很快出现在301号包间，她的脸红一阵白一阵，自知上错菜责任重大，立即向客人道歉和解释。

原来，酒店将原本接待散客的302号包间的菜单误发到了301号包间。而302号包间客人只要求按2 000元标准“和菜”(由酒店配菜)，菜单上的菜品绝大多数属于家常菜，如淡水虾、芋头番鸭汤、土豆烧牛肉、糖醋鲫鱼、炒猪肝、炒田螺、海蛎子豆腐汤、时令果蔬以及主食等，最贵的也就是迷你佛跳墙了。

接下来，马经理立即指示为301号包间补上原定的几道高档菜以及“太平燕”和“早生贵子汤”，事态暂时得以平息。

辩证性思考：

设计宴会菜单，应持严谨态度，只有掌握宴会的结构和要求，遵循宴会菜单的编制原则，采用正确的方法，合理选配每道菜品，才能使编制出的宴会菜单完善合理，更具使用价值。

实训项目一

宴会菜单的结构与组成

实训目标

1. 了解宴会菜单设计的作用、指导思想与遵循的原则。
2. 掌握宴会菜单的设计过程与注意事项。

工作任务一　宴会菜单的设计过程

宴会菜单，即宴会菜谱，是指按照宴会的结构和要求，将酒水、冷碟、热炒、大菜、饭菜、甜品等食品按一定比例和程序编成的菜品清单。

编制宴会菜单，餐饮行业里称为“开单子”，这一工作通常由宴会设计师、餐厅主厨独立或者合作完成。宴会菜单是设计者心血和智慧的结晶，体现餐饮企业的技术水平和管理水平；也是采购原料、制作菜品、接待服务的依据，反映宴会规格和特色。

一、宴会菜单的作用

(一)宴会菜单是沟通消费者与经营者的桥梁

餐饮企业通过宴会菜单向顾客介绍宴会菜品及菜品特色，进而推销宴会及餐饮服务。顾客则通过宴会菜单了解整桌宴会的概况，如宴会的规格、菜品的数量、原料的构成、菜品的特色和上菜的程序等，并凭借宴会菜单决定是否订购宴会。因此，宴会菜单是连接餐厅与顾客的桥梁，起着促成宴会订购的媒介作用。

(二)宴会菜单是宴会的“示意图”和“施工图”

宴会菜单在整个宴会经营活动中起着计划和控制的作用。烹饪原料的采购、厨房人员的配备、宴席菜品的制作、餐饮成本的控制、接待服务工作的安排等全都根据宴会菜单来确定。

(三)宴会菜单体现了餐厅的经营水平及管理水平

宴会菜单是整桌宴会菜品的文字记录，选料、组配、烹制、排菜、营销、服务等，都可由宴会菜单体现出来。通过宴会菜品的排列组合及宴会菜单的设计与装帧，顾客很容易判断出该酒店的风味特色、经营能力及管理水平。

(四)宴会菜单是一则别开生面的广告

一份设计精美的宴会菜单,可以烘托宴饮气氛、反映餐厅的风格、使顾客对所列的美味佳肴留下深刻的印象,并可以作为一种艺术品来欣赏,甚至留作纪念,借以唤起美好的回忆。

(五)宴会菜单是探寻饮食规律、创制新席的依凭

通过数量不等、规格各异、特色鲜明的各色菜单,可以察知整个席面所包含的文化素质和风俗民情,大致看出那个时代、那个地区的烹调工艺体系和饮馔文明发展程度。许多师傅传授技艺,许多企业改善经营,许多地方创制新席,也都是以传承的席单为依凭,对其加以改造,吐故纳新。现在不少名店建立席单档案,目的也在于此。

二、宴会菜单的分类

宴会菜单按其设计性质与应用特点分类,有固定式宴会菜单、专供性宴会菜单和点菜式宴会菜单三类。按菜品的排列形式分类,有提纲式宴会菜单、表格式宴会菜单等。除此之外,还可按餐饮风格分类,如中式宴会菜单、西式宴会菜单、中西结合式宴会菜单;按宴饮形式分类,如正式宴会菜单、冷餐酒会菜单、便宴菜单等。

(一)按设计性质与应用特点分类

1.固定式宴会菜单

固定式宴会菜单是餐饮企业设计人员预先设计的列有不同价格档次和固定组合菜式的系列宴会菜单。这类菜单的特点,一是价格档次分明,由低到高,囊括了整个餐饮企业经营宴会的范围;二是各个类别的宴会菜品已按既定的格式排好,其排列和销售价格基本固定;三是同一档次、同一类别的宴会同时列有几份不同菜品组合的菜单,如套系婚宴菜单、套系寿宴菜单、套系商务宴菜单、套系欢庆宴菜单等,以供顾客挑选。

例如,北京某会议中心 1 680 元/桌的庆功宴菜单,可同时提供 A 单与B 单,A 单与B 单上的菜品,其基本结构是相同的,只是在少数菜品上做了调整。具体菜单如下:

A 单

鸿运八品碟
蚝皇鲜鲍片
白焯基围虾
清蒸大闸蟹
佛珠烧活鳗
冬瓜煲肉排
蜜瓜海鲜船
蟹柳扒瓜脯
鲍汁百灵菇
玉树麒麟鸡
浓汤大白菜
发财牛肉羹
美点双拼
精美小吃
什锦果拼

B单

鸿运八品碟	德式咸猪手
红烧鸡丝翅	竹荪扒菜胆
虾仁蟹黄斗	上汤浸时蔬
椰汁焗肉蟹	发财鱼肚羹
清蒸活鳜鱼	美点双拼
桂林纸包鸡	精美小吃
一口酥鸭丝	什锦果拼
玉兰花枝球	

固定式宴会菜单主要以宴会档次和宴饮主题为划分依据，它根据市场行情，结合本企业的经营特色，提前设计装帧出来，供顾客选用。由于固定式宴会菜单在设计时针对的是目标顾客的一般性需要，因而对有特殊需要的顾客而言，其最大的不足是针对性不强。

2.专供性宴会菜单

专供性宴会菜单是餐饮企业设计人员根据顾客的要求和消费标准，结合本企业资源情况专门设计的菜单。这种类型的菜单设计，由于顾客的需求十分清楚，有明确的目标，有充裕的设计时间，因而针对性很强，特色展示很充分。目前，餐饮企业所经营的宴会，其菜单以专供性菜单较为常见。

例如，2018 年 5 月，宴会主办人于宴会前三天来某大酒店预订 1 桌迎宾宴，要求尽量展示酒店的特色风味，在雅厅包间开席。经协商现场确定了金汤海虎翅、富贵烤乳猪、椒盐大王蛇、木瓜炖雪蛤等特色菜肴。具体菜单如下：

一彩碟	白云黄鹤喜迎宾
六围碟	美极酱牛肉
	手撕腊鳜鱼
	姜汁黑木耳
	老醋泡蜇头
	青瓜蘸酱汁
	红油拌白肉
二热炒	滑炒水晶虾
	XO 酱爆油螺
八大菜	富贵烤乳猪
	金汤海虎翅(位)
	焖原汁鳄鱼
	香杧龙虾仔
	鸡汁烩菜心
	清蒸左口鱼

　　　　　琥珀银杏果
　　　　　椒盐大王蛇
汤羹　　　松茸土鸡汤
　　　　　木瓜炖雪蛤(位)
四细点　　雪媚娘
　　　　　菊花酥
　　　　　粉果饺
　　　　　腊肠卷
果拼　　　什锦水果拼(位)

3.点菜式宴会菜单

点菜式宴会菜单是指顾客根据自己的饮食喜好,在饭店提供的点菜单或原料中自主选择菜品,组成一套宴会菜品的菜单。许多餐饮企业把宴会菜单的设计权利交给顾客,酒店提供通用的点菜菜单,任顾客自由选择菜品,或在酒店提供的原料中由顾客自己确定烹调方法、菜肴味型,组合成宴会套菜,酒店设计人员或接待人员在一旁做情况说明,提供建议,协助其制定宴会菜单。还有一种做法是,酒店将同一档次的两套或三套菜单中的菜品按大类合并在一起,让顾客从其中的菜品里任选,组合成宴会套菜。让顾客在一个更大的范围内自主点菜、自主设计,从某种意义上说,使顾客有了更大自主性,形成的宴会菜单更适合顾客品味和需求。

例如,某小型宴请点菜式宴会菜单如下:

精致四冷拼
茶树菇牛柳
避风塘鲜虾
外婆红烧肉
孜然爆羊肉
一品娃娃菜
云腿鸡茸羹
家乡干蒸鸡
清蒸加州鲈
仔排山药汤
美点映双辉
合时水果拼

(二)按菜品的排列形式分类

1.提纲式宴会菜单

提纲式宴会菜单,又称简式席单。这种宴会菜单须根据宴会规格和客人要求,按照上菜顺序依次列出各种菜肴的类别和名称，清晰、醒目地分行整齐排列。至于所要购进的原料以及其他说明，则往往有一附表作为补充。这种宴会菜单好似生产任务通知书，常常要开多份，以便各部门按指令执行。讲究的宴会菜单，主人往往索取多份，连同请柬送给赴宴者，显示规格和礼仪；在摆台时也可搁放几张，既可让顾客熟悉宴会概况，又能充当一种装饰品和纪念品。餐饮企业平常所用的宴会菜单多属于这种。

例如，羊城风味宴会菜单如下：

菊花烩五蛇
脆皮炸仔鸡
津菜扒大鸭
香煎明虾球
杏圆炖水鱼
冬笋炒田鸡
荔浦芋扣肉
清蒸活鲈鱼
四式生菜胆
虾仁蛋炒饭

例如，楚乡全菱席单如下：

彩碟	红菱青萍
围碟	盐水菱片
	椒麻菱丁
	蜜汁菱丝
	酸辣菱条
热炒	虾仁菱米
	糖醋菱块
	里脊菱蓉
	财鱼菱片
大菜	鱼肚菱粥
	酥炸菱夹
	鸡脯菱块
	粉蒸菱角
	拔丝菱段
	莲子菱羹
	红烧菱鸭
	菱膀炖盆
点心	菱丝酥饼

　　　　菱蓉小包
果茶　　出水鲜菱
　　　　菱花香茗

2.表格式宴会菜单

表格式宴会菜单，又称繁式席单。这种宴会菜单既按上菜顺序分门别类地列出所有菜名，同时又在每一菜名的后面列出主要原料、主要烹法、成菜特色、配套餐具，还有成本或售价等。这种宴会菜单的设计程序虽然特别烦琐，但其宴会结构剖析得明明白白，如同一张详备的施工图纸。厨师一看，清楚如何下料，如何烹制，如何排菜；服务人员一看，知晓宴会的具体进程，能在许多环节上提前做好准备。

例如，四川冬令高档鱼翅席菜单见表7-1。

表7-1　　四川冬令高档鱼翅席菜单

类别		菜品名称	配食	主料	烹法	口味	色泽	造型
冷菜	彩碟	熊猫嬉竹		鸡鱼	拼摆	咸甜	彩色	工艺造型
	单碟	灯影牛肉		牛肉	腌烘	麻辣	红亮	片形
		红油鸡片		鸡肉	煮拌	麻香	棕红	丝状
		葱油鱼条		鱼肉	炸烤	鲜香	白青	条状
		椒麻肚丝		猪肚	煮拌	麻香	白青	丝状
		糖醋菜卷		包菜	腌拌	甜酸	白绿	卷状
		鱼香凤尾		笋尖	焯拌	清鲜	绿色	条状
正菜	头菜	红烧鱼翅		鱼翅	红烧	醇鲜	琥珀	翅状
	热荤	叉烧酥方		猪肉	烤	香酥	金黄	方形
	二汤	推纱望月		竹荪、鸽蛋	汆	清鲜	棕白相间	工艺造型
	热荤	干烧岩鲤		岩鲤	干烧	醇鲜	红亮	整形
	热荤	鲜熘鸡丝		鸡肉	熘	鲜嫩	玉白	丝状
	素菜	奶汤菜头		白菜头	煮烩	清鲜	白绿	条状
	甜菜	冰汁银耳	凤尾酥、燕窝粑	银耳	蒸	纯甜	玉白	朵状
	座汤	虫草蒸鸭	银丝卷、金丝面	虫草、鸭子	蒸	醇鲜	橘黄	整形
饭菜		素炒豆尖		豌豆尖	炝	清香	青绿	丝状
		鱼香紫菜		油菜头	炒	微辣	紫红	条状
		跳水豆芽		绿豆芽	泡	脆嫩	玉白	针状
		胭脂萝卜		红萝卜	泡	脆嫩	白红	块状
水果		什锦果盘		江津广柑、茂汶苹果	切	果味	橙红	工艺造型

三、宴会菜单设计的指导思想

宴会菜单设计绝非随意编排、随机组合，它应贯彻一定的指导思想，遵循相应的设计原则。其总的指导思想是：科学合理，整体协调，丰俭适度，确保盈利。

(一)科学合理

科学合理是指在设计宴会菜单时，既要充分考虑顾客饮食习惯和品味习惯的合理性，又要考虑宴会膳食组合的科学性。调配宴会膳食，不能将山珍海味、珍禽异兽等进行简单堆叠，更不能为了炫富摆阔而暴殄天物，而应注重宴会菜品间的相互组合，使之真正膳食平衡。

(二)整体协调

整体协调是指在设计宴会菜单时，既要考虑菜品本身色、质、味、形的相互联系与相互作用，又要考虑整桌菜品之间的相互联系与相互作用，更要考虑菜品应与顾客不同层次的需求相适应。强调整体协调的指导思想，意在防止顾此失彼或“只见树木，不见森林”等设计失误的发生。

(三)丰俭适度

丰俭适度是指在设计宴会菜单时，要正确引导顾客消费，遵循“按质论价，优质优价”的配膳原则，力争做到质价平衡。菜品数量丰足时，不能造成浪费；菜品数量偏少时，要保证客人吃饱吃好。倡导文明健康的宴会消费观念和消费行为。

(四)确保盈利

确保盈利是指餐饮企业要把自己的盈利目标自始至终贯穿到宴会菜单设计中去。既让顾客的需要从菜单中得到满足，权益得到保护，又要通过合理有效的手段使菜单为本企业带来应有的盈利。

四、宴会菜单设计的原则

(一)按需配菜，考虑制约因素

这里的“需”指宾主的要求，“制约因素”指客观条件。两者有时统一，有时会有矛盾，应当兼顾，忽视任何一个方面，都会影响宴会效果。

编制宴会菜单，一要考虑宾主的愿望。对于订席人提出的要求，如想上哪些菜，不愿上哪些菜，上多少菜，调什么味，何时开席，在哪个餐厅就餐，只要是在条件允许的范围内，都应当尽量满足。二要考虑宴会的类别和规模。类别不同，配置菜品也需变化。如寿宴可用“蟠桃献寿”，如果移之于丧宴，就极不妥当；一般宴会可上梨，倘若用于婚宴，就大煞风景。再如操办桌次较多的大型宴会，菜式不要冗繁，更不可多配工艺造型菜，只有选择易于成型的原料，安排便于烹制的菜肴，才能保证按时开席。三要考虑货源的供应情况，因料施艺。原料不齐的菜品尽量不配，积存的原料则优先选用。四要考虑设备条件。如宴会厅的大小要能承担接待的任务，设备设施要能胜任菜品的制作，炊饮器具要能满足开席的要求。五要考虑自身的技术力量。水平有限时，不要冒险承制高档宴席；厨师不足时，不可一次操办过多的宴会；特别是对待奇异而又陌生的菜肴，更不可抱侥幸心理。设计者纸上谈兵，值厨者必定临场误事。

(二)随价配菜，讲究品种调配

这里的“价”，指宴会的售价。随价配菜即按照“质价相称”“优质优价”的原则，合理选配宴会菜品。一般来说，高档宴席，料贵质精；普通酒宴，相对来说，料贱质粗。如果聚餐宾客较少，出价又高，则应多选精料好料，巧变花样，推出工艺复杂的高档菜；如果聚餐宾客较多，出价又低，则应安排普通原料，上大众化菜品，保证每人吃饱吃好。总之，售价是排菜的依据，既要保证餐馆的合理收入，又要使顾客满意。

编制宴会菜单时，调配品种有许多方法：

(1)选用多种原料，适当增加素料的比例。

(2)名特菜品为主，乡土菜品为辅。

(3)多用造价低廉又能烘托席面的菜品。

(4)适当安排技法奇特或造型艳美的菜品。

(5)巧用粗料，精细烹调。

(6)合理安排边角余料，物尽其用。这样既节省成本，美化席面，又能给人丰盛之感。

(三)因人配菜，迎合宾主嗜好

这里的“人”指就餐者。“因人配菜”就是根据宾主(特别是主宾)的国籍、民族、宗教、职业、年龄、体质以及个人嗜好和忌讳，灵活安排菜式。

我国民族众多，不同地区有着不同的口味要求。宴会设计者只有区别各种情况，“投其所好”，才能充分满足宾客的不同要求。

在我国，自古就有“南甜北咸、东辣西酸”的口味偏好；即使生活在同一地方，人们饮食习惯也有差异。如老年人喜欢软糯，年轻人喜欢酥脆，病人爱喝清粥等，这些需求能照顾时都要照顾。还有当地传统风味以及宾主指定的菜肴，更应注意编排。排菜的目标就是要让客人满意。

(四)应时配菜,突出名特物产

这里的“时”指季节、时令。“应时配菜”指设计宴会菜单要符合节令的要求。像原料的选用、口味的调配、质地的确定、色泽的变化、冷热干稀的安排之类,都须视气候不同而有所差异。

首先,要注意选择应时当令的原料。原料都有生长期、成熟期和衰老期,只有成熟期上市的原料,才滋汁鲜美、质地适口,带有自然的鲜香,最宜烹调。如鱼类的食用佳期,鲫鱼、鲤鱼、鲢鱼、鳜鱼是每年的2～4月,鲥鱼是端午节前后,鳝鱼是小暑节气前后,草鱼、鲶鱼和大马哈鱼是每年的9～10月,黑鱼则为冬季。其次,要按照节令变化调配口味。“春多酸,夏多苦,秋多辣,冬多咸”。与此相关联,冬春宴会多饮白酒,应多用烧菜、扒菜和火锅,突出咸、酸,调味浓厚;夏秋宴会多饮啤酒,应多用炒菜、烩菜和凉菜,偏重鲜香,调味清淡。最后,注意菜肴质地、色泽和滋汁的变化。夏季气温高,应以质脆、色淡、汁稀的菜肴为主;冬季气温低,应以质烂、色深、汁浓的菜肴为主。

(五)酒为中心,席面贵在变化

我国是产酒和饮酒最早的国家之一,素有“酒食合欢”之说。设宴用酒始于夏代,现今更是“无酒不成席”。人们称办宴为“办酒席”,宾主间相互祝酒,更是中华民族的一种传统礼节。由于酒可刺激食欲、助兴添欢,因此,人们历来都注重“酒为席魂”“菜为酒设”的办宴法则。

从宴会编排的程序来看,先上冷碟是劝酒,跟上热菜是佐酒,辅以甜食和蔬菜是解酒,配备汤菜与茶果是醒酒。考虑饮酒吃菜较多,故宴会菜品调味一般偏淡,而且利于佐酒的松脆、香酥菜肴和汤类占有较大比例;至于饭菜,常是少而精,仅仅起到“压酒”的作用而已。

在注重酒与菜的关系时,不可忽视菜品之间的相互协调。宴会既然是菜品的组合艺术,理所当然要讲究席面的多变性。要使席面丰富多彩,赏心悦目,在菜与菜的配合上,务必注意冷热、荤素、咸甜、浓淡、酥软、干稀的调和。具体地说,要重视原料的调配、刀口的错落、色泽的变换、技法的区别、味型的层次、质地的差异、餐具的组合和品种的衔接。其中,口味和质地最为重要,应在确保口味和质地的前提下,再考虑其他因素。

(六)营养平衡,强调经济实惠

饮食是人类赖以生存的重要物质。人们赴宴,除了获得口感上、精神上的享受之外,还可以借助宴会菜肴补充营养,调节人体机能。宴会菜肴是一系列菜品的组合,完全有条件构成膳食的平衡。所谓膳食平衡,即人们从膳食中获得的营养物质与维持正常生理活动所需要的物质,在量和质上保持一致。配置宴会菜肴,要多从宏观上考虑整桌菜品的营

养，而不能单纯累计所用原料营养素的含量；还应考虑这组菜品是否利于消化，是否便于吸收，以及原料之间的互补效应和抑制作用。当今时兴“彩色营养学”，要求食品种类齐全，营养比例适当，提倡“两高三低”（高蛋白、高维生素、低热量、低脂肪、低盐）。所以，选择菜品应适当增加植物性原料，使之保持在三分之一左右；此外，在保证宴会风味特色的前提下，还须控制用盐量，清鲜为主，突出原料本味，以维护人体健康。

为了降低办宴成本、增强宴会效果，设计宴会菜单时，不能崇尚虚华，也不能贪多求大，造成浪费。所以，原料进购、菜肴搭配、宴会制作、接待服务、营销管理等都应从节约的角度出发，力争以最小的成本，获取最佳的效果。

五、宴会菜单设计的过程

宴会菜单设计的过程，分为菜单设计前的调查研究、宴会菜单的菜品设计和菜单设计后的检查三个阶段。

（一）菜单设计前的调查研究

根据菜单设计的相关原则，在着手进行宴会菜单设计之前，必须做好与宴会相关的各方面调查研究工作，以保证设计的可行性、针对性和高质量。调查研究主要是了解和掌握与宴请活动有关的情况。调查越具体，了解的情况越详尽，设计者就越心中有底，越能做到与顾客的要求相吻合。

1.调查的主要内容

(1)宴会的目的性质、宴会主题或正式名称、主办人或主办单位。

(2)宴会的用餐标准。

(3)出席宴会的人数或宴会的桌数。

(4)宴会的日期及宴会开餐时间。

(5)宴会的类型（中式宴会、西式宴会、中西结合式宴会等）。如是中式宴会，是哪一种（婚庆宴、寿庆宴、节日宴、团聚宴、迎送宴、祝捷宴、商务宴等）。

(6)宴会的就餐形式（坐式、站立式；分食制、共食制、自助式）。

(7)出席宴会的宾客，尤其是主宾对宴会菜品的要求，他们的职业、年龄、生活地域、风俗习惯、生活特点、饮食喜好与忌讳等。

对于高规格的宴会，或者是大型宴会，除了解以上几个方面的情况外，还要掌握更详尽的宴会信息，特别是订席人的特殊要求。

2.分析研究

在充分调查的基础上，要对获得的信息材料加以分析研究。首先，对有条件或通过努力能办到的，要给予明确的答复，让顾客满意；对实在无法办到的，要向顾客做解释，结合酒店的现实条件尽可能与顾客进行协调，满足他们的愿望。

其次，要将与宴会菜单设计直接相关的材料和其他方面的材料分开处理。

最后，要分辨宴会菜单设计有关信息的主次、轻重关系，把握好缓办与急办宴会任务的关系。如有的宴会预订的时间早，菜单设计有充裕的时间，可以做多种准备，而有的宴会预留的时间只有几小时，甚至是现场设计，菜单设计的时间仓促，必须根据当时的条件和可能，以相对满足为前提设计。

总之，分析研究的过程是协调酒店与顾客关系的过程，是进一步明确设计目标、设计思想、设计原则和掌握设计依据的过程。

(二)宴会菜单的菜品设计

宴会菜单的菜品设计，通常有确定菜单设计的核心目标、确定宴会菜品的构成模式、选择宴会菜品、合理排列宴会菜品及编排菜单样式五个步骤，少数宴会菜单还要另列“附加说明”。

1.确定菜单设计的核心目标

菜单设计的核心目标即宴会菜单设计所期望实现的状态，是由一系列的指标来描述的，如宴会的主题、宴会的价格及宴会的风味特色，它们反映了宴会的整体状态。例如，扬州某酒店承接了每席定价为 1 880 元的婚庆喜宴 30 桌的预订。这里的婚庆喜宴即宴会主题，它对宴会菜单设计乃至整个宴饮活动都很重要。这里的每席 1 880 元的定价即宴会价格，它是设计宴会菜单的关键性因素，它直接关系到宴会菜品的成本和利润，关系到每一道菜品的安排，也关系到顾客对这一价格水平的宴会菜品的期望。宴会的风味特色是宴会菜单设计所要体现的总的倾向性特征，因而也关系到每道菜及其相互联系。本例中所选的菜品要能突出淮扬风味，宴会风味特征是宴会菜单设计特别看重的因素之一，顾客对此最为关注。

设计宴会菜单，首先必须明确宴会的核心目标，待核心目标确定后，再逐一实现其他目标。

2.确定宴会菜品的构成模式

宴会菜品的构成模式即宴会菜品的格局。现代中式宴会菜品主要由冷菜、热菜、主食和甜品几部分构成。虽然各地的菜品格局不尽相同，但同一场次的宴会绝大多数是根据当地的习俗选用一种菜品格局。

确定宴会的菜品格局，必须根据宴会类型、就餐形式、宴会成本及规划菜品的数目，细分出每类菜品的成本及其具体数目。在此基础上，根据宴会的主题及风味特色定出一些关键性菜品，如彩碟、头菜、座汤、首点等，再按主次、从属关系确定其他菜品，形成宴会菜单的基本架构。

为了防止宴会成本分配不合理而出现“头重脚轻”“喧宾夺主”“满员超编”等菜品失调的情况，在选配宴会菜品前，可先按照宴会的规格，合理分配整桌宴会的成本，使之分别用于冷菜、热菜、主食和甜品。通常情况下，这三组食品的成本比例为10%～20%，60%～80%，10%～20%。例如一桌成本为800元的中档酒席，这三组食品的成本分别为冷菜120元，热菜560元，主食和甜品120元。在每组食品中，又须根据宴会的要求，确定所用菜品的数量，然后，将该组食品的成本再分配到每个具体品种中去；每个品种有了大致的成本后，就便于决定使用什么质量的菜品及其用料了。尽管每组食品中各道菜品的成本不可能平均分配，有些甚至悬殊，但大多数菜品能够以此为参照的依据。又如上述宴会，如果按要求安排四双拼，则每道双拼冷盘的成本应在30元左右。

3.选择宴会菜品

明确了整桌宴会所用菜品的种类、每类菜品的数量、各类菜品的大致规格后，接下来就要确定整桌宴会所要选用的菜品了。宴会菜品的选择，应以宴会菜单的编制原则为前提，还要分清主次详略，讲究轻重缓急。一般来说，第一步，要考虑宾主的要求，凡答应安排的菜品，都要安排进去，使之醒目。第二步，要考虑最能显现宴会主题的菜品，以展示宴会特色。第三步，要考虑饮食民俗，当地同类宴会的惯用菜品，要尽量排上，以显示地方风情。第四步，要考虑宴会中的核心菜品，如头菜、座汤等，它们是整桌宴会的主角，与宴会的规格、主题及风味特色等联系紧密，没有它们，宴会就不能纲举目张，枝干分明。这些菜品一经确立，其他配套菜品便可相应安排。第五步，要发挥主厨所长，推出拿手菜品，或亮出本店的名菜、名点、名小吃。与此同时，特异餐具也可作为选择对象，借以提高知名度。第六步，要考虑时令原料，排进刚上市的土特原料，更能突出宴会的季节特征。第七步，要考虑货源供应情况，安排一些价廉物美而又便于调配花色品种的原料，以平衡宴会成本。第八步，要考虑荤素菜肴的比例，无论是调配营养、调节口感，还是控制宴会成本，都不可忽视素菜的安排，一定要让素菜保持合理的比例。第九步，要考虑汤羹菜的配置，注重整桌菜品的干稀搭配。第十步，要考虑菜品的协调关系，以菜肴为主，点心为辅。

4.合理排列宴会菜品

宴会菜品选出之后，还须根据宴会的结构，参照所订宴会的售价，进行合理筛选或补充，使整桌菜品在数量和质量上与预期的目标趋近一致。待所选的菜品确定后，再按照宴会的上菜顺序将其逐一排列，便可形成一套完整的宴会菜单。

菜品的筛选或补充，主要看所用菜品是否符合办宴的目的与要求，所用原料是否搭配合理，整个席面是否富于变化，质价是否相称等。对于不太理想的菜品，要及时调换，重复的部分应坚决删去。

现今餐饮业的部分管理人员、服务人员及少数主厨编制宴会菜单，喜欢借用本店或同类酒店的套宴菜单，从中替换部分菜品，使得整桌宴会的销售价格与定价基本一致。这种借鉴的方式虽然简便省事，但一定要注意菜品的排列与组合。整桌菜品在数量、质量及特色风味上一定要与预期的目标趋近一致。

5.编排菜单样式

设计宴会菜单不仅强调菜品选配排列的内在美，也很注重菜目编排样式的形式美。编排菜单的样式，其总体原则是醒目分明，字体规范，易于识读，匀称美观。中餐宴会菜单中的菜目有横排和竖排两种。竖排有古朴典雅的韵味，横排更适应现代人的识读习惯。菜单字体与大小要合适，让人在一定的视读距离内一览无余，看起来整齐美观。要特别注意字体风格、版式风格、宴会风格三者之间的统一。例如，扬州迎宾馆宴会菜单封面、封底是扬州出土的汉瓦当图案的底纹，这和汉代宫殿风格的建筑相匹配，更契合扬州自汉代开始便兴盛发达、名扬天下的悠久历史；菜单内面上的菜名字体选用的是隶书，显得典雅。字体、版式、宴会三种风格以一种完美的审美形式统一起来了。

附外文对照的宴会菜单，要注意外文字体、字号、大小写、正斜体、粗细等的不同变化。其一般视读规律是：小写比大写易于辨认，斜体适合于强调部分，阅读正体眼睛不易疲劳。

此外，在宴会菜单上可以注明饭店（餐厅）名称、地址、预订电话等信息，以便进一步推销宴会，提醒客人再度光临。

6.菜单附加说明

有的宴会除了正式的菜单外，还有附加说明。附加说明并非冗赘，而是对宴会菜单的补充和完善。它可以增强席单的实用性，充分发挥其指导作用。

宴会菜单的附加说明包含如下内容：介绍宴会的风味特色、适用季节和适用场合；介绍宴会的规格、宴会主题和办宴目的；分类列出所用的烹饪原料和餐具，为操办宴会做好准备；介绍席单出处及有关的掌故；介绍特殊菜品的制作要领以及整桌宴会的具体要求。

（三）菜单设计后的检查

菜单设计完成后需要进行全面检查。检查分两个方面：一是对设计内容的检查；二是对设计形式的检查。

1.宴会菜单设计内容的检查

（1）是否与宴会主题相符合。

（2）是否与价格标准或档次相一致。

（3）是否满足了顾客的具体要求。

（4）菜品数量的安排是否合理。

（5）风味特色和季节性是否鲜明。

（6）菜品间的搭配是否体现了多样化的要求。

（7）整桌菜品是否体现了合理膳食的营养要求。

（8）是否实现了设计者的技术专长。

（9）烹饪原料能否保障供应，是否便于烹调操作和接待服务。

（10）是否符合当地的饮食民俗，是否体现地方风情。

2.宴会菜单设计形式的检查

（1）菜目编排顺序是否合理。

（2）编排样式是否布局合理、醒目分明、整齐美观。

（3）是否和宴会菜单的装帧、艺术风格相一致，是否和宴会厅风格相一致。

在检查过程中，如果发现有问题，要及时改正过来，发现遗漏的要及时补充，以保证宴会菜单设计质量的完美。如果是为某个社交聚会设计的专供性宴会菜单，设计后，一定要让顾客过目，征求意见，得到顾客认可。

六、宴会菜单设计的注意事项

（一）一般情况下的注意事项

（1）选用市场上易于采购的原料。

（2）选用易于储存、易于烹调加工且质量能够保证的原料。

（3）选用能保持和提高菜品质量水准的原料。

（4）选用物美价廉且有多种利用价值的原料。

（5）所选的原料对人体健康无毒无害，不存在安全卫生问题。

（6）不选用质量不易控制或不便于操作的菜品。

（7）不选用顾客忌食的食物，不选用绝大多数人不喜欢的菜品。

（8）不选用利润率过低的菜品，不选用重复性的菜品。

(9)慎用色彩晦暗、形状恐怖的菜品,慎用含油量太大的菜品。

(10)不选用有损饭店利益与形象的菜品。

(二)其他情况下的注意事项

1.不同规格的宴会菜单设计应注意的事项

(1)在宴会菜单设计前要清楚地知道所要设计的宴会标准。

(2)准确地掌握不同部分菜品在整个宴会菜品成本中所占的比例。

(3)准确掌握每一道菜品的成本与售价,清楚地知道它们适用于何种规格、何种类型的宴会。

(4)合理地把握宴会规格与菜肴质量的关系。

(5)高规格的宴会中可适当穿插做工考究、品位高、形制好的工艺造型菜。

2.不同季节的宴会菜单设计应注意的事项

(1)熟悉不同季节的应时原料,知道这些原料上市、下市的时间以及价格的涨跌规律。

(2)了解应时原料适合制作的菜品,掌握应时应季菜品的制作方法。

(3)根据时令菜的价格及特性,将其组合到不同规格、不同类型的宴会菜单中。

(4)准确把握不同季节里人们的味觉变化规律,味的调配要顺应季节变化。了解人们在不同季节由于味觉变化带来的对菜品色彩选择的倾向性。

(5)了解人们在不同季节对菜品温度感觉的适应性。一般而言,夏季应增加有清凉感的菜品;冬季应增加砂锅、煲类、火锅有温暖感的菜品。

3.受风俗习惯影响宴会菜单设计应注意的事项

(1)了解并掌握本地区人们的饮食风俗、饮食习惯、饮食喜好。

(2)掌握不同性质宴会菜品应用的特定需要与忌讳。

(3)了解不同地区、不同民族、不同国家人们的饮食风俗习惯和饮食禁忌,有针对性地设计宴会菜品。

4.接待不同宴请对象宴会菜单设计应注意的事项

(1)接受宴会任务前,要了解宴请对象的国籍、年龄、性别、职业、地域等,选择与之相适应的菜品组合方式和策略。

(2)了解宴请对象的饮食风俗习惯、生活特点、饮食喜好与饮食禁忌,选择与之相适应的特色菜品。

(3)正确处理好宴请对象共同喜好与特殊喜好之间的关系。

(4)了解宴会举办者的目的要求和价值取向,并把它落实到宴会菜品设计中。

工作任务二　技能训练

在学生分组的前提下，各小组组长以实训任务书（表 7-2）为参照，对每个组员的宴会菜单的结构与组成实训进行督导，注意小组实训中的可取以及改进之处，分别发言总结。教师在此基础上有针对性地进行指导。

表 7-2　　宴会菜单的结构与组成实训任务书

<table>
<tr><td>班级</td><td colspan="2"></td><td>学号</td><td></td><td>姓名</td><td></td></tr>
<tr><td>实训项目</td><td colspan="2">宴会菜单的结构与组成</td><td colspan="2">实训时间</td><td colspan="2">4 学时</td></tr>
<tr><td>实训目的</td><td colspan="6">通过对宴会菜单设计的指导思想与原则以及宴会菜单的设计过程与注意事项的讲解，学生掌握宴会菜单的结构与组成要领，达到运用自如的训练要求</td></tr>
<tr><td>实训方法</td><td colspan="6">首先教师讲解、示范，然后学生实际操作，最后教师指导。按照宴会菜单设计过程的标准，完成宴会菜单设计的情景训练</td></tr>
<tr><td colspan="7">实训过程</td></tr>
<tr><td colspan="7">1.操作要领
(1)对宴会菜单设计的原则、谢师宴的接待标准等相关内容进行小组讨论
(2)菜品的设计要合理，搭配科学，满足人群需求
(3)对菜单中的各要素评价到位、合理
2.操作程序
(1)相关知识的讨论
(2)菜单结构的设计
(3)宴会菜单的特色描述与评价
3.模拟情景
设计一套有齐鲁风味特点的谢师宴菜单</td></tr>
<tr><td>要点提示</td><td colspan="6">(1)结构标准
(2)宴会菜单体现民风食俗，科学合理</td></tr>
<tr><td colspan="7">能力测试</td></tr>
<tr><td>考核项目</td><td colspan="4">操作要求</td><td>配分</td><td>得分</td></tr>
<tr><td>相关知识的讨论</td><td colspan="4">对菜单设计的原则、设计过程深入理解，小组讨论热烈</td><td>30</td><td></td></tr>
<tr><td>菜单结构的设计</td><td colspan="4">分析参加人群的饮食结构特点；考虑全面，搭配科学</td><td>45</td><td></td></tr>
<tr><td>宴会菜单的特色描述与评价</td><td colspan="4">体现民风食俗特点，各要素评价到位、合理</td><td>25</td><td></td></tr>
<tr><td>合计</td><td colspan="4"></td><td>100</td><td></td></tr>
</table>

实训项目二

宴会菜单设计

实训目标

通过实际案例演练，完成相应宴会菜单的设计。

工作任务一　宴会菜单设计实战

一、宴会菜单设计技巧实战

案例：小雨的父亲接到战友的电话，其全家要到大连游玩。小雨的父亲欢迎之余，同时为接待战友头疼。小雨承担了当晚点菜的任务，大家都很满意。小雨是怎么做到的呢？

（一）设计宴会菜单的前期准备

小雨点菜前做了如下笔记：

宴会类型：家宴。

赴宴人员构成：叔叔全家 5 人（爷爷、奶奶、叔叔、阿姨、妹妹），自己家 5 人（爷爷、奶奶、爸爸、妈妈、我），共 10 人。

预订人特殊要求：点菜时要有大连的特色，要注意老少皆宜。

餐厅所在位置：星海广场附近。

就餐预算：3 500 元。

饮食禁忌：叔叔不吃牛、羊肉，爸爸不吃蒜。

为客人点菜时，应了解其年龄、民族、人数、性别、口味特点、宴会目的、消费水平、身体状况、职业、特殊要求等。

（二）宴会菜单的结构

小雨选定餐厅：大连星海××餐厅（此餐厅经营大连传统菜肴及中西融合新式菜肴，位于大连星海广场附近）。

小雨选择的“海之韵”主题宴会菜单如下：

冷菜：海岛风情盘

甜品：美式苹果派

热菜：香葱烧海参

花菇炖鸡翅

蚝汁大连鲍

芝士酿蟹斗

椒盐烤海虾

XO酱爆芦笋

久香猪寸骨

鲜果炒玉带

火夹蒸鳜鱼

海鲜粟米羹

主食：美点映双辉

水果：什锦鲜果盘

酒品：百年窖干红

蓝色夏威夷

3 500元/席

该菜单具体说明如下：

海岛风情盘：主料以青笋雕刻远望的绿林，法式的鹅肝煎至金黄色，配以蛋白造型小帆船，鳕鱼蓉塑造海鸥，用西兰花、酱牛肉、熏鲅鱼组成礁石，宛如一幅海景图画。

美式苹果派：苹果制馅，酥皮包裹，烤制后表面金黄，内心软滑，口感香甜，配以糖粉贝壳装饰。

香葱烧海参：大连名菜，京白的香葱经油煎制，呈金黄色，配以大连海刺参，加上南瓜雕刻，如意盛装，显富贵荣华。

花菇炖鸡翅：棕面白纹的野生花菇配以鸡翅、党参和枸杞，经过90分钟的蒸制，香气宜人，可滋补强身。

蚝汁大连鲍：主料采用大连九孔网纹鲍鱼，广式烹调方法制作，色泽润红，口味鲜美；配两根清炒芦笋，菜品形式上中西融合。

芝士酿蟹斗：大连特产飞蟹经蒸制拆肉，加芝士烤制成熟，表面金黄，并用柠檬片和西红柿片点缀餐盘。

椒盐烤海虾：大连海虾经烤制，表面酥香，色泽红亮，加上五彩料的烹调，口味鲜咸适中。食盐经烤制掺入蓝色香甜素，宛如大海，盛装海虾。

XO 酱爆芦笋：南方芦笋配大连海螺片，加 XO 酱调味，清淡爽脆，金色“雀巢”盛装，寓意满载。

久香猪寸骨：猪肋骨寸段经调料味制焖煮 3 小时，彰显卓越的口味，用海带缠裹。面塑的渔翁侧卧，用蒜薹编织成“竹排”，将装饰完成的猪肋骨整齐摆置“竹排”上。

鲜果炒玉带：大连的带子久负盛名，配上鲜果与西芹，口味香甜清爽。每客两颗洁白的带子，红绿白的辅料装点，显丰收之意。

火夹蒸鳜鱼：将鱼肉片成雪花状，夹上火腿片和姜片，蒸制 15 分钟，保持鱼肉鲜美嫩滑，营养丰富。两片翠绿的竹叶衬底，犹如牡丹花的呈现。

海鲜粟米羹：海鲜杂料配合主料粟米蓉，粗粮与富含优质蛋白的海产品，加上洁白的蛋白纹，口感软绵，回味悠长，尽显大连特色。

美点映双辉：三层水果蛋糕配蟹壳酥，西式水点与中式酥皮点心组合，口感酥软，中西合璧，口味甜咸互补。

什锦鲜果盘：葡萄、苹果、西瓜、菠萝、香蕉、橙子六种水果装盘，每样水果精心雕琢，水晶盘盛装，寓意硕果满载。

百年窖干红：红酒象征着大连人积极、乐观、热情、好客。

蓝色夏威夷：蓝色鸡尾酒象征着大连碧海蓝天之浪漫情怀。

此菜单包括冷菜、餐前甜品、头菜、首汤、大菜、清口菜、大件、女士菜、鱼菜、座汤、主食、水果、酒水等。

(三)宴会菜单的多样化

要使宴会菜单体现出多样化，应从原料选择、加工形态、调味变化、色彩搭配、烹调方法、质感差异、器皿交错、品种衔接等方面来考虑。

(1)原料选择应多样，如鸡、鸭、鱼、肉、豆、菜、果。

(2)加工形态要不同，如丝、条、块、丁、球、整只。

(3)调味变化有起伏，如酸、甜、辣、咸、鲜、香、复合味。

(4)色彩搭配应协调，如赤、橙、黄、绿、青、蓝、紫。

(5)烹调方法选多种，如炒、烧、烩、烤、煎、炖、拌。

(6)质感差异多变化，如软、烂、嫩、酥、脆、滑、糯、肥。

(7)器皿交错有特色，如盘、碗、杯、碟、盅。

(8)品种衔接需配套，如菜、点、羹、汤、酒、果。

(四)宴会菜单评价

“海之韵”主题宴会菜单评价：营养素配比合理，主食粗、细粮搭配，副食色彩搭配艳丽，烹调方法多样，配以适量调配饮料使得此宴会更加丰富多彩。畜、禽、水产品等动物性原料(猪、鸡、鱼类及大连特色水产品)丰富，适量补充人体必需的优质蛋白；蔬菜中的根、茎、叶、花、果等品种齐全，提供大量的膳食纤维。菜品的烹调中运用炖、烧、蒸、清炒等多种技法。饮品提供大量的维生素及矿物质。此宴会色、香、味、形俱佳，并且数量适中，能够做到科学搭配、酸碱平衡，达到了营养平衡膳食要求，满足大多数人群的需要。

菜单评价应按先总概、后分解的方式。总概内容包括营养分配、菜肴颜色搭配、烹调方法选择、饮品组合等多方面，详尽的阐述应包括配料选择与营养搭配、烹调方法选择的多样性、饮品选择的功用、科学合理搭配及适宜人群等方面。

(五)互动式训练

训练一：

小王请客户吃饭，就餐人数为6人(4男2女)，就餐地点大连某海鲜酒楼。

小王点菜如下：

冷菜：香葱毛蚬　蓝莓山药

热菜：家焖鳜鱼　果味鱼块　菠萝咕咾肉　香菇油菜

主食：蚬子面

此菜单出现的问题：原料、口味、颜色、形状重复，无汤菜。

训练二：

张同学生日当天，室友为她过生日。

室友点菜如下：

水煮鱼　小鸡炖蘑菇　炸虾仁　软炸肉　葱油豆腐皮　水果蛋糕

此菜单出现的问题：烹调方法、器皿、质感、品种重复，缺少冷菜。

二、宴会菜单设计题库

(1)设计订婚宴菜单一套。

(2)设计满族客人宴会菜单一套。

(3)设计金婚纪念宴菜单一套。

(4)设计酬谢宴菜单一套。

(5)设计新春家宴菜单一套。

(6)设计亲情宴菜单一套。

(7)设计商务开业宴菜单一套。

(8)设计满月宴菜单一套。

(9)设计有地方文化特色的宴会菜单一套。

(10)设计乡镇家宴菜单一套。

训练要求：

第一部分：主题菜单名称。

第二部分：按照菜单结构顺序书写，并标注其对应结构。

第三部分：每道菜肴简单说明。（形式、颜色、口味、原料、烹调方法、特色等）

第四部分：菜单营养评价。

工作任务二　技能训练

在学生分组的前提下，各小组组长以实训任务书（表 7-3）为参照，对每个组员的宴会菜单设计实训进行督导，注意小组实训中的可取以及改进之处，分别发言总结。教师在此基础上有针对性地进行指导。

表 7-3　　宴会菜单设计实训任务书

<table>
<tr><td>班级</td><td colspan="2"></td><td>学号</td><td colspan="2"></td><td>姓名</td><td></td></tr>
<tr><td>实训项目</td><td colspan="3">宴会菜单设计</td><td colspan="2">实训时间</td><td colspan="2">4 学时</td></tr>
<tr><td>实训目的</td><td colspan="7">通过对菜单设计的实际案例操作，深入理解宴会菜单设计的标准与过程，达到运用自如的训练要求</td></tr>
<tr><td>实训方法</td><td colspan="7">首先教师讲解、示范，然后学生实际操作，最后教师指导、点评。按照宴会菜单设计的标准，完成宴会菜单设计的情景训练</td></tr>
<tr><td colspan="8">实训过程</td></tr>
<tr><td colspan="8">1.操作要领
(1)对菜单设计的注意事项、成年宴的适宜参加人群等相关内容进行小组讨论
(2)菜品的设计要合理，搭配科学，满足人群需求
(3)对菜单中的各要素评价到位、合理
2.操作程序与标准
(1)相关知识的讨论
(2)菜单结构的设计
(3)宴会菜单的特色描述与评价
3.模拟情景
设计一套成年宴菜单</td></tr>
<tr><td>要点提示</td><td colspan="7">(1)宴会菜单的结构标准
(2)菜单名称要符合宴会特点</td></tr>
<tr><td colspan="8">能力测试</td></tr>
<tr><td colspan="2">考核项目</td><td colspan="4">操作要求</td><td>配分</td><td>得分</td></tr>
<tr><td colspan="2">相关知识的讨论</td><td colspan="4">对菜单设计的原则、设计过程深入理解，小组讨论热烈</td><td>30</td><td></td></tr>
<tr><td colspan="2">菜单结构的设计</td><td colspan="4">分析参加人群的饮食结构特点；考虑全面，搭配科学</td><td>45</td><td></td></tr>
<tr><td colspan="2">宴会菜单的
特色描述与评价</td><td colspan="4">体现宴会特色；各要素评价到位、合理</td><td>25</td><td></td></tr>
<tr><td colspan="2">合计</td><td colspan="4"></td><td>100</td><td></td></tr>
</table>

第八部分

经典赏析

引导案例

婚宴菜单

婚宴不同于普通家宴，在菜品的选择、菜单的定制上都有讲究。婚宴酒店中菜肴多用吉祥语来命名，以寄寓美好的祝福，也让婚宴办得体面。常见的婚宴菜单如下：

龙凤呈祥宴：

珠光耀华堂（鸿运全体猪）
龙凤添带子（西芹炒虾仁带子）
红艳樱桃骨（琥珀桃仁草莓骨）
菜胆鸡汤翅（菜胆鸡腿炖翅）
金钱珍珠鲍（北菇扒珍珠鲍）
清蒸海上鲜（清蒸海青斑）
香葱油鸡皇（玫瑰豉油鸡）
双耳烩碧绿（银耳黄耳炒青瓜）
金瑶扒鲜岛（鲜菇瑶柱浸鲜蔬）
锦绣前程（扬州炒饭）
情意绵绵（幸福伊面）
百年好合（莲子百合红豆沙）
永结同心（美点双辉）

佳偶天成宴：

珠光耀华堂（金牌全体猪）
彩凤入罗帏（蜜豆炒凤尾虾）
花开同并蒂（虾胶酿北菇）
贺客喜临门（脆皮蟹柳香蕉卷）
佳偶天成宴（红烧鸡丝翅）
蓝田添百子（鲍片虾子炒带子）
嘉庆合欢鱼（清蒸鲜海斑）
喜鹊迎宾叙（翡翠豉油鸡）
银河双结缘（银耳鲜菇扒时蔬）
穗成金遍地（虾仁鸡粒炒饭）
幸福满乐华（金菇干烧伊面）
百年好合（莲子百合红豆沙）
永结同心（美点双辉）

辩证性思考：

科学、合理地设计宴会菜肴及其组合是宴会设计的核心。要以人均消费标准为前提，以顾客需要为中心，以相应的物资和技术条件为基础设计菜谱。其内容包括各类食品的构成、营养设计、烹调方法、风味设计等。

实训项目一

经典宴会菜单赏析

实训目标

1.了解中、西式宴会菜单设计的要求。

2.通过对中、西式宴会菜单的赏析，完成相应的宴会菜单设计。

工作任务一　中、西式宴会菜单赏析

一、中式宴会菜单赏析

中式宴会品目众多、体系纷繁，主要由宴会席和便餐席所构成。宴会根据其性质和主题的不同，可细分为公务宴、商务宴和人生礼仪宴、岁时节日宴、中式便餐席等类型。掌握此类宴会的菜单设计要求，吸收相关菜单设计，有助于提高经营者的菜单设计水平，有助于提升餐饮企业的经营管理层次。

(一)公务宴菜单设计

1.公务宴菜单设计要求

公务宴是指政府部门、事业单位、社会团体以及其他非营利性机构或组织因交流合作、庆功庆典、祝贺纪念等有关重大公务事项接待国内外宾客而举行的餐桌服务式宴会。这类宴会的主题与公务活动有关，一般都有明确的接待方案、确定的接待标准。宴会的主持人与参与者多以公务人员的身份出现，宴会的环境布置、菜单设计、接待规程、服务礼节要求与宴会的主题相协调，宴会的接待规格一定要与宾主双方的身份相一致。它注重宴会环境，强调接待仪程，重视筵宴风味，讲究菜品质量，公务特色鲜明，气氛热烈庄重，多由指定的接待部门来完成。

根据宴会主题、宴会性质及接待标准的不同，公务宴又分为国宴、专宴、其他公务宴等。菜品的选用应遵循宴会菜单设计的一般原则，特别要注意宾主双方的饮食习俗。针对主题公务宴会，还需结合不同的宴会主题进行菜单设计。

2.公务宴菜单设计实例

(1)国宴菜单设计实例

国宴，是国家元首或政府首脑为国家重大庆典，或因外国政府首脑到访，以国家名义举行的最高规格的公务宴会。国宴的政治性较强，礼节仪程庄重，宴会环境典雅，宴会气氛热烈。根据宴会主题的不同，国宴有欢迎宴会、送别宴会、国庆招待会、新年招待会、主题公务宴会等类型，以中式宴会居多。国宴的设宴地点往往根据接待对象、接待场所及宴饮规模而定。在我国，人民大会堂经常承办大中型国宴，钓鱼台国宾馆一般承办小型国宴。此外，各省省会和著名风景区内也有设备一流的迎宾馆，如上海的西郊宾馆、西安的陕西宾馆、武汉的东湖宾馆、长沙的蓉园宾馆，也可接待国内外首脑、政要和社会名流。

国宴成功与否在很大程度上取决于菜单设计与菜品制作的好坏。国宴菜单须依据宴会标准与规模、主宾的宗教信仰和饮食嗜好，以及时令季节、营养要求及进餐习俗等因素综合设计与科学调配。国宴所用菜品的规格、档次不一定很高，但其菜单设计、菜品制作和接待服务都要符合最高规格的礼仪要求。我国目前的国宴菜单通常是以中餐为主，西餐为辅。菜品的数量精练，主要突出热菜，另加适量的冷菜、水果和点心，常配置白酒、黄酒、啤酒及矿泉水等酒水；中、西式餐具并用，实行分餐制，进餐时间一般控制在一小时以内。

例　宴请美国总统尼克松的国宴菜单

1972 年 2 月，美国总统尼克松访华。2 月 27 日，上海市举行宴会欢迎尼克松和夫人一行。其宴会菜单如下：

蝴蝶冷盆	蟹形桂鱼
八 小 碟	冬 瓜 盅
青豆虾仁	小笼汤包
挂炉烤鸭	花色甜点
花篮豆腐	豆沙汤团

(2)专宴菜单设计实例

专宴，也称公宴、专席，是驻外使馆、地方政府、事业单位、社会团体、科研院所或一些知名人士牵头举办的正式宴会，多用于接待国内外贵宾、签订协议、酬谢专家、联络友情、庆功颁赏或重大活动。专宴的规格低于国宴，但仍注重礼仪，讲究格局。同时，由于它形式较为灵活，场所没有太多限制，规模一般不大，更便于开展公关活动，因而在社会上很受欢迎。

专宴的形式多种多样，可用于使团的外事活动、政界的交往酬酢、社会名流的公益活动、国际会议的接待安排。承办场地可以是星级宾馆、酒楼饭店，甚至是家庭，桌次可多可少，规格可高可低。

设计专宴菜单，最为注重的是明确办宴目的，突出宴会主题。既要体现宴会菜单设计的一般规则，又要符合“专人、专事、专办”的具体设计要求；既要按需配菜，迎合主宾嗜好，又要符合接待要求，体现接待规格。

例　接待日本"豪华中国料理研制品尝团"的专宴菜单

1987年5月，日本主妇之友社组织的"豪华中国料理研制品尝团"应邀抵达四川。川菜大师曾亚光领衔主理，调制了一桌高档川式宴会供客人鉴尝。其宴会菜单如下：

彩碟：一衣带水

单碟：椒麻鸭舌　米熏仔鸡　盐水鲜虾　豉汁兔片　鱼香青圆　怪味桃仁　麻辣豆鱼　糟醉螺片

热菜：家常中鱼　叉烧乳猪(带银丝奶卷、双麻酥饼)　清汤蜇蟹(带豆芽煎饼)　干烧岩鲤　樟茶仔鹅(带荷叶软饼)　太白嫩鸭、蚕豆酥泥　川贝雪梨(带酥脆麻花)　瓜中藏珍　虫草全鸭

饭菜：满山红翠　醋熘黄瓜　香油银芽　麻婆豆腐

小吃：红糖凉糕　冲冲米糕　鸡汁锅贴　虾茸玉兔

时果：江津广柑

本宴会的主要特色如下：一是巧妙使用禽、畜、鱼、蔬、果等常见物料，调制出二十余款巴蜀风味名菜；二是集中展现了川菜小煎、小炒、干烧、干煸的独特技法，给日本客人呈现出多种复合味型；三是席点工巧精细，小吃别具一格，有着浓郁的平民饮膳风情。

(3)其他公务宴菜单设计实例

除国宴、专宴之外，还有其他多种形式的公务宴会，如外事活动类宴会、会务接待类宴会、节日庆典类宴会、总结表彰类宴会、巡视指导类宴会、监审统计类宴会、公务应酬类宴会、公益慈善活动类宴会等。

做好公务宴会设计，首先是要"准"。所谓准，就是要准确把握每次宴饮活动的办宴目的和接待标准，做到有的放矢。设计菜单时，要分析与会人员的群体特征，实施不同的设计策略。只有宴会设计的格调相宜，才会达到应有的效果。其次是要"博"。所谓博，就是要多多积累与宴会设计相关的各种素材，提升设计者的审美能力和创新能力。只有清楚理解和完全把握各种设计元素，在实施创意设计时，才会胸有成竹、得心应手。最后是要"精"。所谓精，就是要注意每一设计细节，精雕细琢，打造出宴会设计精品。特别是主题宴会的设计，如能做到"因情造景，借景生情"，其宴饮接待一定能产生理想的效果。

例　上海APEC会议菜单鉴赏

相辅天地蟠龙腾(迎宾龙虾冷盘)

互助互惠相得欢(翡翠鸡茸珍羹)

依山傍水鳌匡盈(炒虾仁蟹黄斗)

存抚伙伴年丰余(香煎鳕鱼松茸)

共襄盛举春江暖(锦江品牌烤鸭)

同气同怀庆联袂(上海风味细点)

繁荣经济万里红(天鹅鲜果冰盅)

本宴席所用的原料虽是常见的鸡、鸭、鱼、虾、蟹、蔬、果等，但烹制出的菜品道道都让客人赞不绝口。菜肴的命名更是文化意境深邃，菜品依次排列，竟巧妙地展现出宴会的主题"相互依存，共同繁荣"。

(二)商务宴菜单设计

1.商务宴菜单设计要求

商务宴,主要是指各类企业和营利性机构或组织,为了一定的商务目的而举行的餐桌服务式宴会,如商务策划类宴会、招商引资类宴会、商务酬酢类宴会、行帮协会类宴会、酬谢客户类宴会,以及其他各类主题商务宴会等。商务宴请的目的十分广泛,可以是各企业或组织之间为了建立业务关系、增进了解或达成某种协议而举办;可以是企业或组织与个人之间为了交流商业信息、加强沟通与合作或达成某种共识而进行;也可以是企业、组织或个人之间通过宴会来加强感情交流,获取商务信息,消除某些误会,酬劳答谢相关人员,相互达成某种共识等。随着我国对外开放程度的加强、市场经济的确立,商务宴请在社会经济交往中日益频繁,商务宴成为餐饮企业的主营业务之一。

设计商务宴,涉及主题策划、环境布置、接待仪程、服务礼仪、菜单设计、菜品制作等多个方面,必须体现一定的主题思想、民族特色、文化要素和艺术效果。首先,商务宴经常和商务谈判同时进行,宴会的参加者大多是一些文化层次较高、餐饮经验丰富、烹饪审美能力较强的人士。作为东道主,为了商务活动的成功,在预订宴会时往往愿意多花一些钱财,以便扩大本企业的影响。宾馆、酒店必须提供一流的设施、一流的饭菜和一流的服务,否则就很难满足这种高消费的需求。其次,从商者都有一种趋吉避凶的心态,追求好的“口彩”,期盼“生意兴隆通四海,财源茂盛达三江”。所以承接此类宴会,要更为注意商业心理学、市场营销学和公共关系学的运用,着意营造一种“和气生财”“大发大旺”的环境气氛,在菜单的编排和菜名的修饰上多下一些功夫。具体说来,应从如下几个方面多做考虑:

(1)策划商务宴时,应根据时代风尚、消费导向、地方风格、客源需求、时令季节、人文风貌、菜品特色等因素,选定某一主题作为宴会活动的中心内容,然后依照主题特色去设计菜单。

(2)设计商务宴菜单,要尽量了解宾主双方的生活情趣和饮食嗜好,在环境布置、菜品选择、菜肴命名、宴饮接待上投其所好,避其所忌,使商务洽谈在良好的气氛与环境中进行。

(3)商务宴请的目的和性质决定了宴会的礼节仪程、上菜节奏与其他普通宴会有所不同。宾主之间往往是在较为和谐的气氛中边吃边洽谈,客观上要求菜单设计者掌握好菜品数量,安排好排菜格局,控制好上菜节奏。

(4)商务宴会的接待规格相对较高,宴会格局较为讲究,菜品调排注重程式,菜肴命名含蓄雅致。因此,设计商务宴菜单应在注重菜品内容设计的同时,突出菜单的外形设计,特别是菜品命名的文化性,可促使整个宴会气氛和谐而又热烈。

(5)设计主题商务宴时,要求宴会主题鲜明,宴饮风格独特,借以提升市场人气。其菜单设计、菜品命名都应围绕宴会主题这个中心展开,切不可凭空捏造一些名不符实的应景之作,给人牵强附会之感。

2.商务宴菜单设计实例

(1)传统商务宴菜单设计实例

例　华北地区商业开业宴菜单

一看盘:彩灯高悬(瓜雕造型)

四凉菜:囊藏锦绣(什锦肚丝)

　　　抬金进银(胡萝卜拌绿豆芽)

　　　童叟无欺(猴头菇拼香椿)

　　　一帆风顺(西红柿酿卤猪耳)

八热菜:开市大吉(炸瓤加吉鱼)

　　　万宝献主(双色鸽蛋酿全鸡)

　　　地利人和(虾仁炒南荠)

　　　顺应天意(天花菌烩薏米)

　　　高邻扶持(菱角烧鸭心)

　　　勤能生财(芹菜财鱼片)

　　　贵在至诚(鳜鱼丁橙杯)

　　　足食丰衣(干贝烧石衣)

座汤:众星捧月(推纱望月)

二饭点:货通八路(南味八宝甜饭)

　　　千云祥集(北味千层酥)

例　华中地区商务酬酢宴菜单

一彩碟:运筹帷幄(亭台楼阁造型)

四围碟:集思广益(凉拌三丝)

　　　打火求财(火腿丝拌发菜)

　　　冰心玉洁(海蜇、鸡茸、蛋清制)

　　　天合之作(太极图形)

六热菜:喜逢机遇(鸭掌、鸡片制)

　　　庐山寻珍(石鸡、石鱼、石耳制)

　　　心花怒放(鸭心、笋片、菱角制)

　　　豪气干云(油爆鲜蛎)

　　　囊括宇内(海鲜口袋豆腐)

　　　各显神通(海八珍炖盆)

面点:酬酢面卷(网油花卷)

　　三白米饭(清蒸香稻)

水果:什锦果拼(名贵水果拼盘)

例　华东地区生意兴隆商务宴

全珠满华堂(鸿运乳猪大拼盘)

发财大好市(发菜大蚝豉)

富贵金银盏(烧云腿拼三花象拔蚌)

凤凰大展翅(红烧鸡丝大生翅)

生财抱有余(福禄蚝皇鲜鲍片)

捷足占鳌头(清蒸海青斑)

彩雁报佳音(原盅枸杞炖蚬鸭)

红袍罩丹凤(梅子香蜜烧鸡)

生意庆兴隆(五色糯米饭)

随心可所欲(上汤煎粉果)

鸿运联翩至(汤团红豆沙)

双喜又临门(甜咸双美点)

说明:此类商务宴会,特别注重吉祥雅语。先用吉语命名,后加注解,既能欢悦情绪,又能说明筵宴概况。

(2)现代商务宴菜单设计实例

例　"赤壁怀古"人文商务宴菜单

风云满天下(鸿运乳猪拼)

赤壁群英会(八色冷味拼)

跃马过檀溪(山珍海马盅)

雄鹿逐中原(珍珠帝王蟹)

凤雏锁连环(金陵脆皮鸽)

赋诗铜雀台(萝卜竹蛏王)

煮酒论英雄(酒香坛子肉)

豪饮白河水(清蒸江鲥鱼)

迎亲甘露寺(罗汉时素斋)

卧龙戏群儒(海参炖甲鱼)

千里走单骑(韭黄炸春卷)

貂蝉拜明月(水晶荠菜饺)

桃花春满园(时令鲜果盘)

说明:本商务宴菜单系由华东地区某星级酒店设计的一份主题风味宴会菜单,宴会结构简练,文化背景深厚。菜单设计者能从文化的角度加深主题宴会的内涵,设计出的宴会菜单紧扣"赤壁怀古"人文商务这一主题。菜单的核心内容,即菜式品种的特色、品质能反映文化主题的饮食内涵和特征;菜单及菜名围绕"赤壁怀古"这个中心而展开;菜品的选用考虑到宾主双方的饮食习俗,能迎合与宴人员的嗜好和情趣。随着我国市场经济的不断发展,这类主题商务宴会越来越受高级客商和文化名人的青睐。

例　深圳豪华商务宴菜单

宫廷荤素八小碟
龙虾三文鱼刺身
弄堂响螺盏
官燕酿野山竹笋
顶汤窝天九翅
御前瓦罐鲍脯
海皇龙吐珠
古法龟鹿二仙
品玉扇金蔬
晶莹金鱼饺
时果海鲜饭
珍珠哈士蟆龟苓膏
环球生果盘

说明：本宴会属于豪华商务宴会。所用原料多为世界级的特产精品，品质精纯，价格名贵；菜品多系仿古名菜或工艺造型大菜，制作精细；菜肴命名典雅，盛器古朴名贵；环境优雅，服务一流。

（三）人生仪礼宴菜单设计

1.人生仪礼宴菜单设计要求

人生仪礼宴是人们为其家庭成员举办诞生礼、婚庆礼、寿庆礼、丧葬礼等时置办的民间宴会。这是古代人生仪礼的继续和发展，一般都有告知亲朋、接受赠礼、举行仪式、酬谢宾客等程序。以前习惯在家中操办，现今多在酒店举行，其接待标准、礼节仪程和菜单设计要求各不相同。

（1）诞生宴

诞生宴多在婴儿出世、满月或周岁时举行，赴宴者为至亲好友。主角是“小寿星”，要求突出“长命百岁、富贵康宁”的主题。贺礼常是衣服、首饰、食品和玩具。宴会菜品配蛋糕、长寿面、豆沙包和状元酒等，菜名要求吉祥和乐，宴会整体充满喜庆气氛。

（2）婚庆宴

婚庆宴多在相亲、订婚、结婚时举行，赴宴者是亲友、街邻、同事、同学和介绍人。主角是新郎、新娘，要求突出“白头偕老、和乐美满”的主题。宴会排菜习惯用双数，最好是八、十；菜名要寄寓祝愿；餐具宜为红色、金色，用红桌布，配红色果酒。

（3）寿庆宴

寿庆宴多在60、70、80、90岁生日时举行，赴宴者是亲友、街邻及儿孙。主角是“寿星”，要求突出“老当益壮、福寿绵绵”的主题。贺礼常为衣物、食品、补品或花束。宴会排菜喜用九的倍数，寓“九九长寿”之意；菜品应当温软、易消化、多营养，配长寿面、寿桃包、蛋糕等。

(4)丧葬宴

丧葬宴的主角是死者,要求突出“驾鹤西去、泽被后世”的主题。宴会上菜品少腥,忌白酒,用素色餐具。丧葬宴如在酒店操办,服务员应着素色服装,保持肃静,以示哀悼。

2.人生仪礼宴菜单设计实例

(1)诞生宴菜单设计实例

在我国部分地区,新生儿出生的第三天会为其举办祝福仪典和庆贺酒宴,称为三朝洗礼。关于三朝洗礼,古代的记述甚多,《醒世姻缘传》《东京梦华录》等书中均有描述。现今的三朝洗礼应视各地的风俗习惯而定。有些地区庆祝婴儿出生,不设三朝洗礼宴,而设九朝宴、满月宴、百日宴或周岁宴,宴客的时间各不相同,但表达的心愿是一致的。

例　北京三朝洗礼宴菜单

六冷盘:卤口条　盐水鸭　凤尾鱼　拌三丝　糖汁骨　素鹅卷

六热菜:烧海参　爆肚尖　炸斑鸠　香酥鸭　烩口蘑　烟全鱼

二汤羹:冰糖莲　长命羹

二点心:开花包　石榴饼

一主食:洗面

说明:三朝洗礼宴的规模与档次由各家自行选定,菜品的数量少的为8～10道,多的为12～18道。

例　香港豪华百日宴菜单

高贵黄金猪

特级鲍粒酿响螺

松露香槟忌廉龙虾球

燕带蟹皇扒时蔬

红烧大鲍翅

江参鲜鲍脯

当红炸子鸡

紫菜龙虾长寿面

高汤瑶柱灌汤饺

说明:这是香港某文化名人为其女儿举办的百日宴菜单,开席十多桌,由于食材珍贵,每席价格已逾两万港元。

(2)婚庆宴菜单设计实例

婚庆宴是婚礼的重要组成部分,主要为前来祝贺的亲朋好友而设置。设计此类宴会菜单,可通过吉祥菜名烘托“夫妻恩爱、新婚快乐、吉庆甜蜜、幸福美满”的主题;可借用“重八”“排双”等筵宴格局,寄寓良好祝愿,从心理上愉悦宾客;可沿用当地的饮食习俗,将美好的祝愿与美妙的饮食交织在一起,使宾客在品味与审美上获得最大满足。

例　“山盟海誓”婚庆宴菜单

一彩碟:游龙戏凤(象生冷盘)

四围碟:天女散花(水果花卉切雕)

　　　　月老献果(干果蜜脯造型)

三星高照（素料什锦拼制）

四喜临门（荤料什锦拼制）

十热菜：鸾凤和鸣（琵琶鸭掌）

麒麟送子（麒麟鳜鱼）

前世姻缘（三丝蛋卷）

珠联璧合（虾丸青豆）

西窗剪烛（火腿瓜盅）

东床快婿（冬笋烧肉）

比翼双飞（香酥鹌鹑）

枝结连理（串烤羊肉）

美人浣纱（开水白菜）

玉郎耕耘（玉米甜羹）

一座汤：山盟海誓（山珍海味全家福）

二点心：五子献寿（豆沙精包）

四女奉亲（四色豆皮）

二果品：榴开百子（胭脂红石榴）

火爆金钱（良乡板栗）

说明：本婚庆宴系江南风味，全席菜式均以寓意的方法进行命名，围绕着“庆婚”的主题烘托渲染，将美好的祝愿与民风习俗合为一体。

(3)寿庆宴菜单设计实例

寿庆宴食俗大多带有健康长寿寓意，期待通过祝寿而增寿。寿庆宴菜品应尽可能使用低盐、低脂食品，汤羹菜应多，下酒菜宜少，软烂可口，易于消化、吸收。配寿桃、寿面、蛋糕等象征长寿的食品，烘托气氛。宴会席面最好是采用“九冷九热”的格局，体现“九九上寿”“天长地久”之意；菜名可选用“松鹤延年”“五子献寿”等吉言。

例　华北地区“延年益寿席”菜单

彩碟：人参龙戏珠

围碟：姜菜河蟹

五香酱鸭

干贝香酥

天麻发菜

热菜：“延”字茯苓银耳

“年”字当归甲鱼

“益”字首乌山鸡

“寿”字虫草鹌鹑

“席”字炉烤鹿腿

汤菜：百合芦笋汤

枸杞莲子汤

点心：栀子窝头

杏仁佛手

莲蓉喜字饼

茯苓豆沙寿桃

主食：栗子精米粥

水果：桃仁海棠果

说明：本寿庆宴系燕京风味，菜品的配置符合“庆寿”的设计要求，五道热菜直接点明宴会主题。从营养的角度看，本席多数食品兼具药、食双重功效，符合老年人的膳食营养要求。菜单设计者期盼通过此款滋补养生宴会表达其爱老敬老、祝寿增寿的美好心愿。

例 2　华中地区“松鹤延年”宴菜单

一彩碟：松鹤延年（象生冷盘）

四围碟：五子寿桃（五种果仁酿拼盘）

四海同庆（四种海鲜拼盘）

玉侣仙班（芋艿鲜蘑）

三星猴头（凉拌猴头菇）

八热菜：儿孙满堂（鸽蛋扒角菜）

天伦之乐（鸡腰烧鹌鹑）

长生不老（海参烹雪里蕻）

洪福齐天（蟹黄油烧豆腐）

罗汉大会（素全家福）

五世祺昌（清蒸鲳鱼）

彭祖献寿（茯苓野鸡羹）

返老还童（金龟烧童子鸡）

座汤：甘泉玉液（人参乳鸽炖盆）

寿点：佛手摩顶（佛手香酥）

福寿绵长（伊府龙须面）

寿果：河南仙柿

湖南蟠桃

寿茶：老君眉茶

仙人掌茶

说明：本宴会属华中地区高档寿庆席，取料较为名贵，烹制极为精细。通过吉言隽语命名，突出“敬老爱幼、家庭和睦、共享天伦之乐”的宴会主题。

(4)丧葬宴菜单设计实例

丧葬宴指丧礼、葬礼和服孝期间祭奠死者和酬谢宾客、匠夫的各类筵宴。包括祭祀亡者的宴会(主要是供奉斋饭,有荤有素,有酒有点)、酬劳匠夫的宴会(大多重酒重肉)、答谢亲友的宴会(如"劝丧席",多为六菜一汤,以素为主)及家属志哀的宴会(如"孝子饭",大多清素,减食)。

例　清末成都官员杨海霞丧葬宴菜单

下面是一份清末成都官宦人家的丧葬宴菜单,摘自李劼人的《旧帐》。本菜单是清代道光十八年(1838年)成都官员杨海霞的子孙为其办理丧事时留下的原始记录。在五十多天的时间内,杨府共开出15种席面的各式宴会共420桌,十分详尽地保留了从"成服"到"复山"阶段的饮食记录。限于篇幅,这里仅展示其主要菜单,从中既可了解清代四川的"白喜事"仪典,也可窥见中等官僚人家操办丧席的格局。

"成服"菜单

洋菜鸽蛋　光参杂烩　八块鸭子　菱角鸡　鱼肚笋子肉　海带　烧白　红肉

围碟:花生米　梨　桃仁　嫩藕　蜇皮　排骨　皮渣

点心:佛手酥　芝麻酥　肉包　喇嘛糕

奠期菜单

光参杂烩　鱼肚　鱿鱼　地梨鸡　白菜鸭子　羊肉　烧白　笋子肉　红肉　虾白菜火锅

围碟:花生米　甘蔗　桃仁　橘子　鸡杂　蜇皮　冻肉　皮渣

黄白饼一匣

请、谢知客菜单

刺参蹄花　鱼肚　板栗鸡　珍珠圆子　洋菜鸽蛋　整鱼　樱桃肉　烧白　白菜鸭子

热吃:刺参蹄筋　鱼皮　乌鱼蛋　虾仁

围碟:瓜子　杏仁　花生米　桃仁　甘蔗　橘子　石榴　地梨　辣汁鸡杂　蜇皮火腿片　冻肉

点心:马蹄酥　酥角　千层糕　肉包　大卷子

中点:大肉包

送帐菜单

光参杂烩　鱼肚　白菜鸭子　地梨鸡　笋子肉　海带肉　烧白　红肉　圆子火锅汤

围碟:花生米　甘蔗　桃仁　橘子　蜇皮　排骨　皮蛋　羊尾

点心:大卷子

祠堂待客菜单

大杂烩　酥肉　拆烩鸡　银鱼　羊肉　笋子肉　海带肉　烧白　红肉

围碟:花生米　甘蔗　桃仁　橘子　排骨　盐蛋　鸡杂　羊尾巴

"复山"菜单

刺参　烧蹄　酿鸭子　烧蹄肠　焖鱿鱼　清炖羊肉　白菜火腿　板栗鸡　樱桃肉虾白菜汤

围碟:金钩　蜇皮　皮蛋　皮渣　花生米　甘蔗　瓜子　橘子

点心:烧麦　糖三角

(四)岁时节日宴菜单设计

1.岁时节日宴菜单设计要求

岁时节日宴即年节宴会。在我国,各民族的各种节日、节庆加在一起有几百种,大部分节庆都有风格特异的年节宴会,如回族、维吾尔族、哈萨克族等民族的开斋节宴会、古尔邦节宴会,藏族的新年宴会、雪顿节宴会,傣族的泼水节宴会等。限于篇幅,这里仅介绍影响较大的几种传统节日宴会。

(1)春节宴

春节是我国历史最悠久、参与人群最广泛、活动内容最丰富、节庆食品最精致的一个节日,它以农历正月初一为中心,前后延续二十多天。

汉族过年,通常有掸扬尘、备年货、贴春联、放鞭炮、看冰灯、逛花市、闹社火、走亲戚、拜祖坟等活动,制办新春宴会是其中心内容,宴饮聚餐是整个节庆活动的高潮。事前,人们忙于采购年货,鸡鸭鱼肉、茶酒油酱、南北炒货、糖饵果品都要采买充足。正式宴饮通常是东家操办酒宴,宾客主人共同畅饮,节庆的气氛相当浓烈。其宴会菜品通常有“年年高”(年糕)、“万万顺”(饺子)、“年年有余”(全鱼)、“红红火火”(肉圆)、“金丝穿元宝”(面条煮饺子)等,十分丰盛。

少数民族过年,又是一番景象:彝族吃“坨坨肉”,喝“转转酒”;蒙古族围坐火塘吃“扁食”(水饺),酒、肉剩得越多越好,象征来年富裕;达斡尔族将馍馍、肉块扔进火堆,烧得烈焰腾空,象征人畜兴旺;壮族吃“粽粑”,显示富有;高山族全家围炉吃“长年菜”,敬祝老人福寿康宁。

(2)元宵宴

元宵节又名上元节或灯节,时在农历正月十五。节俗主要是观灯赏月、合家欢宴。元宵宴的节庆食品是元宵,又称汤圆、汤团。

(3)清明宴

清明是二十四节气之一,时在公历 4 月 5 日前后。清明的主旋律是寒食(冷食,不动烟火)与扫墓,相关活动有农夫备耕、文人踏青、仕女郊游、儿童戴柳等,以及斗鸡、拔河、打马球、荡秋千、放风筝等,亲近大自然。其中,野宴聚餐是清明节节庆活动的一项重头戏。

古代清明宴的菜品大多突显冷菜,类似于现今的冷餐酒会,除食用凉菜之外,还品尝奶酪、甜米酒、桃花粥、清明粽、凉粥等,食毕还有互赠“画卵”、果品、酒水等活动。现今清明郊游,人们喜食烧鸡、烤鸭、茶蛋、卤菜、蛋糕、面包,喝啤酒和果汁等,多少带有一些古代节庆的遗风。

(4)端午宴

端午节又称龙船节,时在农历五月初五。有关端午节的传说很多,除了纪念爱国诗人屈原、替父雪耻的吴国大臣伍子胥等之外,还包含原始宗教的植物崇拜和吴越先祖的图腾祭,以及先秦的香兰浴等习俗。

端午节的习俗较多,如:挂钟馗像,贴午时符;采集蟾酥与草药,悬挂艾草、菖蒲;灭除

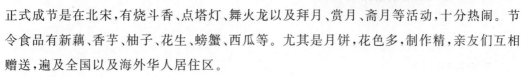

蝎子、毒蛇、壁虎、蛤蟆与蜈蚣；小儿涂雄黄、佩香袋、挂药包、系五彩丝带；郊外出游，露天饮宴；赛龙舟、比武；吃咸蛋、粽子、龟肉汤等。此外，回族、藏族、苗族、白族等多个民族也过端午节，其习俗与汉族相似。

在历代的端午节庆活动中，端午宴素来为人所看重。此类宴会的显著特色是强调“以食辟恶”，注重疗疾健身功能，如饮用龟肉汤、粽子中裹夹绿豆沙、食用有“长命菜”之称的马齿苋等。这些宴会习俗在《后汉书·礼仪志》《荆楚岁时记》等书中均见记载。

(5)中秋宴

中秋节又叫团圆节，时在农历八月十五。中秋正式成节是在北宋，有烧斗香、点塔灯、舞火龙以及拜月、赏月、斋月等活动，十分热闹。节令食品有新藕、香芋、柚子、花生、螃蟹、西瓜等。尤其是月饼，花色多，制作精，亲友们互相赠送，遍及全国以及海外华人居住区。

(6)小年宴

小年，又叫灶王节、谢灶节，时在农历腊月二十三或二十四。祭灶，源于先民对火的崇拜。通过祭灶，清扫厨房，检点火烛，整修炉灶，含有饮食卫生、安全用火、住宅平安等深意。因此，小年应是一个“人宅安全节”。

现今的小年宴南北各地节俗有异。例如，鄂东黄冈地区的节俗是农历腊月二十四当天，要清扫厨房及庭院，准备祭宴食品及祭器。傍晚，祭祖仪程正式开始，灯火齐明，陈列祭器，排列祭品(祭宴食品)，祭奠先祖列宗。祭祀完毕，要清理祭品及祭器，接着便是小年宴聚餐。

编制年节宴会菜单，一要考虑宾主的愿望，尽量满足其节庆要求。二要考虑当地的年节饮食风俗，菜品的设置必须符合节庆要求。三要考虑季节物产，突出节令特色，所用原料应视节令不同而有差异。四要注意菜肴滋汁、色泽和质地的变化。五要重点突出节庆食品，彰显节日气氛。六要考虑整套菜品的营养是否合理，在保证宴会风味特色的前提下，清鲜为主，突出原料本味，以维护身体健康。

2.岁时节日宴菜单设计实例

例 潇湘风味春节宴菜单

油辣顺风　　　　凉拌蛰头

蜜汁甜枣
糖醋排骨
东安仔鸡
绣球海参
烟熏羊排
腊味合燕
吉庆菠菜
冰糖湘莲
湖区炖钵
网油鳜鱼
潇湘年糕
地菜春卷
洞庭银针
迎春佳果

例　福建风味元宵宴菜单

精美大围碟
鲜菌佛跳墙
红糟香螺片
鲍菇牛仔骨
龙身凤尾虾
清蒸多宝鱼
松茸炒鲜蔬
虫草蒸乳鸽
闽南鲜汤团
合时水果拼

例　齐鲁风味清明宴菜单

油炝腰花
葱辣鱼条
芝麻香芹
卤味双拼
芥末鸡丝
椒油肚片
德州扒鸡
油爆响螺
兰豆土鱿
九转大肠
红烧金鲤
百合芦笋
奶汤什锦
子推鲜饼

例　岭南风味端午宴菜单

糖醋渍河虾
白切肥鸡块
清酱乳黄瓜
鸿运卤双拼
鸡茸烩鱼肚
蒜子响螺片
芦笋炒牛柳
兰豆炒土鱿
椰橙鲜奶露
菜胆焖香菇
五柳鲜鲩鱼
杏园炖水鱼
全料清水棕
七彩水果冻

例　淮扬风味中秋宴菜单

水晶冻肴肉
姜葱百灵菇
随酱乳黄瓜
椰香红豆糕
雪燕芙蓉蛋
明炉烧烤鸭
滑炒水晶虾
照烧银雪鱼

上汤煮苋菜　　红豆沙月饼
木瓜炖雪蛤　　金牌炸麻元
蚝皇蒸鳜鱼　　时果大拼盘
清汤煨牛尾　　碧螺春香茗

例　秦陕风味小年宴菜单

凉拌双丝　　天麻乌风
芝麻芹菜　　枸杞银耳
辣子鸡丁　　清蒸全鱼
糖醋里脊　　栗子鸡汤
鸡米海参　　八宝豆腐
锅烧牛肉　　羊肉水饺
带把肘子　　香菇泡馍

(五)中式便餐席菜单设计

中式宴会主要由宴会席和便餐席所构成。便餐席是正式宴会席的简化形式,是一种应用更为广泛的简便宴会。它类似于家常聚餐,经济实惠,主要有家宴和便宴之分。

1.家宴菜单设计

家宴指在家中设置酒菜款待客人的各类宴会。与正式的宴会席相比,家宴主要强调宴饮活动在办宴者家中举行,其菜品往往由家人或聘请的厨师烹制,由家庭成员共同招待,没有复杂、烦琐的礼仪与程序,没有固定的排菜格式和上菜顺序,甚至菜品的选用也可根据宾主的爱好随意确定。这类宴会特别注重营造亲切、友好、自然、大方、温馨、和谐的气氛,能使宾主双方轻松、自然、和乐而又随意,有利于彼此增进交流,加深了解,促进信任。

制办家宴虽是小事一桩,可有人办得既经济实惠,又体面大方;有人却枉费财力,劳神不讨好。由此看来,家宴菜单设计和宴会制作受经验和技巧的影响。

(1)东北民间家宴

东北民间家宴以汉族、满族、蒙古族、朝鲜族等民族的传统菜式为主,敦厚朴实。近年来吸收了部分南方肴馔,创新菜式较多,注重吉庆的寓意,讲究口感醇和,席面较为丰盛,动物性食材的比重较大。菜单一般设有冷菜、热菜、汤点等类别,仅按上菜顺序加以排列,饭菜通常不排入菜单之中。

例　肉丝拌腐皮　糖醋萝卜　炝虾籽芹菜　凉拌三鲜　鸡腿扒海参　炸八大块　油泼鸡　海米烧菜梗　清蒸鲜鱼　焖肉　酸菜白肉火锅

例　炝鱿鱼　炝腰花　海米瓜条　里脊丝青豆　葱烧海参　白酥鱼球　炸虾茸蛋卷

熏大虾　香酥鸭块　蜜汁香蕉　烹带鱼　汆鸡茸丸子

例　朝鲜族泡菜　松花蛋　酱口条　蒜泥白肉　扒三白　家常黄鱼　水晶鸡　烤羊排　干菜肘子　香酥全鸭　海米烧茄子　汆白肉渍菜粉

(2)北京民间家宴

北京是我国的政治、文化中心,四海人士云集,五方口味融合,其家宴在鲁菜、京菜的基础上,吸收了许多外地的肴馔,显得万象包容、丰富多彩。

例　什锦大拼　酱爆鸡丁　炸板虾　核桃腰　元宝肉　松鼠鱼　番茄虾仁锅巴　冬菜鸭　植物四宝　汽锅甲鱼

例　五福拼盘　油爆双脆　面包虾仁　冬菜扣肉　软炸大虾　椒盐排骨　香酥鸡　吉利丸子　油焖双冬　砂锅鱼头汤

例　拼四样　宫保肉丁　三鲜锅巴　酥炸虾仁　京葱扒鸭　酥炸羊排　葱头煎鹌鹑　家常熬黄鱼　广米炒香芹　雪菜肉丝汤

(3)上海民间家宴

上海民间家宴属于海派宴会风格,具有适口、趋时、清新、风味多样及时代气息鲜明的特征。档次大多居中,调配和谐,制作精细。

例　香椿拌鸡丝　盐水鲜仔虾　香油拌双笋　蜜汁小塘鱼　蹄筋烩鲜贝　春笋凤尾虾　豆瓣滑牛柳　鸡火煮干丝　炸熘糖醋鱼　蚝油焖草菇　鲜菌乳鸽汤　夹沙油汤团

例　时令鲜沙拉　冰凉糟鸡丝　泡辣黄瓜条　腌醉鲜虾条　三鲜烩海参　莴苣焖肘花　碧绿珍珠丸　菠萝滑鱼片　香酥嫩鹌鹑　锅烧鲜河鳗　蒜蓉炒时蔬　火腿三圆汤　白元糯香糕

例　珊瑚渍塘藕　京葱红炉鸭　金酱酥凤爪　香油金瓜丝　奶汤烩鱼肚　柠檬羊肉串　香酥炸凤翅　糖醋葡萄鱼　鸡油素四宝　什锦鲜果羹　汾酒焖牛腩　砂锅老鸭汤　桂花糖芋艿

(4)广东民间家宴

广东经济昌盛,饮食文化发达,民间消费水平较高,家宴历来讲究。广东家宴用料广博,菜品鲜淡、清美,调理精细,档次偏高。宴会充满吉庆祥和色彩,菜名注重愉悦心情和寄托感情。

例　五福冷拼盘　蚝油网鲍脯　笋尖田鸡腿　菜胆上汤鸡　果露焗乳鸽　蟹汁时海鲜　四喜片皮鸭　香菇扒菜心　桂花时果露　双丝窝伊面

例　白切嫩鸡　白云猪手　红皮烤鸭　五彩炒鱿鱼　香煎大明虾　清蒸鲜鲈鱼　金华玉树鸡　菜胆扒猪肘　豉汁黄鳝球　韭黄瑶柱羹　广式叉烧包　时果大拼盘

例　三色冷拼盘　鸡丝烩鱼肚　菜花炒鱿鱼　珠元扒大鸭　广式手撕鸡　菜胆扒北菇　茄汁煎明虾　清蒸时海鲜　梅子烤肥鹅　八宝冬瓜盅　鲜虾窝伊面

2.便宴菜单设计

便宴又名便席、便筵，指企事业单位、社会团体或民众个体在餐馆、酒店或宾馆里所举办的一种普通的宴饮活动。这是一种非正式宴请的简易酒席，规模一般不大，菜品数目不多，宴客时间比较紧凑，招待仪程较为简便，菜式可丰可俭，菜品也可自由选择。因其不如宴会席那么正规、隆重，故其菜单设计通常是由顾客根据自己的饮食喜好，在酒店提供的零点菜单或原料中自主选择菜品，组成一套宴会菜品的菜单。也可由酒店将同一档次的两套或三套菜单中的菜品按大类合并在一起，让顾客从其中的菜品里任选，组合成便宴菜单。

二、西式宴会菜单赏析

西式宴会是指菜品饮品以西餐菜品和西洋酒水为主，按照西式宴会的礼节仪程和宴饮方式就餐的各式宴会。西式宴会种类较多，分类方法各异。如按地方特色风味划分，主要有法式宴会、俄式宴会、意式宴会、美式宴会及英式宴会等；按菜品规格高低划分，主要有高档宴会、中档宴会和普通宴会；按宴请的形式划分，主要有正式宴会和招待会等类型。西式宴会在菜品的组配及菜单设计方面与中式宴会有着明显的区别。下面着重介绍西式正式宴会及西式冷餐酒会的菜单设计。

（一）西式正式宴会菜单设计实例

例　法式宴会菜单

开胃菜：挪威烟熏三文鱼

头盘：苏力士奶油龙虾酥盒

汤菜：法式双色奶油汤

主菜：安格斯牛扒配红酒汁

沙拉：地中海海鲜沙律

奶酪：卡芒贝尔奶酪

甜品：星形巧克力蛋糕

饮料：卡布奇诺

例　意式宴会菜单

开胃菜：蒜味烤虾　红黑鱼子　大麦粥加意大利果仁和生腌火腿

头盘：羊奶干酪和意大利熏火腿

汤菜：奶油蘑菇汤

前菜：烙头条鱼配奶油花菜

主菜：烧鸡配甜菜饭和各式蔬菜

甜品：萨巴里安尼甜品

饮料：咖啡

例　俄式宴会菜单

开胃菜：冷盆配鱼子酱

汤菜：莫斯科红菜汤配酥皮面包、黄油

前菜：炭烤肉串

主菜：奶油蘑菇鸡卷配炸山芋等

点心：奶渣饼

甜品：奶油冻

水果：水果拼盘

饮料：咖啡

例　美式宴会菜单

开胃菜：熏鸭沙拉配羊奶酪

汤菜：美式蔬菜汤

前菜：金枪鱼沙拉

主菜：烤牛排配蔬菜

点心：包肉饭

甜品：佛蒙特州枫糖糕点

水果：饮料

(二)西式冷餐酒会菜单设计实例

冷餐酒会又称冷餐会，是西方经常采用的一种宴会形式(主要应用于招待会)，兴起于20世纪的欧洲，后来传入我国。冷餐酒会主要采用自助式的用餐形式。

值得强调的是，设计西式冷餐酒会，要特别注意各式菜品和装饰物品的合理摆放，要注意菜品的陈列与就餐环境的和谐统一；菜品的数量要科学合理，菜品的规格要体现接待标准；菜品的风味要特色鲜明。人数较多的冷餐酒会根据餐厅的形状把菜肴、点心、水果和饮料分开摆放，可设计成长方形、半圆形、L形或S形；人数较少的冷餐酒会将各种食物放在一张餐台上。

例　西式冷餐酒会菜单(一)

沙拉：墨西哥彩色沙拉　水果沙拉　法式尼斯沙拉　鲜虾蔬菜沙拉　金枪鱼蔬菜沙拉

加州烟三文鱼沙拉

冷餐:里昂那蘑菇肠　野餐肠　鸡肉肠　迷你汉堡　迷你三明治　香炸鸡翅　美式春卷

甜品:草莓慕斯　巧克力慕斯　香蕉蛋糕　法式肉松卷　杏仁泡芙　英格兰蛋糕　维多利亚蛋糕　黑森林蛋糕　香橙蛋糕　提拉米苏　法兰西多士　瑞士蛋糕卷

主菜:咖喱鸡　西班牙辣鸡扒　墨西哥香辣烤鱼　黑椒牛扒　牛柳炒意粉　意大利肉酱面　香烤小牛舌配黑椒汁

烧烤:巴西牛板筋　泰式烧猪颈肉　串烧鸡肉　黑椒炭烤牛肉　蒜香烤大虾　手撕鱿鱼丝　烧热狗肠　BBQ 烧鸡翅

汤:罗宋汤　奶油南瓜汤　意大利蔬菜汤　奶油玉米浓汤　海鲜汤

例　西式冷餐酒会菜单(二)

开胃菜:冷切什锦冻肉盘　香草冻烧牛柳　巴玛火腿密瓜卷　烟熏三文鱼拌鱼子酱　各式法式开胃小点　牛肉清汤鲜菇肉冻

沙拉:鲜果忌廉沙拉　田园蔬菜沙拉　经典恺撒沙拉　金枪鱼土豆沙拉　德式薯仔沙拉　香醋嫩芦笋沙拉　鲜芦笋忌廉汤　金酒牛尾汤

热菜:香烤鸡中翅　什锦沙爹肉串　黑樱桃烧鸡　葱油香鲜鱼　烤蜜汁火腿配奶香面包　蒜香烤大虾

甜品:维也纳苹果卷　纽约乳酪小点　杏仁黄桃派　意式果仁巴菲蛋糕　蓝莓慕斯蛋糕　巧克力杏仁小点　提拉米苏　拿破仑酥条蛋糕

水果:哈密瓜　香瓜　香蕉　雪梨

例　中西结合式的冷餐酒会菜单

汤:俄罗斯什菜汤

小食:咖喱牛肉饺　鲜虾多士　吉列沙丁鱼　咸牛肉碌结　椒盐鱿鱼须　意大利薄饼　沙爹串烧牛柳　炸鸡翼　日式墨鱼仔　家乡水饺　煎马蹄糕　潮州粉果　莲蓉糯米糕

沙拉:龙虾沙拉　俄罗斯鸡蛋沙拉　意大利海鲜沙拉　吞拿鱼鲜茄沙拉　青菜沙拉

热菜:椰汁葡国鸡　红酒煨牛腩　粟米烩海鲜　洋葱烧猪蹄　新西兰牛柳　黑椒汁牛排骨　蒜蓉沙丁鱼　扬州炒花饭　海鲜西兰花

甜品:吉士布丁　栗子布丁　拿破仑饼　黑森林饼　大苹果派　朱古力花球　曲奇饼　葡式饼

水果:雪梨　苹果　香蕉

工作任务二　技能训练

在学生分组的前提下，各小组组长以实训任务书（表 8-1）为参照，对每个组员的经典宴会菜单赏析实训进行督导，注意小组实训中的可取以及改进之处，分别发言总结。教师在此基础之上有针对性地进行指导。

表 8-1　　经典宴会菜单赏析实训任务书

<table>
<tr><td>班级</td><td colspan="2"></td><td>学号</td><td></td><td>姓名</td><td></td></tr>
<tr><td>实训项目</td><td colspan="3">经典宴会菜单赏析</td><td>实训时间</td><td colspan="2">4 学时</td></tr>
<tr><td>实训目的</td><td colspan="6">通过对中、西式宴会经典菜单的赏析，对菜单设计的标准与过程深入理解，独立完成相应宴会菜单的设计，达到运用自如的训练要求</td></tr>
<tr><td>实训方法</td><td colspan="6">首先教师讲解、示范，然后学生实际操作，最后教师指导、点评。按照宴会菜单设计的标准，完成中式宴会菜单设计的情景训练</td></tr>
<tr><td colspan="7">实训过程</td></tr>
<tr><td colspan="7">1.操作要领
(1)对中式菜单设计的原则、注意事项等相关内容进行小组讨论
(2)菜品的设计要合理，营养搭配科学
(3)对菜单中的各要素评价到位、合理
2.操作程序
(1)相关知识的讨论
(2)菜单结构的设计
(3)中式宴会菜单的特色描述与评价
3.模拟情景
设计一套中式宴会菜单</td></tr>
<tr><td>要点提示</td><td colspan="6">(1) 宴会菜单的结构标准
(2) 菜单的设计能够满足营养、菜系等因素</td></tr>
<tr><td colspan="7">能力测试</td></tr>
<tr><td>考核项目</td><td colspan="4">操作要求</td><td>配分</td><td>得分</td></tr>
<tr><td>相关知识的讨论</td><td colspan="4">对宴会主题的内涵深入理解，小组讨论热烈</td><td>30</td><td></td></tr>
<tr><td>菜单结构的设计</td><td colspan="4">菜单结构设计考虑全面，搭配科学</td><td>45</td><td></td></tr>
<tr><td>中式宴会菜单的特色描述与评价</td><td colspan="4">体现主题宴会特色，各要素评价到位、合理</td><td>25</td><td></td></tr>
<tr><td>合计</td><td colspan="4"></td><td>100</td><td></td></tr>
</table>

实训项目二

职业技能大赛主题宴会菜单赏析

实训目标

1.了解全国宴会设计赛项菜单设计的原理与评价标准。

2.独立完成主题宴会菜单设计。

工作任务一　2013—2016年全国宴会设计赛项菜单赏析

全国职业院校技能大赛高职组中餐主题宴会设计赛项中的菜单设计部分，要求科学、合理地设计宴会菜肴及其组合；要以人均消费标准为前提，以顾客需要为中心，以本单位物资和技术条件为基础设计菜单。其内容包括各类食品的构成、营养设计、味型设计、色泽设计、质地设计、原料设计、烹调方法设计、数量设计、风味设计等。其中，酒水设计要求遵循“以酒佐食”和“以食助饮”原则，酒水要与宴会的档次相一致，与宴会的主题相吻合，与菜品相得益彰。

一、全国职业院校技能大赛高职组中餐主题宴会设计赛项2013年精选

（一）主题名称：江南曲

获奖等级：二等奖

参赛院校：南京旅游职业学院

主题类型：地域民族特色类主题

宴会菜单：

江南曲——友人踏青聚会宴

日出江花红胜火，春来江水绿如蓝。（《忆江南》　唐·白居易）——江虾灼莴笋

青门柳枝软无力，东风吹作黄金色。（《长安春》　唐·白居易）——脆炸鲥鱼条

墙外见花寻路转，柳阴行马过莺啼。（《望江南》　宋·周邦彦）——香煎牛仔骨

露卧一丛莲叶畔，芙蓉香细水风凉。（《望江南》　宋·朱敦儒）——芙蓉烩银鱼

景若佳时心自快，心还乐处景应妍。（《江南好》　宋·赵师侠）——蟹黄狮子头

鲈鱼千头酒百斛，酒中倒卧南山绿。（《江南弄》　唐·李贺）——鲈鱼脆豆腐

正是江南好风景，落花时节又逢君。（《江南逢李龟年》 唐·杜甫）——素炒水八鲜
千里莺啼绿映红，水村山郭酒旗风。（《江南春》 唐·杜牧）——莼菜莲心羹
菜单解析：菜品名称以诗词构成，诗词均摘自对江南春色美景的描写。

（二）主题名称：渝韵

获奖等级：优秀奖
参赛院校：重庆工业职业技术学院
主题类型：地域民族特色主题
宴会菜单：
巴渝之韵——滋味牛肚 皮蛋拌豆腐 渝味张鸭子 金针拌瓜丝 葱椒仔鸡 美味三丝
字水宵灯——一品海梦
云篆风清——清蒸江团
华蓥雪霁——水晶虾球
龙门皓月——尖椒鳗鱼
歌乐灵音——火爆双脆
金碧流香——孜然香鸡
佛图夜雨——苹果糯米盏
缙岭云霞——鲜香什锦
海棠烟雨——黑竹笋鸡汤
洪崖滴翠——爽口醪糟(位)
黄葛晚渡——蛋黄玉米煲仔饭
统景峡猿——奶油芝麻球
江城迷雾——五香芋丝饼
桥都游船——菠萝船水果拼盘

菜单解析：菜单采用折页式，放置于主人、副主人位。菜品的选择均为夏季时令菜品，主打菜是川菜。川菜是中国传统八大菜系之一，以麻、辣、鲜、香为特色，风格朴实而清新，具有较浓的乡土气息。本次宴会所有菜品注重食材、色泽、味型以及营养价值的合理搭配，使客人在享受菜品色、香、味的同时，也能获取充分的营养价值。菜名采用寓意命名法，名字均与巴渝景色息息相关，如“金碧流香”“洪崖滴翠”等，烘托了气氛，让客人能真切地体会到本次宴会所要表达的“重庆非去不可”的主题思想。

（三）主题名称：繁花蝶舞

获奖等级：三等奖
参赛院校：大连职业技术学院
主题类型：地域民族特色主题

宴会菜单：

冷盘(每客)—— 繁花蝶舞盘

餐前甜品—— 美式苹果派

热菜(头菜)—— 香葱烧海参

热菜(首汤)—— 花菇炖鸡中

热菜(大菜)—— 蚝汁大连鲍

热菜(大菜)—— 芝士酿蟹斗

热菜(大菜)—— 椒盐烤海虾

热菜(素菜)—— 瑶柱爆芦笋

热菜(大件)—— 久香猪寸骨

热菜(女士菜)—— 鲜果炒玉带

热菜(鱼菜)—— 火夹蒸鳜鱼

热菜(座汤)—— 海鲜粟米羹

主食(中式)—— 咸椒盐酥饼

主食(西式)—— 鲜水果蛋糕

水果 —— 时令鲜果盘

酒品 —— 百年窖干红

酒品 —— 蓝色夏威夷

菜单解析：菜单设计以大连现代佳肴特色为主线，营养搭配合理，主食粗、细粮搭配，副食色彩炫丽，涉及炒、爆、蒸、炸等多种烹调方法，配以适量调配饮料，使得此宴会菜品更加丰富多彩。大连特色水产品及动物性原料丰富，适量补充人体必需的优质蛋白；蔬菜中的根、茎、叶、花、果等，提供大量的膳食纤维；菜品的烹调方法得当，饮品中含有大量的维生素及矿物质。此宴会菜单色、香、味、形俱佳，并且数量适当，能够做到科学搭配、酸碱平衡，达到了营养平衡膳食要求，适应大多数人群的需要。该菜单设计充分体现了大连宴会特色。

(四)主题名称：婉韵清照

获奖等级：一等奖

参赛院校：山东旅游职业学院

主题类型：地域民族特色主题

宴会菜单：

精美凉菜：

书香门第(五彩时蔬)　小荷露角(荷香猪蹄)

脱颖而出(山药粉丝)　鸾凤和鸣(鸡丝河鱼)

斗菜赋诗(清拌绿茶)　流寓江南(爽口苦瓜)

百脉相传(鲜香人参)　词坛绽秀(温拌海珍)

养生热菜：

位上名高（一品葱烧海参）　沉水卧石烧（滋补石烹甲鱼）

漱玉虾仁（漱玉泉水虾仁）　绿肥红瘦（明水特色烤羊）

云涛蟠龙（椒油野生莲鱼）　龙山层层高（美味鲜酿豆腐）

姹紫嫣红（西红柿炖牛腩）　藕花深处（养生白云莲藕）

漱玉金石（巧手黄金小米）　展书题词（章丘大葱蘸酱）

御斗呈金（秘制养生青瓜）　芹香竹翠（清炒鲍芹）

餐后水果：

美点双辉（精美果盘）

菜单解析：菜单设计采用卷轴的形式，雅致古朴，与台面展现“婉韵清照”主题一致，同时具有在实践中广泛推广的优势。菜品设计紧紧围绕主题展开，展示出“明月清照八方”的美好意境。菜单中菜肴名称的确定、餐台上菜肴形状的设计，多从李清照所作词中撷取灵感：位上名高（造型独特，口味香而不腻，营养丰富）、展书题词（以大葱喻笔，以煎饼喻纸，以酱喻墨，寓意李清照展书题词）、漱玉金石、芹香竹翠、藕花深处……食客可在品尝美味的同时，深切感受宴席中透出的深厚文化内涵。另外，该宴席在设计上，充分考虑李清照故里章丘当地食材，并结合食材的季节特点，从营养角度大做文章，使该宴席既能“养心”，还能“养身”。

（五）主题名称：年味

获奖等级：二等奖

参赛院校：重庆工业职业技术学院

主题类型：节庆及祝愿类主题

宴会菜单：

冷菜：

一元复始新年到——夫妻肺片　虫草花拌耳丝　农家香肠　花生拌鸡蛋干　巧拌凤尾　爽口西芹

热菜：

二月明月春意闹——富贵龙虾仔

三星高照福气留——东坡肘子

四季平安好运来——黄焖鲜海参

五谷丰登贺佳节——思乡粗粮包

六畜兴旺庆新春——土猪腊肉

七星报喜吉星到——泡椒黄腊丁

八方进宝福临门——清蒸多宝鱼

九州财源滚滚来——珍珠藕丸汤

十全十美最最好——当归党参甲鱼汤

主食：

百子千孙人多福——吉祥饺子

席点：

千金一笑家添财——椰香红豆年糕

万事如意团圆好——翡翠芸豆汤圆

水果：

阖家欢乐万象新——水果拼盘

菜单解析：菜品的命名采用寓意命名法，以一到十、百、千、万开头的祝福语来命名，既喜庆、吉利，又与宴会主题切合得十分紧密，使客人在阅读菜单的过程中感受到轻松喜庆的氛围。

(六)主题名称：家有小女初长成·儿童周岁宴

获奖等级：一等奖

参赛院校：南京旅游职业学院

主题类型：节庆及祝愿类主题

宴会菜单：

白雪公主与七个小矮人(八味冷拼)

爱丽丝漫游仙境(肉末鲜蟹泥)

魔法咪路咪路(牛奶柠檬虾)

美食总动员(菠萝炒牛肉)

小魔女 DoReMi(红松煎鱼排)

金色的琴弦(太阳蒸豆腐)

星梦天使(脆炸蛤蜊饼)

绿野仙踪(蔬菜炒蜜豆)

海的女儿(海带鱿鱼汤)

梦色糕点师(四色美点拼)

小小雪精灵(特色馄饨面)

花仙子(水果综合盘)

菜单解析：菜单造型充满童趣，内页的内容来自孩子们的手工创作。此类儿童菜单可以在酒店推广。菜单中的主菜以虾、蟹、鱼为主，还有蛤蜊、海带等海产品，孩子们喜欢食用，更重要的是海产品的营养丰富，蛋白质含量高，仅 100 g 牡蛎中所含的蛋白质即占成人一天需要量的 2/3，所含碘是成人一天需求量的 4 倍。口味上有孩子们喜欢的酸甜食品和油炸菜肴，也有成人喜欢的牛奶和豆制品。

(七)主题名称：破茧成蝶升学宴

获奖等级：三等奖

参赛院校：湖南工程职业技术学院

主题类型：节庆及祝愿类主题

宴会菜单：

金榜题名六朝拜——精美六冷碟

鸿运当头满福园——白灼基围虾

破茧成蝶寒窗苦——七彩炒竹蛹

斗志昂扬一鸣惊——白切清远鸡

春风得意马蹄疾——马蹄扣蹄髈

一日看尽长安花——虫草炖水鸭

高风亮节志不移——筒笋焖牛肉

秋天一鹄先生骨——香芋烧排骨

如鱼得水百事顺——清蒸石斑鱼

知恩图报鸦反哺——剁椒娃娃菜

敬献恩师状元饼——豆沙状元饼

寸草报得三春晖——三色水果拼

菜单解析：在菜单折页上有蝴蝶兰和蝴蝶的图案，和主题一致。菜名都是七字诗句，前部分展现学子破茧成蝶、金榜题名时的喜悦之情，后半部分感谢教师的栽培，较好地体现了升学宴的特色。在菜品的选择上，海鲜、家禽、河鲜、家畜、蔬菜、水果有机结合，不同原材料拥有不同蛋白质、微量元素、维生素等，充分考虑了营养的均衡，采用了焖、白灼、炖、蒸、炒、烧等多种烹饪方法，菜肴的色、香、味、形、器俱全。

（八）主题名称：诗意江南欢迎宴

获奖等级：三等奖

参赛院校：无锡商业职业技术学院

主题类型：公务商务类主题

宴会菜单：

冷菜：

诗意江南映日荷（荷花八味拼）

热菜：

浪花深处玉沉钩（太湖银鱼羹）

琼树忽惊春意早（春韭炒螺肉）

深径欲留双凤宿（美点映双辉）

醉卧春风深巷里（蒜蓉醉白虾）

洞庭波上雁行斜（高汤洞庭鸭）

深映落花莺舌乱（汤烩贵妃贝）

鲫鱼苦笋玉盘中（笋干蒸鲫鱼）

羊车曾伴翠枝来（青葱烤羊排）

主食：

丹桂不知摇落恨（扬州蛋炒饭）

果盘：

青杏黄梅朱阁上（精美水果盘）

菜单解析：菜肴的选择具有地方传统特色，在制作和食材的搭配上进行了精心的设计与安排，既符合客人的营养要求，又使传统菜肴富有现代气息。菜肴命名构思独特，化用古诗词句赋予菜肴以生命，将一道道美味的菜肴展示出来，别具匠心，韵味十足。

二、全国职业院校技能大赛高职组中餐主题宴会设计赛项 2014 年精选

（一）主题名称：圆梦抓周宴

获奖等级：二等奖

参赛院校：辽宁经济职业技术学院

主题类型：地域民族特色类主题

宴会菜单：

凉菜：

前程似锦（韩式凉粉）

百才多福（韩式泡菜）

红红大火（韩式拌狗肉）

才高八斗（韩式拌墨斗）

热菜：

吉祥如意（清蒸人参鸡）

节节高升（椒盐基围虾）

聪明伶俐（松仁玉米）

舐犊情深（红烧海参）

牛气冲天（韩式烤牛排）

脉脉含情（肉炒红蘑）

年年有余（酱焖鳜鱼）

五彩人生（清炒时蔬）

金玉满堂（拔丝三品）

母爱如海（海带汤）

主食：

紫气东来（紫菜包饭）

年年高升（打糕）

菜单解析：根据“圆梦抓周宴”主题，菜单封面以卡通图片为背景。朝鲜族是一个崇尚节俭的民族，所以菜单上的菜肴设计简单大方，十四道菜肴，荤素搭配合理。菜品充分体现了朝鲜族的饮食文化，其中包含多种特色美食，同时也融入了许多汉族饮食元素。

（二）主题名称：大明湖畔·泉水人家

获奖等级：一等奖

参赛院校：山东旅游职业学院

主题类型：地域民族特色类主题

宴会菜单：

凉菜：

泉城六冷拼

风味干鲜果

粥：

明湖荷叶粥

热菜：

寒泉珍珠滚（酸汤鱼丸）

碧影摇金（金丝虾球）

汇泉迎客(糟熘里脊丝)
黑虎吐甘露(鱼子白菜卷)
腾蛟白玉(泉水老豆腐)
溪亭暮色(珍珠千层肉)
四喜蒸饺
泉城油旋
明湖荷香醉(酥鱼)
甘泉莲香(莲子小炒)
汤:
忘忧菌糁
面食:
泉城打卤面
水果:
精美水果盘

菜单解析:菜品原料取自物产丰富、泉水众多的泉城——济南。所用食材有著名的济南矿泉水、大明湖莲藕、老济南面点等,结合夏季时令来进行菜品的搭配,重盛器的活用,在烹饪技法复古的同时注重营养搭配。其中,矿泉水含有丰富的对人体健康有益的常量元素和微量元素。整桌宴席原材料通过合理的搭配和科学加工,实现三大产能营养素中碳水化合物为65%,蛋白质为15%,脂类为20%,以保证热量均衡,达到“益五脏、清肺胃”、生津止渴的功效。

(三)主题名称:吉韵

获奖等级:一等奖
参赛院校:长春职业技术学院
主题类型:地域民族特色类主题
宴会菜单:
凉菜:
主盘:松鹤迎宾——卤水拼盘
围碟:山菜合盘　琥珀核桃　酸辣桔梗　东北拉皮
热菜:
接风洗尘——蹄筋烧木耳
一见如故——红烧江鳇鱼
蓬荜生辉——香烤松茸蘑
欢聚一堂——蒜蓉开边虾
鼓乐齐鸣——锡纸包香肉
高朋满座——软炸刺嫩芽
开诚相见——前郭烤羊腿
谈笑风生——山芹菜百合

鹿鸣嘉宾——浓汤鹿宝参

宾至如归——木瓜炖雪蛤

主食：

翡翠水饺　可口糙条　玉米香饼　高粱米粥

水果：

蒸蒸日上——打瓜拼盘

菜单解析：在菜品设计方面，凉菜的选取主要以东北绿色蔬菜和新鲜山果为主。凉菜主盘取名“松鹤迎宾”，为卤水拼盘。十道热菜采用了烧、烤、炸、炖等烹饪技法。菜单名称充分诠释了“吉韵”的主题。

(四)主题名称：梨园芬芳宴

获奖等级：三等奖

参赛院校：深圳职业技术学院

主题类型：历史材料类主题

宴会菜单：

开胃四小碟：

生旦净丑(山东熏鱼、桂花山药、芥末金针菇、凉拌木耳)

汤：

霸王别姬(甲鱼仔鸡汤)

冷盘：

舌战群雄(卤味拼盘)

群英会(五彩丝捞三文鱼刺身)

热菜：

将相和(葱烧海参)

贵妃醉酒(胶东红烧虾)

盘肠战(九转大肠)

凤还巢(雀巢掌中脆)

游龙戏凤(上汤娃娃菜)

十八罗汉(柳叶燕菜上素)

梅兰芳豆腐(麻豆腐)

马连良鸭子(香酥鸭)

主食与点心：

麻姑献寿(寿桃包)

三岔口(双色汤圆)

鸳鸯鸡粥

水果：

时令鲜果

菜单解析：菜品的设计独具匠心，以往日北京梨园弟子最喜欢的鲁菜为基础，兼顾菜品的创新。菜名则结合了京剧的传统名戏与著名京剧演员的典故，霸王别姬、贵妃醉酒、将相和等都是京剧中的名段。菜名与菜肴相得益彰，让人在欣赏美食的时候，耳边仿佛听到熟悉的唱腔。京剧大师梅兰芳先生独爱的麻豆腐、马连良先生自创的香酥鸭等让人不由得想起梨园的往事。真是尝不尽菜里的“好戏”，品不完戏里的人生。

(五)主题名称：梦红楼

获奖等级：三等奖

参赛院校：江西工业贸易职业技术学院

主题类型：历史材料类主题

宴会菜单：

冷菜：

佛手瓜皮

胭脂鹅脯

美味鸭蛋

龙穿凤翅

热菜：

熙凤高谈茄子香

妙玉品茶龙井虾

探春油煎炒枸杞

宝钗论酒食鸭信

可卿山药健脾胃

李纨敬老撕鹌鹑

湘云围炉烤鹿肉

迎春牛乳蒸羔羊

汤菜：

皇妃元宵满堂春

点心：

林黛玉滋阴燕窝粥

巧姐儿风里吃糕饼

小惜春素志馒头庵

水果：

时果拼盘

菜单解析：菜单精心设计，紧扣“梦红楼”主题，采用“金陵十二钗”的名字为菜肴命名，选用大气高档的菜品，由八道主菜、四道凉菜、一道汤菜、三道点心及水果组成，以大菜为主，符合客人用餐的高档需求。菜品结合菜单设计要求，注重荤素、颜色、口感、数量搭配。菜名设计合理，与主题结合紧密。同时菜品搭配考虑酒店成本，符合经营要求。

（六）主题名称：咏梅会

获奖等级：二等奖

参赛院校：四川工程职业技术学院

主题类型：人文情感和审美意境类主题

宴会菜单：

冷菜：

喜鹊登梅——艺术拼盘

六围碟——香拌兔丁、棒棒鸡丝、蒜泥白肉、麻香凉粉、芝香豆豆、怪味腰果

热菜：

相辅天地蟠龙腾——五彩龙虾

互助互惠相得欢——芙蓉鲍鱼

交相辉映美景收——鱿鱼什锦

流连忘返犹未尽——竹笋牛柳

共襄盛举春江暖——酱爆仔鸭

同气同杯庆有余——沸腾青鱼

发扬文化共努力——白灼菜心

展望未来结硕果——白果芹菜

汤类：

梅林深处闻鸣声——玉竹炖鸡

甜品：

踏雪寻梅觅踪迹——雪山绿豆泥、梅花糕

果拼：

一帆风顺保平安——缤纷果盘

菜单解析：菜单设计巧妙地将梅花的品质、文人的气节、中华民族精神、川菜烹饪特色融合在一起，突出文化特色和消费导向。

三、全国职业院校技能大赛高职组中餐主题宴会设计赛项 2015 年精选

（一）主题名称：壮美丝路

获奖等级：一等奖

参赛院校：青岛酒店管理职业技术学院

主题类型：地域民族特色类主题

宴会菜单：

凉菜：

锦绣三文鱼

米脂驴板肠

土耳其酸奶拌蔬菜沙拉

皮辣红
鲜花辣椒炝鲜蚌
黑鱼子酱配豆苗
热菜：
雪山驼掌
煎焖雪花牛
双味虾仁
河西羊羔肉
丝瓜配鹅肝酱
炒桂花粉丝
炭烤地中海沙丁鱼
清炒豌豆尖
点心：
腊汁肉夹馍(迷你)
汤类：
清汤鸭舌羊肚菌
主食：
手抓饭
水果：
精美果盘
时令水果

菜单解析：该宴会主题为商务宴请，在保证菜品品质的同时，还充分考虑到宴会的主题内涵，因此在食材选择上，特别选用了与丝绸之路各个地域节点相关的原料进行烹制，与主题设计充分融合。菜肴荤素搭配，含有丰富的维生素和无机盐，膳食纤维数量充足，营养搭配合理，改进了传统宴席“三高一低”的问题，符合现代宴席制作的要求。

(二)主题名称：楚·留香

获奖等级：二等奖
参赛院校：咸宁职业技术学院
主题类型：地域民族特色类主题
宴会菜单：
楚茗香茶：
恩施富硒玉露(香)
赤壁羊楼砖茶(薄)
楚风凉韵：
吾令凤鸟飞腾兮(《离骚》)——茶熏鸡脯
芳与泽其杂糅兮(《离骚》)——茶香辣藕

燕翩翩其辞归兮(《九辩》)——久久鸭脖
闵奇思之不通兮(《九辩》)——三丝鱼皮
蕙肴蒸兮兰藉(《九歌·东皇太一》)——采莲素卷
驾八龙之婉婉兮(《离骚》)——酒醉溪虾
楚茶汉肴:
鸱龟曳衔,鲧何听焉(《天问》)——铜锅荆沙甲鱼
焉有虬龙,负熊以游(《天问》)——三峡碧峰茶油虾
朝饮木兰之坠露兮(《离骚》)——英山云雾扇贝
路修远以多艰兮(《离骚》)——黄州文人东坡肉
内厚质正兮(《九章·怀沙》)——酱汁黄焖牛肉
鱼鳞屋兮龙堂(《九歌·河伯》)——邓村绿茶煎鳕鱼
芳菲菲兮满堂(《九歌·东皇太一》)——竹筒粉蒸排骨
登昆仑兮食玉英(《九章·涉江》)——千丈白毫蛋黄酥
青云衣兮白霓裳(《九歌·东君》)——玉泉冰茶百合
冀枝叶之峻茂兮(《离骚》)——采花毛尖烩豆腐
楚韵汤羹:
高阳邈以远兮(《远游》)——庄王问鼎蛤蜊汤
采薜荔兮水中(《九歌·湘君》)——桂圆蜜枣红糖茶
楚堂嘉味:
与天地兮同寿(《九章·涉江》)——大悟寿眉茶酥
盍将把兮琼芳(《九歌·东皇太一》)——屈原香酥春卷
楚膳点酥:
五音纷兮繁会(《九歌·东皇太一》)——陆羽翡翠茶叶饭
思九州之博大兮(《离骚》)——九宫龙峰千丝面
楚才荟萃:
奏九歌而舞韶兮(《离骚》)——凤舞九天照乾坤

菜单解析:在菜单营养搭配上,根据平衡膳食的原则,选定了谷类、水产品、肉类、蔬菜水果等各类食物,约 28 个食物品种,做到了种类齐全、品种丰富,有利于充分发挥营养素的互补作用。成品食物大多质地柔软、细腻,容易消化吸收,适合各类人食用,而且绝大多数菜品都少油且口味清淡,符合健康饮食的要求。

(三)主题名称:牡丹亭

获奖等级:一等奖
参赛院校:浙江商业职业技术学院
主题类型:历史材料类主题

宴会菜单：

冷菜：

不二天香织锦妆——牡丹什锦盘

热菜：

提篮莲藕扒荷芳——芥蓝扒莲藕

防风土灶地鸡遁——防风炖地鸡

陈塘老鳖羞容惶——山珍炖老鳖

鱼唇语丽花无竞——鱼唇桂花羹

落袍龙王毕其昂——芙蓉龙虾球

雁窝犹疑悦凤凰——燕窝莜麦盅

鸟巢幸得花香藏——鸽蛋黄花菜

点心：

惊牛喜鹊愁织女——乡村牛头酥

水果：

喧宾果有灿荣华——缤纷水果篮

菜单解析：菜肴在内容上由一个冷菜总盘、七道热菜、一个点心总盘和一个水果拼盘组成。在菜肴品种的搭配上，本着生态、绿色、养生、节俭的原则，依据膳食营养的搭配要求，充分考虑了“夫人团”的饮食特点和需求。

（四）主题名称：青弦·韵

获奖等级：二等奖

参赛院校：郑州旅游职业学院

主题类型：人文情感和审美意境类主题

宴会菜单：

彩蝶戏牡丹——象形彩饼

喜迎八方客——精美八碟

花开富贵祥——广肚辽参

繁花似锦秀——什锦上汤

连年庆有余——清真河鲜

牡丹并蒂开——双味虾球

金鸡晨报晓——荷花鸡签

玉珠双珍菌——猴头鹿茸

五彩绘宏图——掐菜双丝

玉树之临风——清炒芥蓝

馨果聚合欢——时果拼盘

美点同增辉——精美四点

菜单解析：原材料的选取注重了食物的多样性，种类多达 30 种，符合酸碱和荤素的搭配原则，从而使各种营养物质取长补短，相互调剂，满足人体对各种营养素的需要。多种蔬菜、时令水果和食用菌不仅提供丰富的维生素、矿物质，还供给充足的膳食纤维，做到了“平衡膳食、合理营养”，是美味与营养的统一。

（五）主题名称：春·韵

获奖等级：三等奖

参赛院校：南宁职业技术学院

主题类型：人文情感和审美意境类主题

宴会菜单：

春润岭南六味碟：

凉拌云耳

油焖双冬

凉拌豆腐丝

酸辣萝卜

手撕牛肉

蜜汁红枣

春暖花开养生堂——虫草花炖土鸡汤

冷拼：

鸟语花香大拼盘——卤拼盘

热菜：

春江水暖鸭先知——八宝鸭

江南鳜鱼欲上时——红烧鳜鱼

蕊寒香冷玉毫来——蒜米粉丝蒸扇贝

二月春风化江团——秘制江团

云台时明春润中——鲍蚌狮子头

田园美果临水情——百合西芹炒夏果

碧玉红妆映春归——蒜米拌菠菜

百益春来花满溪——椰汁炖野米

春来佳果见枝寝——核桃松仁粟米羹

点心及主食：

当春野趣妇自然——杂粮野菜饼

五彩缤纷春来早——五色香精饭

春色满园关不住——五彩花糕

果盘：

满园春色尽开禁——水果拼盘

菜单解析：在菜品设计方面，以春季为主题进行创作。依据中医“顺四时”（顺应春生之气）的养生规律及中国居民膳食平衡宝塔的原则，主要选择温补阳气、性温味甘的食物进行合理的搭配，具有食材丰富多样、粗杂粮均衡、荤素适宜的特点，为顾客提供春天所需的优质、充足的蛋白质和适当的能量、多种维生素、丰富的膳食纤维等全面的营养，达到春天补气养生的功效。

(六)主题名称：茶韵

获奖等级：优秀奖

参赛院校：大连职业技术学院

主题类型：人文情感和审美意境类主题

宴会菜单：

冷菜：

茶韵冷拼盘

毛尖拌山药

热菜：

银针瓤海参

碧螺调鲍鱼

龙井烹虾仁

甘露明府贝

观音羊仔排

普洱茶香骨

毛峰爆芦笋

白毫杏鲍菇

雀舌蒸全鱼

滇红酸辣汤

主食：

金瓜抹茶糕

云雾煎慕饼

甜品：

香茗鲜果盘

茉莉香布丁

酒水：

神仙品茶酒

香甜柚子茶

菜单解析：菜单设计采用中国传统茶文化与现代佳肴融合的模式。以中国著名绿茶、红茶、花茶、白茶、茶酒等入肴，选材广博，烹调方法多样，口味丰富，色彩绚丽，注重营养平衡。酒水中香甜柚子茶为女士饮料，与传统茶酒搭配。宴会菜单充分彰显中国特色，形成南北结合、口味互补之特色。

四、全国职业院校技能大赛高职组中餐主题宴会设计赛项 2016 年精选

(一)主题名称:陪你一起看草原

获奖等级:优秀奖
参赛院校:内蒙古商贸职业学院
主题类型:地域民族特色主题
宴会菜单:
白食:
蒙古奶食饼
茶食:
酥香小馓子
碳烤黄油饼
干果:
河套脆瓜子
兴安小榛子
鲜果:
清河小沙果
呼伦鲜蓝莓
例汤:
苁蓉牛尾汤
凉菜:
手掰嫩养肝
老醋黄河鱼
葱油浸蕨菜
土豆荞麦卷
热菜:
西旗熘肉段
毡包蒙膳拼
功勋烤羊背
卓资山熏鸡
草原真菌汤
拔丝奶豆腐
酒水:
蓝包蒙古王
土默特沙棘
蒙古熬奶茶

托克托红酒
点心：
科尔沁馅饼
沙窝莜面鱼

菜单解析：蒙古族用圆形来象征团圆、吉祥，以蒙古包剪影为造型的菜单生动立体。印有汉语、蒙古族语两种语言的菜单名称极具特色，蒙古族语的迎宾祝福为宴会增添了一抹亮色。

(二)主题名称：江南忆·西湖秋宴

获奖等级：一等奖
参赛院校：浙江商业职业技术学院
主题类型：地域民族特色主题
宴会菜单：
最忆杭州：西湖秋韵四冷碟
满陇桂雨(宋嫂鱼羹)
虎跑梦泉(龙井虾仁)
南屏晚钟(钱塘牛柳)
三潭印月(西湖醋鱼)
六和听涛(蟹酿甜橙)
苏堤春晓(东坡方肉)
云溪竹径(荷花鸡片)
黄龙吐翠(清波蒿菊)
北街寻梦(知味小笼)
曲院风荷(蜜意莲藕)

菜单解析：菜单以葫芦为主要造型。“葫芦”是“福禄”的谐音，且葫芦形似两个圆，代表圆满，同时葫芦形似三潭印月，代表杭州，代表西湖。菜名的寓意均为杭州三评“西湖十景”的景点名，选配的菜肴均为杭州特色菜，精选地方特色原料，采用传统工艺烹制。寓意和菜名之间紧密结合、有机联系，如“雨”对“鱼”，“虎跑”对“龙井”。菜单和菜品设计将烹饪与艺术、文化与环境紧密结合，既彰显饮食雅趣，又包含文化意境，符合现代宴席制作的要求。

(三)主题名称：太湖云水间

获奖等级：二等奖
参赛院校：无锡商业职业技术学院
主题类型：地域民族特色主题
宴会菜单：
餐前水果：

鲜白玉枇杷

冷菜：

老苏州腌菜

莲子芝麻糊

酱香萝卜片

白虾梅鲚鱼

热汤：

西莼菜银鱼羹

热菜：

碧螺炒虾仁

蚌肉煨豆腐

清燕白鱼段

地衣炒韭菜

点心：

蟹粉小笼包

主食：

江南乌米粽

餐后清茶：

太湖翠竹茶

菜单解析：菜单外形采用展开式画卷的造型，一面是桃源仙境图，与桌旗呼应，一面是诗词式的菜品。以菜入画，以画入席，诗画融合，给人以美的享受。“太湖云水间”宴会的菜品设计遵循健康生态的饮食理念，选材上突出太湖地址特色，以“太湖三白”等湖鲜水产为主，配以江南时令蔬菜和杂粮主食，营养丰富；在工艺上秉承苏菜系注重本味、风味清淡、玲珑精巧、清雅多姿的特色；在命名上充满诗意，一道菜描绘一幅太湖美景。整体意在打造一席耐看、耐品又健康的美宴。

(四)主题名称：词情话伊

获奖等级：二等奖

参赛院校：大连职业技术学院

主题类型：历史材料类主题

宴会菜单：

冷菜：

词华典瞻——乌贝拌青笋

情深义重——蜜汁卤小排

话意诗情——川香鸡中翅

伊人笑语——红酒浸冰梨

热菜：
东风入律——富贵蒸鲍贝
火树银花——茶香牛仔粒
灿若星辰——鲜虾爆芦笋
路满芳华——挂霜甜芋头
鱼龙夜舞——雪花熘鳜鱼
玉壶光转——养生莼菜汤
主食：
暗香盈袖——桂花煮元宵
凤箫声动——开洋葱香面
果盘：
寻觅芳踪——词情鲜果盘
酒水：
百转千回——张裕干红酒
蓦然回首——红星二锅头
灯火阑珊——可口可乐饮

菜单解析：菜单设计以中式传统佳肴与现代融合菜肴结合为主线。菜肴名称与主题遥相呼应，冷菜四款雅名为藏头组合“词情话伊”，热菜及其他餐品雅名均化用宋词《青玉案·元夕》，给人以典雅之感。

（五）主题名称：爱之守护

获奖等级：一等奖
参赛院校：太原旅游职业学院
主题类型：节庆及祝愿类主题
宴会菜单：
钻石良缘阖家笑——精美六彩碟
福慧双修耀德门——原汁木瓜炖雪蛤
同舟共济暮朝朝——米网澳带虾球
爱如沧海白头老——清蒸多宝鱼
相濡以沫爱如歌——北京片皮鸭
琴瑟相伴天地长——金瓜贡米鲜
风雨同舟情相依——芥蓝百合炒桃仁
相敬如宾情如海——虫草菊花萝卜汤
举案齐眉百年好——美点双辉配虾饺
美满婚姻世人羡——精美果盘

菜单解析：菜单设计首先考虑到了老夫妇年事已高，菜品清淡、软糯、易消化。其次注意了烹调方法、色彩搭配、营养搭配等因素。

工作任务二　技能训练

在学生分组的前提下，各小组组长以实训任务书（表8-2）为参照，对每个组员的职业技能大赛主题宴会菜单设计操作实训进行督导，注意小组实训中的可取以及改进之处，分别发言总结。教师在此基础之上有针对性地进行指导。

表8-2　　主题宴会菜单设计操作实训任务书

<table>
<tr><td>班级</td><td></td><td>学号</td><td></td><td>姓名</td><td></td></tr>
<tr><td>实训项目</td><td colspan="2">主题宴会菜单设计</td><td>实训时间</td><td colspan="2">4学时</td></tr>
<tr><td>实训目的</td><td colspan="5">通过对全国职业大赛主题宴会菜单设计的赏析，深入理解主题宴会设计的过程，独立完成主题宴会菜单的设计，达到运用自如的训练要求</td></tr>
<tr><td>实训方法</td><td colspan="5">首先教师讲解、示范，然后学生实际操作，最后教师指导、点评。按照宴会菜单设计的标准，完成主题宴会菜单设计的情景训练</td></tr>
<tr><td colspan="6">实训过程</td></tr>
<tr><td colspan="6">1.操作要领
(1)对菜单设计的主题要素、原则、注意事项等相关内容进行小组讨论
(2)菜品的设计要合理，符合主题特色
(3)对菜单中的各要素评价到位、合理
2.操作程序
(1)相关知识的讨论
(2)菜单结构的设计
(3)主题宴会菜单的特色描述与评价
3.模拟情景
设计一套以“春”为主题的宴会菜单</td></tr>
<tr><td>要点提示</td><td colspan="5">(1)菜单名称要符合宴会特点
(2)宴会菜单的结构标准
(3)菜单的设计能够满足文化、营养、菜系、客人心理等要求</td></tr>
<tr><td colspan="6">能力测试</td></tr>
<tr><td>考核项目</td><td colspan="3">操作要求</td><td>配分</td><td>得分</td></tr>
<tr><td>相关知识的讨论</td><td colspan="3">对宴会主题的内涵深入理解，小组讨论热烈</td><td>30</td><td></td></tr>
<tr><td>菜单结构的设计</td><td colspan="3">菜单结构设计考虑全面，搭配科学</td><td>45</td><td></td></tr>
<tr><td>主题宴会菜单的特色描述与评价</td><td colspan="3">体现主题宴会特色，各要素评价到位、合理</td><td>25</td><td></td></tr>
<tr><td>合计</td><td colspan="3"></td><td>100</td><td></td></tr>
</table>

参考文献

[1]　何丽萍.餐饮服务与管理[M].北京:北京理工大学出版社,2017.

[2]　李妍.餐厅经营从入门到精通[M].北京:清华大学出版社,2015.

[3]　刘念慈,董希文.菜单设计与成本分析[M].北京:经济管理出版社,2012.

[4]　黄伟迪.如何成为一名出色的点菜员[M].南京:江苏美术出版社,2012.

[5]　李玉双.职业点菜师培训教程[M].沈阳:辽宁科学技术出版社,2010.

[6]　沈涛,彭涛.菜单设计[M].北京:科学出版社,2016.

[7]　贺习耀.餐饮菜单设计[M].北京:旅游教育出版社,2014.

[8]　周妙林.菜单与宴席设计[M].北京:旅游教育出版社,2014.

[9]　隗静秋.中外饮食文化[M].北京:经济管理出版社,2015.

[10]　徐文苑.中国饮食文化[M].北京:清华大学出版社,2014.

[11]　邵万宽.中国饮食文化[M].北京:中国旅游出版社,2016.

[12]　林胜华.饮食文化[M].北京:化学工业出版社,2010.

[13]　唐夏.北京饮食文化[M].北京:中国人民大学出版社,2017.

[14]　都大明.中华饮食文化[M].上海:复旦大学出版社,2012.

[15]　凌强,李晓东.中国饮食文化概论[M].北京:旅游教育出版社,2013.

[16]　马向春,杨玉红.饮食文化[M].武汉:武汉理工大学出版社,2014.

[17]　刘志强.舌尖上的饮食文化[M].北京:外文出版社,2013.

[18]　陆卫明,李红.人际关系心理学[M].西安:西安交通大学出版社,2011.

[19]　刘纯.旅游心理学[M].北京:高等教育出版社,2002.

[20]　魏冬云,蒋光清,刘航潮.公共关系心理学[M].北京:人民军医出版社,2006.

[21]　李光斗.插位——颠覆竞争对手的品牌营销新战略[M].北京:机械工业出版社,2006.

[22]　何志毅.对绿色消费行为者生活方式特征的研究[J].南开管理评论,2004,7(3).

[23]　樊茗玥.影响绿色消费行为者心理因素的问卷研究[J].商场现代化,2007,12.

[24]　邓文艳.浅谈中青年女性消费特点与营销策略[J].消费经济,2007,23(2).

[25]　王天佑,侯根全.西餐概论[M].北京:旅游教育出版社,2000.

[26]　蔡万坤.餐饮管理[M].北京:高等教育出版社,2005.

[27]　陈光新.中国筵席宴会大典[M].青岛:青岛出版社,1995.

[30]　陈金标.宴会设计[M].北京:中国轻工业出版社,2002.

[29] 安希华,贺学良.餐饮企业运行与管理[M].北京:中国劳动社会保障出版社,2008.
[30] 蔡晓娟.菜单设计[M].广州:南方日报出版社,2002.
[31] 贺习耀.餐饮菜单设计[M].北京:旅游教育出版社,2014.
[32] 叶伯平,邸琳琳.职业点菜师[M].北京:中国轻工业出版社,2006.
[33] 赵霖.营养配餐员国家职业资格培训教程[M].北京:中国劳动社会保障出版社,2008.
[34] 杨月欣.公共营养师国家职业资格培训教程[M].北京:中国劳动社会保障出版社,2007.
[35] 布纳德·斯布拉瓦尔,威廉·N·罗纳德,迈克尔·罗曼.宴会设计务[M].大连:大连理工大学出版社,2002.
[36] 刘根华,谭春霞.宴会设计[M].重庆:重庆大学出版社,2009.
[37] 王敏.宴会设计与统筹[M].北京:北京大学出版社,2016.
[38] 全国旅游职业教育教学指导委员会.固本培元 卓越引领:教育部全国职业院校技能大赛高职组西餐宴会服务赛项成果展示[M].北京:旅游教育出版社,2015.
[39] 全国旅游职业教育教学指导委员会.餐饮奇葩 未来之星:教育部全国职业院校技能大赛高职组西餐宴会服务赛项成果展示[M].北京:旅游教育出版社,2012—2016.
[40] 中国营养学会.中国居民膳食指南(2016)[M].北京:人民卫生出版社,2016.